Companion Bird Guide Book

コンパニオンバード百科

鳥たちと楽しく快適に暮らすためのガイドブック

コンパニオンバード編集部：編

誠文堂新光社

目次 コンパニオンバード百科 Companion Bird Guide Book

第1章 世界の飼い鳥カタログ 7 ――― 島森 尚子

第2章 鳥類学概論 87 ――― 梶田 学

第3章 人と鳥の文化史 99 ――― 大木 卓

テンニョインコ
Princess Parrot

第1章
世界の飼い鳥カタログ

コンパニオンバードとは、人間と生活空間を共有するだけでなく、個性を持った家族の一員として、人間と生活をともにする鳥たちのことです。鳥の生涯は決して短くありません。共に過ごす日々を幸福なものにするためにも、まずは彼らのことをよく知り、どの鳥が自分に向いているかを考えましょう。なお、鳥の寿命や体格は個々の鳥の体質、飼育環境、エサなどにより変化しますので、カタログに記した数値は、あくまで目安と考えてください。

島森　尚子
ヤマザキ動物看護短期大学専任講師

ペットからコンパニオンへ

飼い鳥と人のよりよい関係を目指して

飼育から愛護へ、愛玩から対等の仲間へ

平成18年6月、「動物の愛護及び管理に関する法律」、いわゆる動物愛護法が施行されました。この法律では、牛や馬などの家畜、あるいは犬や猫といったペットなど、人間が飼育管理しているあらゆる動物を「愛護動物」と定義し、彼らへの虐待の防止と適性飼養の推進とが謳われています。「愛護動物」には、もちろん鳥類も含まれます。飼っていたブンチョウに飽きてしまったからと窓から外に放してしまうような不心得者には、この法律に基づき「50万円以下の罰金」が科される可能性があるのです。動物を愛する者にとって朗報と言えましょう。

オカメインコ

動物愛護の意識が高まるにつれ、個人が飼育している動物の呼称は、愛玩の対象という意味を持つ「ペット」から、対等の仲間という意味の「コンパニオンアニマル」へと変化しつつあります。

コンパニオンアニマルとは、長年人類と良好な関係を保ってきた犬・馬・猫などのいわゆる家畜化された動物のうち、個人の家庭において家族の一員として飼育されている動物を指します。コンパニオンアニマルは、人間社会で私たちと共生してゆくために、しつけ、予防接種や病気の治療はもちろん、必要に応じて美容などのサービスも受けて、人間も動物もストレスなく生活ができるように飼養されなければなりません。飼い主には、その動物の習性にあった飼い方（「適正飼養」）、および終生面倒を見ること（「終生飼養」）が求められます。

昨今では飼い鳥についてもコンパニオンバードという呼称が広まってきましたが、実際にはコンパニオンアニマルのような明確な定義がなく、言葉だけが独り歩きしているのが現状です。そうした現状を考慮し、初めにコンパニオンバードの定義を試みようと思います。そのために、二つの問題を考えてゆきましょう。

コンパニオンバードの定義

第一の問題は「コンパニオン」と呼べる鳥の種は何かということです。犬や猫の場合、生物としての分類上はそれぞれ一つの種に過ぎないのに対し、飼い鳥として飼育されている鳥の種は非常に多数にのぼります。現在ペットショップなどで販売されている鳥類の種の数に関して正確な調査は行われていませんが、かなり多くの種が飼い鳥として取り引きされているはずで、たとえば1988年に出版された飼鳥の図鑑『原色飼鳥大鑑』には、360もの種が記載されています。このように多くの種類にわたる「飼い鳥」のすべての種が、コンパニオンバードという名に値するのでしょうか。

コキンチョウ

残念ながら、そうは言えないのです。動物が飼育されている環境に適応しているかどうかは、飼育下で繁殖できるかどうかによりある程度判断ができますが、ペットショップなどで販売されている鳥のなかには外国産の野鳥もおり、それらはカゴの中では無論のこと、禽舎においても、まれにしか繁殖できないからです。実は、人間の仲間として、人間の生活空間でストレスなく暮らしてゆけ、かつ、人間がストレスを感じずに受け入れられる鳥は、およそ8500種を数える鳥類のなかでもごく小数しか存在しません。

かつて宇田川龍男博士は、飼い鳥を定義して「狭義の飼い鳥は飼育下で巣引きの可能なものとし、広義の場合には、巣引きの可能性のあるもの、観賞用の外来種をこれに含ませる」としましたが、ここにはニワトリなど、主として経済上の目的で飼育されている家禽は含まれないものの、「巣引きの可能性のあるもの、観賞用の外来種」として、日本産や外国産の野鳥が含まれていました。

しかし、野鳥の輸入や飼育が厳しく制限されている現在では、飼い鳥の範囲もおのずと限られてきます。宇田川博士の「狭義の」定義に合致する飼育下で繁殖可能な種のなかでも、特に人間との生活に適した種が、人間のコンパニオンとしての関係を築いてゆけるのです。本書の「飼い鳥カタログ」では、そのような種を厳選しました。

第二の問題は、一口にコンパニオンと言っても、鳥類の場合、元来飼育の目的が多様だということです。手乗りにして楽しみたい、さえずりを聞きたい、美しい色を楽しみたい、おしゃべりや芸を仕込みたい、巣引きをさせてヒナを生ませたいなどなど、飼い主の様々な要望を満たす多様な種の鳥たちがペットショップに並んでいます。犬や猫のようにスキンシップを好む種もあれば、人間に触れられるのをストレスと感じる種もあります。それらすべてをコンパニオンと呼んでさしつかえないのでしょうか。

結論から言えば、飼い主の側に鳥との個々の関係を築いているという意識があれば、スキンシップを欠く場合でも、コンパニオンと呼んでさしつかえありません。さえずりのうまい鳥のなかには、人間と一定の物理的距離が必要な種が多いのですが、そうした鳥たちの個性を尊重し適正飼養することで飼い主の心が慰められるなら、彼らも家族の一員であり、コンパニオンと呼ぶにふさわしいからです。

この章では、コンパニオンバードとしての潜在能力を持つ種の鳥のなかから、飼い主の個性や要望に適応した種を選べるように、それぞれの鳥の特性を紹介します。

セキセイインコ

ブンチョウ

Java Sparrow
Padda oryzivora
原産地：インドネシア、ジャワ島およびバリ島

江戸時代初期から日本人に飼われているブンチョウは、スズメ目のコンパニオンバードの代表格です。賢く飼いやすいので、子供から高齢者にいたるまで飼い主を選びません。ペットショップで手乗りビナを入手して自分で育てることもできます。ヒナはくちばしを大きく開けてエサをねだるので、インコ類に比べて挿し餌は容易です。育雛《いくすう》に低脂肪高タンパクの育雛用パウダーフードを用いると、体格もよく丈夫な成鳥に育ちます。

サクラブンチョウ
野生型の頭部および胸部に白い羽が少し混ざったパイドで、江戸時代にはすでに巣引きされていました。白い色の混ざり具合は個体差があり、この鳥ではほとんどわかりません。並や白より飼いやすく、巣引きもしやすいため、ブンチョウの普及に大いに貢献しました。今でもとても人気のある品種です。

◆平均的な寿命　8年
◆全長　14cm
◆雌雄の区別　雌雄同形、オスはさえずる。
◆若鳥の特徴　羽およびくちばしの色が鮮明でない。

◆飼育のポイント

野生では群れで生活する鳥ですので、手乗りにしない場合はつがいで飼育するのが基本です。ただし、つがいの相性が悪いと相手に対して攻撃的になりますので、新しくつがいにする鳥は、しばらく別のカゴに入れて様子を見ましょう。

ブンチョウ
Java Sparrow

白ブンチョウ

愛知県弥富市で明治初頭に生じたとされており、夏目漱石の短編『文鳥』にも書かれるほど、明治期に人気を博しました。現在の白いブンチョウは、弥富系以外にも様々な遺伝的背景を持っているものがいると考えられ、今後の研究が待たれます。

シナモン

フォーンとも呼ばれ、ユーメラニンが減少する色変わりです。1970年代にヨーロッパで固定されたものが日本に入ってきました。茶色の濃度や赤目かどうかは、個々の鳥の遺伝により決まります。

シルバー

フェオメラニンが減少する色変わりで、1980年代に固定された品種です。色合いの濃さは、鳥により異なります。

クリーム

1990年代にイギリスで作出された最新の色変わりです。複数のかけ合わせから作られ、遺伝的背景により色合いは異なりますが、基本的にはシナモンにパステル因子（ユーメラニンとフェオメラニンが減少する因子）が作用して生じた色変わり、つまりパステル・ブラウンです。

キンカチョウ

Zebra Finch
Taeniopygia guttata
原産地：オーストラリア全土

小さくて活発なキンカチョウは、猫の鳴き声に似た独特のさえずりで飼い主の心を癒してくれます。古い飼育書には「ヒナの自育は難しい」などと書いてあるものが多いのですが、近年、自育で巣引きできる系統が増えているようです。小型なので挿《さ》し餌《え》が難しいのですが、手乗りにすることもできます。また、心理学を初めとする様々な実験に用いられており、私たちの生活に深く関わっている鳥でもあります。

キンカチョウはさえずりを育て親から学びます。仮母《かぼ》のジュウシマツのさえずりを真似たり、時には挿し餌をしている飼い主の声を真似ることさえあるようです。覚えた声は成長とともに失われますが、さえずりの合間に断片的に残ることもあるようです。

ノーマル　オス
オレンジのチークパッチと黒い縞模様がオスの目印です。

ノーマル　メス
メスには胸のゼブラ模様もオレンジのチークパッチもありません。

- 平均的な寿命　5年
- 全長　10cm
- 雌雄の区別　胸の黒い縞模様、および脇腹の模様が、オスでははっきりしているがメスにはない。オスにはオレンジ色のチークパッチがある。
- 若鳥の特徴　羽の色が鮮明でない。

キンカチョウ
Zebra Finch

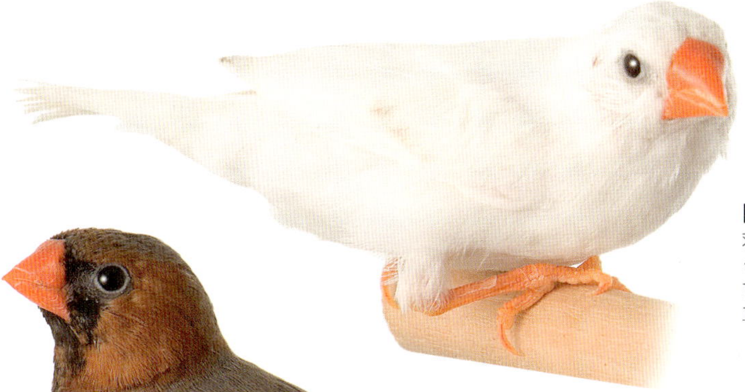

白キンカチョウ

羽毛全体が退色し白くなった色変わりで、脚やくちばしのオレンジ色が際立つ、美しい品種です。

オレンジブレスト・ブラックフェイス・ブラックブレスト　オス

この色変わりでは、頭部全体がオレンジ色になり、胸の縞模様は黒くなります。

◆飼育のポイント

雌雄の色合いの違いを楽しむためにも、つがいで飼うことをお勧めします。大型のカゴや禽舎での複数飼育もできますが、なかには縄張り意識の強い鳥がいますので、複数で飼育する際には相性に気をつけてください。いじめられている鳥がいるようなら、別のカゴに移してあげましょう。

夜はねぐらで寝る習性がありますので、巣引きをしない場合にも、市販のつぼ巣を入れておきましょう。

ブラックチーク

チークパッチが黒色に変化した色変わり。フェオメラニンを欠くので、模様はすべて白・黒・灰色になります。この品種のみ、メスにも黒いチークパッチが現れます。

◆巣引きのポイント

原産地のオーストラリアでは半乾燥地帯に生息し、雨季に繁殖します。巣引きの準備として、水浴びをさせてやりましょう。産卵はするが抱卵をしない、抱卵をしてヒナが孵化するが育てようとしないなどの問題がある場合には、仮母のジュウシマツに育ててもらうしかありません。

カナリア

Canary
Serinus canaria
原産地：カナリア諸島

カナリアは、ペットバードとしてはおそらく世界で最も早い時期に鳥カゴの中で繁殖した鳥で、17世紀にはすでにヨーロッパ各国で様々な色変わりが繁殖されていました。日本にも、18世紀になってオランダ人によって出島経由で輸入され、初期には大名や旗本に、後には一般の武士や町民に珍重され、有名人のなかにも、曲亭馬琴のような愛好家がいました。

現在ではカナリアは鳥カゴでの生活にすっかり馴染み、品種もたくさん作出されています。我が国でも、熱心な愛好家のクラブが活動していますし、ペットショップの店頭には、レモンイエローやオレンジレッドのきれいなカナリアが並んでいます。

コンパニオンとして飼うのならオスの1羽飼いがお勧めです。オスなら、さえずりを楽しめるのはもちろんですが、繁殖期に伴う卵詰まりなどのトラブルも避けられます。もともとテリトリーを守る鳥ですので、オスを1羽で飼っても特に寂しがりはせず、飼い主と適度な距離を保って暮らします。

レモンカナリア
無覆輪
いわゆる「カナリアイエロー」の鳥です。活発で飼いやすい品種。カラーカナリアの巣引きにチャレンジするなら、有覆輪の鳥は無覆輪の鳥とかけ 合わせましょう。

ローラーカナリア
さえずりを楽しむ品種です。ほかのカナリアとは異なり、くちばしを閉じて、低く静かな声で複雑な歌をさえずります。ドイツのチロル地方で改良されました。

- 平均的な寿命　10年
- 全長　11cm〜20cm（品種による）
- 雌雄の区別　赤系統以外は雌雄同形。赤系統の中には雌雄異型の品種あり。オスはさえずる。オスの総排泄腔はメスに比べて突出している。
- 若鳥の特徴　羽の色が鮮明でない。

カナリア
Canary

赤カナリア 無覆輪

カナリアの原種の羽毛には赤い色素はありませんが、ショウジョウヒワとの交配により、20世紀になって赤カナリアの作出に成功しました。無覆輪では全体的に均一に色が出て鮮やかです。羽毛はやや硬くなります。

赤カナリア 有覆輪

有覆輪では羽毛の縁が白色になっているので色合いがソフトに見え、羽毛は柔らかくなります。

アゲイト・レッド・モザイク

赤カナリアの系統です。「モザイク」では雌雄の模様が異なり、メスでは目の周囲の赤色が出ないか、出てもごくわずかです。

グロスター・コロナ（左）とコンソート（右）

20世紀になって作出された品種です。冠羽の遺伝子は致死因子ですので、巣引きする場合には、冠羽のあるコロナは冠羽のないコンソートとかけ合わせます。

◆飼育のポイント

1羽飼いのオスには、高タンパク・低脂肪のヘルシーなエサを与えます。カナリア用として売られている混合シードは、与え方によっては脂肪過多を招きますので、ペレットと青菜で飼育するのがお勧めです。すべての品種で、換羽期には、いつものペレットに高タンパクのペレットを少し加えましょう。

赤系統のカナリアの赤色はカロチノイドによるものなので、換羽期にカロチノイドを含むエサを与えると色が鮮やかになります。ただし、換羽期を超えて大量に与えても効果がなく、それどころか健康を害します。また、コマツナなどの青菜を与えると羽毛が黄色味を帯びますが、健康上はまったく問題はありません。

飼育下にしか存在しない鳥ですので、巣引きを楽しむ場合には品種の維持向上のために血統管理をしたいものです。カナリアの愛好クラブに問い合わせれば、有益な情報を得られるでしょう。

ジュウシマツ

Bengalese Finch

Lonchura striata var. domestica

原産地：コシジロキンパラ*Lonchura striata*の中国産の亜種を中国および日本で改良したもの

ジュウシマツは日本で最もポピュラーな飼い鳥です。「鳥飼はジュウシマツに始まりジュウシマツに終わる」と言われるほど、実に奥の深い鳥で、日本独自の品種が数多くあります。近年では欧米でも人気が高く、「ヨーロッパ系」と呼ばれる独自の品種が作出され、我が国にも輸入されています。

起源については諸説ありましたが、最近の研究により、中国原産のコシジロキンパラの亜種が18世紀に日本に入り、それが品種改良されて現在のジュウシマツになったということがわかりました。

並ジュウシマツ

従来の日本ジュウシマツのうち、茶色の多く出たものをこう呼びます。模様の出方は不規則で予測がつきません。最も丈夫で飼いやすい品種です。

- ◆平均的な寿命　5年
- ◆全長　10cm～13cm（品種による）
- ◆雌雄の区別　雌雄同形。オスはさえずり、ディスプレイ時には尾羽を上下に振ってダンスをする。
- ◆若鳥の特徴　羽の色が鮮明でない。

◆巣引きのポイント

ジュウシマツはほかのフィンチに比べてカゴでの生活によく順応しているためでしょうか、巣引きは得意中の得意で、特に難しい手順を踏まなくても、つがいで飼えばすぐに巣引きを始めます。しかも縄張り意識が低いのか、雑居させてもおおむね仲良く暮らしますので、無秩序に繁殖させてしまうことが多いようです。雌雄を同居させるときには、近親交配にならないよう注意しましょう。日本人が歴史と文化のなかで育んできた大切なジュウシマツ、飼育が簡単だからといってぞんざいな扱いにならないよう、大切な家族として迎えてあげましょう。

ジュウシマツ
Bengalese Finch

小斑《こぶち》ジュウシマツ
茶色の模様がごく小さくなったもの。

白ジュウシマツ
全身が白くなりますが、目は黒いのでアルビノではありません。

梵天
頭部の羽毛が巻き上がった品種。

千代田
胸の羽毛が巻き上がった品種です。

これらは日本の伝統的な品種ですが、ほかに、頭頂部・後頸部・胸部の羽毛が巻き上がった「大納言」や、全身の羽毛が巻き上がった「キング」があります。

コキンチョウ

Gouldian Finch
Erythrura gouldiae
原産地：オーストラリア北部の開けた草地

アカコキン ノーマル
野生型のコキンチョウのうち、頭部の赤いものをアカコキンと呼んでいます。

コキンチョウの学名 *gouldiae*は「グールドの」という意味ですが、これは英国の博物学者ジョン・グールド*が、画家だった妻エリザベスの死を悼んで名づけたと言われています。原種の色彩の美しさは誰もが認めるところですが、さらに様々な色変わりが作出され、愛好家を魅了しています。

原種は頭部の色でアカコキン・キコキン・クロコキンに分かれますが、キコキンはまれにしか見られません（優性はアカコキン）。

ペットとして世界中で飼育されているコキンチョウですが、原産地では野生の個体数が減少しつつあり、保護が叫ばれています。

クロコキン　ノーマル
こちらも野生型。野生型を残しておくことは品種改良のうえで重要ですが、コキンチョウの場合、種の保存という観点からも重要なのです。

◆平均的な寿命　7年
◆全長　12.5cm
◆雌雄の区別　メスはやや羽の色が薄い。
◆若鳥の特徴　羽の色が鮮明でない。

*John Gould (1804-1881)

コキンチョウ
Gouldian Finch

シロムネクロコキン
胸の紫色が退色した品種がシロムネです。これはクロコキンのシロムネ。

◆飼育のポイント

手乗りのヒナをショップで手に入れるのは難しいですが、自家繁殖させたヒナに挿し餌をして手乗りにすることはできます。ただし、ジュウシマツやブンチョウに比べると子育てが上手ではない鳥が多いので、つがいが抱卵や育雛が上手でない場合、仮母としてジュウシマツに卵を抱かせ、育ててもらいます。
寒さに弱い鳥が多いようですので、冬季には保温を心がけましょう。特に巣引きをさせたい場合には保温が必要です。また、運動を好みますので、できるだけ広い鳥カゴで飼ってやりましょう。

パステルコキン
体色はやや緑が薄いかな、という程度ですが、ユーメラニンが作られなくなるため頭部の赤の周囲に黒い色がなく、青くなっているのでパステルとわかります。

ダブルファクターイエローアカコキン
イエローは背中の羽が黄色になる伴性遺伝の色変わりで、ダブルファクターでは、胸および顔の周囲、および胸が白くなります。

セキセイインコ

Budgerigar
Melopsittacus undulatus
原産地：オーストラリアほぼ全土

インコ類の、いや、飼い鳥の代表選手とでも言うべきセキセイインコは、コンパニオンバードに求められる資質をほとんどすべて備えています。人によく馴れ、社交性があり、芸やおしゃべりを覚え、様々な色変わり品種があるうえ、室内の鳥カゴでも難なく巣引きをしますので、上手に飼育すれば、何世代にもわたって家族の一員になってくれるのです。

ノーマル・ライトグリーン
メス

ノーマル・ライトグリーン
オス
野生型の品種で、背中全体に入る黒いサザナミ模様が特徴です。ロウ膜の色が青色なので、この鳥はオス。

- 平均的な寿命　7年
- 全長　18cm
- 雌雄の区別　性成熟するとオスはロウ膜が青色（品種によってはピンク色）になり、メスは茶色になる。
- 若鳥の特徴　羽の色が鮮明でない。

セキセイインコ
Budgerigar

ノーマル・ブルー
メス

野生型のグリーンから黄色の色素が抜けた色変わり。

ハルクイン・イエロー
メス

ハルクインは体の上部と下部で地色が変わる品種で、レセッシブ・パイドとも言われます。

ドミナントパイド・バイオレット　オス

パイドとは「ぶち」模様のことで、不規則に色素が抜けた品種です。体の色はハルクインと逆に、上半身に濃色が生じます。

◆色変わり

セキセイインコの原種の色はグリーンで、背中には黒い縞模様が入っています。やがて飼育下で遺伝子に突然変異が生じ、早くも1870年代にはルチノーが、続いて1880年代にはスカイブルーが作出されましたし、背中の模様も、1918年にグレイウィングが固定されたのを皮切りに、次々と変化してゆきます。こうした遺伝の仕組みを勉強するのも、セキセイインコの飼育の楽しみの一つと言えましょう。

もちろん、ペットショップで健康な手乗りヒナやよく馴れた若鳥を1羽求め、手塩にかけて育て、言葉を教えたり一緒に遊んだりしてかわいがる場合、色や模様による能力の差はありません。健康で素直な鳥を選び、大事な家族の一員として迎えてあげてください。

◆飼い鳥としての歴史

セキセイインコが原産地以外に初めてお目見えしたのは1840年のことで、この年に、イギリス人の博物学者ジョン・グールドが、つがいを初めてイギリスに持ち帰ったのです。それは、グールドの妻エリザベスの弟チャールズ・コクスン*がオーストラリアで巣引きした鳥のうちの2羽でした。

この陽気でかわいらしいインコは大評判となり、瞬く間にヨーロッパ中に広まり、様々な品種が作出されて今日に至ります。日本には明治時代の末に初めて輸入され、徐々に人気が出てきました。羽衣セキセイという、日本独自の品種もあります。

オパーリン・イエローフェイス・コバルト　オス

オパーリンとは、後頭部から背中にかけて、サザナミ模様が三角形に抜けている模様です。イエローフェイスとは、体の羽が青いのに顔部分は黄色くなる色変わりで、レインボーとも呼ばれ、人気があります。

ルチノー　メス

黄色以外の色素が抜けたものをルチノーと呼び、伴性遺伝をします。ユーメラニン色素がなくなるので、瞳が赤くなるのが特徴です。瞳の黒いものは「イエロー」と呼びます。

梵天羽衣・ブルー　オス

羽衣とは体の羽に変化が生じた品種で、日本独自の発展を見せています。梵天とは、頭部の羽毛に変化が生じ、おかっぱのように長くなったもの。

◆セキセイインコのおしゃべり

1995年、1羽のセキセイインコがギネスブックの記録を塗り替えました。オスのセキセイ、パックが、1,777の語彙数を持つと認定されたのです。パックほどでなくても、オスのセキセイのなかには、大型のインコたちに負けないほどのおしゃべり上手がいます。あなたのセキセイも、隠れた才能の持ち主かもしれません。

*Charles Coxen (1806-1876)

大型セキセイインコ

Budgerigar

Melopsittacus undulatus

原産地：オーストラリアほぼ全土にいる野生種を改良した品種

ノーマル・ライトグリーン　オス

大型セキセイの特徴は大きな頭部と直立した姿勢です。

大型セキセイインコは、ヨーロッパの品評会向け愛好クラブを中心に品種改良されたセキセイで、大きいだけではなく、頭部の羽にボリュームが生じ、胸部が張り出し、止まり木に止まる姿勢も野生型のセキセイより直立するといった風に、羽毛の状態やプロポーションも従来のセキセイとは異なっています。こうした変化が顕著になったのは1970年以降のことで、イギリスのブリーダー、ハリー・ブライアンが大いに貢献していると言われます。現在では在来品種との差はさらに大きくなってきています。特に「ショーバード」と呼ばれる大型品種は厳密に血統を管理されており、基準に準じて完成度を競う品評会が開かれています。

性格は、一般に野生型の品種よりおっとりしています。

ノーマル・シナモン・グレー　メス

大型セキセイでは野生型に比べ羽毛の長さが長くなり、大きさがさらに強調されます。

- 全長　23cm
- 平均的な寿命　7年
- 雌雄の区別　成熟したオスは発情期にロウ膜が青色またはピンク色になり、メスは茶色になる。
- 若鳥の特徴　羽の色が鮮明でない。

コザクラインコ

Rosy-faced Lovebird
Agapornis roseicollis
原産地：アフリカ南西部

ノーマル
野生型のコザクラです。このままで充分美しいと思う人も多いのではないでしょうか。

コンパニオンとしてのコザクラインコの人気はセキセイインコに次いで高く、様々な色変わりも作出されています。物真似は上手ではありませんし、甲高い声で叫ぶのが難点ですが、見るからに愛らしく、動作に愛嬌があるので、多少の欠点は気にならないというファンが多いようです。

◆飼育のポイント

コザクラは成鳥になると縄張り意識が強くなり、攻撃的になる鳥もいます。この攻撃性は、つがいの絆が強いことの裏返しでもあり、彼らがラブバードと呼ばれるゆえんでもあるのですから、彼らの習性を理解したうえで、不必要な刺激を与えないようにつき合ってゆきましょう。

- 平均的な寿命　7年
- 全長　16cm
- 雌雄の区別　雌雄同形。
- 若鳥の特徴　額の赤色が鮮明でない。上くちばし基部に黒色部がある。

コザクラインコ
Rosy-faced Lovebird

オレンジフェイス・イエロー

オレンジフェイスは、ラブバード類ではコザクラインコのみに見られる色変わりで、野生型ではバラ色になっている部位がオレンジ色になります。80年代にアメリカで作出されました。

◆巣引きのポイント

コザクラインコは、巣作り行動として、巣材を上尾筒《じょうびとう》部分に挿して運搬します。この行動はメスに見られ、発情したメスは、鳥カゴの底に敷いた新聞紙や机の上の書類などをくちばしで器用に引き裂いて羽の間に挿し、鳥カゴや部屋の隅に運びます。コンパニオンとして主として鳥カゴの外にいる時間が長い場合、いつの間にかお気に入りの場所に営巣してしまうこともありますので、事故のないよう注意してください。

一般にラブバード類の巣引きは仲の良いつがいで行うことが成功の鍵です。どの種もつがいの相手はかなり厳しく選ぶということを心しておかれると良いでしょう。

オレンジフェイス・オパーリン・グリーン

オパーリンも、ラブバードではコザクラインコのみに見られ、野生型では顔の部分だけに見られる赤の色素が後頭部にまで広がります。写真の鳥はオレンジフェイスとの組み合わせですので、頭部全体がオレンジ色になっています。

アクア・パイド

アクアはシーグリーンとも呼ばれ、インコ目に特有のシッタシン色素（psittacofulvins）が減少する因子による色変わりです。コザクラでは体の羽の黄色、および顔の赤の色素がおおむね50％減少しますので、体はアクアブルー、顔は薄いオレンジピンクになります。この鳥は、さらにパイドの因子が加わり、緑と青の美しい模様が出ています。

レセッシブパイド・アクア

コザクラインコのレセッシブパイドは、黒・褐色を作るユーメラニンを約95％減少させるため、ほぼ全身が黄色になります。

バイオレット・ターコイズ・パイド

バイオレットの因子が入ったターコイズのパイドです。

キエリボタンインコ

Yellow-collared Lovebird
Agapornis personatus
原産地：アフリカのタンザニア

ボタンインコ属は9種から成り、英語ではラブバードと呼ばれます。飼育下での交雑や色変わりの繁殖が進んでいるため、純粋な野生型が見られなくなってきた種も多く、キエリボタンインコもその一つです。野生型のノーマルは胸部から首にかけて黄色く、頭部が黒いのが特徴です。この種には、ブルーボタンやバイオレットのような魅力的な色変わり品種があります。

ノーマル
写真はキエリボタンインコのノーマル、つまり野生型（に近い鳥）です。頭部が黒く、首の周囲が黄色いのが特徴です。

◆飼育のポイント

目の周囲の白い輪（裸眼輪）と赤いくちばしのおかげで、キエリボタンインコはとても活発でやんちゃな印象を与えますが、コザクラと比べて特にやんちゃということはありません。神経質な一面も併せ持っていますので、環境の急激な変化は避け、穏やかな状況で飼育してください。

- 平均的な寿命　7年
- 全長　15cm
- 雌雄の区別　雌雄同形。
- 若鳥の特徴　羽の色が鮮明でない。上くちばし基部に小さな黒色部がある。

キエリボタンインコ
Yellow-collared Lovebird

バイオレット

キエリボタンインコのバイオレットは1995年にオランダで作出されました。ブルーボタンに比べ、青の色がより濃くなっています。

アルビノ

白い羽、肌色のくちばしと脚、爪、そして赤い目をしているので、アルビノはすぐに区別がつきます。

ブルーボタン

一般にブルーボタンと呼ばれているのはキエリボタンインコの色変わり品種ですが、海外ではそのほかのブルー系も作出されています。ブルーはシッタシン色素（インコ類で赤と黄を作る色素）がまったく作られない品種で、くちばしも肌色になります。

ルリゴシボタンインコ

Fischer's Lovebird
Agapornis fischeri
原産地：アフリカのタンザニア北部、ビクトリア湖南部

ルリゴシボタンインコの原種は全身が鮮やかな緑色を基調とし、腹部は黄緑色、額および頭頂部がオレンジ色、くちばしは鮮やかな赤色で、上尾筒は鮮やかな瑠璃色です。けれども、この色のボタンインコをペットショップで見つけることは難しくなっています。ほかの種との交配が進んだ結果だと言われていますが、残念なことです。

ルリゴシボタンインコは、一般にコザクラインコやキエリボタンインコよりもおとなしい鳥が多いようですが、くちばしの大きさから推測できるように、噛む力はセキセイインコなどに比べてかなり強いです。小さな子供がいる場合には、噛まれないように充分注意しましょう。

ノーマル
近似種との交雑や色変わり品種の作出が進んだ結果、野生型のルリゴシボタンインコはなかなか見られなくなってしまいました。写真では見えませんが、上尾筒が鮮やかな瑠璃色をしているのがこの種の特徴です。

◆色変わり

この種も、ブルー、あるいはヤマブキボタンなど、鮮やかな色変わりがたくさん作出されています。一般にラブバードの仲間は、物真似こそ苦手ですが豊富な色変わりと愛らしい動作で人気を呼んでおり、この種も例外ではありません。

- 平均的な寿命　7年
- 全長　15cm
- 雌雄の区別　雌雄同形。
- 若鳥の特徴　頬が黒みがかっている。上くちばし基部に小さな黒色部がある。

ヤマブキボタン
日本とアメリカでほぼ同時期に生まれたと言われ、欧米ではパステルイノと呼ばれているようです（イノとは、退色を生じさせる遺伝子のこと）。

カルカヤインコ

Grey-headed Lovebird
Agapornis canus
原産地：マダガスカル

ノーマル　メス
カルカヤインコは環境に慣れれば丈夫で楽しい鳥です。鳥カゴの置き場所には静かな所を選んでください。

ラブバードのことをフランス語では「アンセパラブル」、つまり「いつも一緒にいる鳥」と呼びます。カルカヤインコはラブバードの仲間では最も小さく、色合いも地味ですが、つがいの仲の良さでは、派手な仲間たちに決して負けません。ボタンやコザクラに比べるとおとなしく、少し臆病で神経質な鳥が多いようですので、手乗りにして楽しむというより、つがいで飼って、できれば巣引きを楽しんではどうでしょう。外観から雌雄の区別がつけられるので、仲の良いつがいを選ぶのも、ほかのラブバードに比べれば楽です。

◆平均的な寿命　7年
◆全長　14cm
◆雌雄の区別　オスは頭部が明るい灰色。メスは全身が緑色。
◆若鳥の特徴　成鳥に似るが、オスの後頸は緑がかっている。くちばしは黄みがかっており、上くちばし基部に黒色部がある。

近似種

次の2種もボタンインコ属に属します。古くから知られており、野生由来の鳥が時折輸入されていたようですが、現在ではハンドフェッドの個体は少なく、飼い鳥としてポピュラーとは言えません。

●コハナインコ　Red-headed Lovebird
学名：*Agapornis pullarius*
原産地：アフリカ中央部および中央部西
平均的な寿命：7年　全長：15cm
雌雄の区別：全身緑色で、オスは額と顔が赤く、翼羽裏側が黒い。メスは額と顔の色が薄く、翼羽裏側が緑色。
若鳥の特徴：額と顔が黄色。オスは翼羽裏側が黒く、メスは緑。

●ハツハナインコ　Black-winged Lovebird
学名：*Agapornis taranta*
原産地：エチオピア高地
平均的な寿命：7年　全長：16.5cm
雌雄の区別：オスは全身緑で、額・目先・眼周囲が赤い。風切羽および翼羽の裏側が黒い。メスの額・目先・眼周囲は緑で、翼羽の裏側は緑だが、黒い模様が見られることもある。
若鳥の特徴：メスに似るが、オスの若鳥は翼羽裏側が黒い。くちばしはくすんだ黄色で、基部に黒い模様が入る。

マメルリハインコ

Pacific Parrotlet
Forpus coelestis
原産地：エクアドル西部、ペルー北西部の太平洋沿岸

小さくて活発なマメルリハインコは、近頃色変わりも増え、人気が出てきました。好奇心が旺盛で飼い主によく馴れ、鳴き声が比較的小さいのも人気の秘密でしょう。おしゃべりはあまり上手ではないようですが、なかには覚えるものもいます。小さいながら大型のボウシインコのように脚でものをつかんで食べるなど、独特のしぐさも魅力です。

小さいとは言え、セキセイなどに比べるとくちばしの力は相当強いので、大事なものや危険なものをかじって壊されたりしないように注意しましょう。

ノーマル　オス
野生型は緑色です。この鳥は目尻に水色の模様が入っているのでオスとわかります。

- 平均的な寿命　20年
- 全長　12.5cm
- 雌雄の区別　全身灰色がかった緑色で、額・頭頂部・頬と喉は色が明るい黄緑色。オスは目尻から後頭部にかけて青色の線が入るがメスにはなく、オスは風切羽、翼の裏側、および腰が濃紫青色だが、メスでは緑色である。
- 若鳥の特徴　成鳥に似るが、オスの青および濃紫青の色は成鳥より薄い。

マメルリハインコ
Pacific Parrotlet

ダイリュート
アメリカで作出されたため、アメリカンイエローという名でも知られています。

ブルーファロー　オス
新しい色変わりで、グレーを帯びた薄いパウダーブルーが美しい鳥です。目は赤くなります。

ダイリュートブルー　オス
こちらはアメリカンホワイトとも呼ばれます。うっすら残る水色が清楚な感じを与えてくれます。

ブルー　オス
1986年にベルギーで作出されました。金属光沢と自然な濃淡のある、大変美しいブルーがオスの特徴です。メスの場合、コバルトブルーがなくなるので地味な色合いになります。

オカメインコ

Cockatiel
Nymphicus hollandicus
原産地：オーストラリア

オカメインコのペットとしての美点は数えきれません。争いを好まず、愛情にあふれ、賢く、個性的で、美しい…ほぼ満点と言っても良いほどです。オウム科の鳥のなかでは唯一大声を張り上げない鳥でもあり、日本の住環境に適している点でもトップクラスです。

近頃では様々な色変わりも作出されて、ますます愛好家が増えています。オカメインコは好奇心が強い一方で臆病な一面も持ちますが、学習能力が高いので、飼い主への信頼度が増せば環境への順応も進み、徐々にではありますが、ちょっとしたことでは動じなくなります。新しいことには、遊びながら馴らしてゆくようにしましょう。

ノーマル　オス
野生型のノーマルです。ノーマルのオスには鮮やかな赤いチークパッチがあり、チークパッチの色がくすんでいるメスと簡単に見分けがつきます。

- ◆平均的な寿命　20年
- ◆全長　33cm
- ◆雌雄の区別　ノーマルのオスのチークパッチはメスより鮮やか。メスは尾羽の内側に縞模様がある。
- ◆若鳥の特徴　メスの成鳥に似る。

ルチノー　メス

イノ因子によるメラニン色素の退色が起きた色変わりで、目は赤くなります。ペットショップでは「白オカメ」と呼ばれることがあります。

パイド　メス

パイド模様の出方は様々です。この鳥ではかなり模様が大きく残っていて、顔にグレーの斑があるのでメスだとわかりますが、パイド模様が減ると、外観から雌雄の区別はつかなくなります。

◆飼育のポイント

オカメインコは気が小さく、鳥カゴの中で突然暴れたり飛び立とうとする行動、いわゆる「オカメ・パニック」を起こすことで有名ですが、これは実際は多くの飼い鳥に見られる現象で、オカメインコ以外にも、キキョウインコ類やある種のフィンチ類がこうしたパニックを起こしやすいと言われています。暗闇で突然物音がしたり、地震が起きたり、あるいは自動車のヘッドライトのような強烈な光が当たったりした場合、危険から逃れようとする習性によって、鳥は狭いカゴや禽舎にいることも忘れて飛び立ってしまい、あちこちぶつかってパニックに陥るのです。大ケガや死亡事故につながることもありますので、ぜひ予防したいところです。（9章参照）

パール・ノーマル
メス

パールとは、羽毛の1枚1枚でメラニン色素が抜けて丸い模様の入る色変わりです。ただし、オスでは成鳥になるとパール模様が消えてしまいます。

ホワイトフェイス・ノーマル　メス

ノーマルからルポクローム色素が抜けたホワイトフェイスでは、メスの場合、顔はほぼグレーになり、オスでのみ白い顔となります。

一般的な予防策は二つあります。一つは、夜でも真っ暗にならないよう小さな明かりをつけておくこと。特に赤目の品種によく見られるような視力が弱い鳥には注意が必要です。もう一つは、普段からいろいろな音を聞かせたり、あるいは動くものを見せたりして慣らしておくことです。
オカメは学習能力が高いので、飼い主への信頼度が増せば環境への順応も進みます。日ごろから慣らしておけば、ちょっとしたことでは動じなくなります。それでも、パニックを完全に防ぐのは難しいですから、カゴの中におもちゃを入れすぎないなど、ケガを防ぐ手立てはとっておきましょう。

ホワイトフェイス・パイド　オス

パイドからリポクローム色素が抜けた品種です。真っ白にグレーの斑がきれいに残ります。パイドでは、斑の形や大きさが1羽ごとに違います。

ホワイトフェイス・パール　メス

パールからリポクローム色素が抜けた品種。この鳥のように、メスではパール模様がきれいに残ります。

シナモン　オス

シナモンとは、赤茶色の色素フェオメラニンの割合が、黒い色素ユーメラニンの割合を上回る品種です。全体がうっすらと茶色がかり、上品な色合いになります。

シナモンパイド

パイド模様は、模様部分が大きい順に、ライト、ミディアム、ヘビー、クリアと呼び分け、クリアパイドでは、斑模様はほとんど現われません。この鳥はミディアムパイド。雌雄の区別はつきません。

キキョウインコ

Turquoise Parrot
Neophema pulchella
原産地：オーストラリア東南部

キキョウインコは美しく色変わりも豊富で、そのうえ飼いやすいのでファンの多い鳥です。禽舎で飼育されることが多いのですが、手乗りのヒナも手に入ることがあるようです。

小さな鳥カゴで飼う場合には、室内で運動する時間をとってやりましょう。素早く飛び回る姿が見られますし、鳥の健康も保たれます。ただし、ガラス窓に気づかずに激突するといった事故も起こしがちなので、窓にはカーテンを引くなどして予防しましょう。

◆飼育のポイント

飼い主にべったりなつくと言うより、やや距離を置いて暮らすことができる鳥です。仕事などで留守がちになる場合でも、キキョウインコなら留守番させることができそうです。ただし、ちょっとしたことで驚いてカゴの中で暴れるといった事故が起きがちなので、留守番をさせる場合には、カゴの置き場所や周囲の環境に充分配慮しましょう。

ノーマルのメス
色合いがややくすみ、翼に赤い模様がないので、メスだとわかります。

- 平均的な寿命　12年
- 全長　20cm
- 雌雄の区別　オスの翼には赤い模様がある。メスは目先が黄灰色で羽色がややくすんでいる。
- 若鳥の特徴　メスの成鳥に似る。

セキセイインコに似たプロポーションで、親しみやすい鳥です。

ヒムネキキョウインコ

Scarlet-chested Parrot
Neophema splendida
原産地：オーストラリア南部

キキョウインコによく似たヒムネキキョウインコは、その名のとおりオスの胸が真紅で、「splendida きらびやかな」という学名のとおり、大変美しい鳥です。小型で鳴き声もきれいですし、性質は穏やかです。ほかの鳥に攻撃的でもありませんので、初心者にも飼いやすい鳥と言えるでしょう。ただし、室内の鳥カゴで飼育すると、運動不足から脂肪過多となることが多いようです。健康を保つためにも、鳥カゴで飼育する場合には、低脂肪のエサを与えることと充分な運動をさせることを心がけてください。

キキョウインコ同様驚いて飛び回ることがあるので、飼育環境には注意しましょう。

シナモン　オス
ユーメラニンが質的に変化して茶色が現れる色変わりで、伴性劣性因子によって遺伝します。

パステルブルー　オス
パステルブルーは、インコ類特有の赤・黄の色素が減少した色変わりです。したがって、特徴的な胸の赤色が薄くなり、体全体は青味が強くなります。

- 平均的な寿命　12年
- 全長　19cm
- 雌雄の区別　オスは胸が赤く、頭部の青色部分がメスより濃く広い。
- 若鳥の特徴　メスの成鳥に似る。

ビセイインコ

Red-rumped Parrot
Psephotus haematonotus
原産地：オーストラリア東南部

その名のとおり、インコ類のなかでは例外的な美声の持ち主で、フィンチ類のようなさえずりこそありませんが、美しい鳴き声（コール）を聞かせてくれます。臆病な個体が多いので、カゴの置き場所には特に配慮してやりましょう。

飼育は特に難しいということはありませんが、やや臆病すぎるかもしれません。手乗りヒナは手に入りにくいかもしれませんが、できるだけ人に馴れた鳥を入手することをお勧めします。

時間をかけてつき合えばやがて信頼してくれるでしょうし、信頼の度合いが進んでも飼い主べったりにはなりにくいので、ある程度距離を置いて飼育したい人には、むしろ適したコンパニオンです。

ノーマル　オス
オスとメスの色がこれほど違うのは、インコ目の鳥では少数派です。

ノーマル
メス

- 平均的な寿命　15年
- 全長　28cm
- 雌雄の区別　オスは全身が鮮やかな緑色で、頭部が青緑色、腰が赤色、肩と腹部が黄色。メスは全身がオリーブ・グリーン色で、腰の赤色を欠く。
- 若鳥の特徴　メスの成鳥に似る。

アキクサインコ

Bourke's Parrot
Neopsephotus bourkii
原産地：オーストラリア

ベルギーで1877年に繁殖したのが最初とされ、その後、広く飼育下での繁殖が行われてきました。原種は青味がかったピンク色を主体としたシックな色調のインコですが、色変わりが多く作出され、人気の鳥です。穏やかな性質なので、フィンチやオカメインコなど、ほかの攻撃的でない鳥と一緒に遊ばせることもできます。

大きな目をしているのは、野生では薄暮に活動しているからだと言われます。かわいらしい鳴き声と大きな目、そしてピンクを主体とした色調は日本人好みなのでしょう、近年人気が上昇しています。おとなしくて飼いやすい鳥ですが、運動不足にならないよう注意してやりましょう。

ノーマル　オス
シックな色調が好まれています。

ファロー
ユーメラニンが質的に変化し、灰茶色になった色変わりです。目は赤目になります。

ローズ　メス
ローズは後頭部から背中にかけてのメラニンによる模様が抜ける、オパーリン因子による色変わりです。

- ◆平均的な寿命　12年
- ◆全長　19cm
- ◆雌雄の区別　オスは額が青く、メスは白、または白に青色が混ざる。
- ◆若鳥の特徴　メスの成鳥に似るが、腹部のピンク色は薄い。

テンニョインコ

Princess Parrot
Polytelis alexandrae
原産地：オーストラリア

飼い鳥のなかでも1、2を争う美しさで知られます。比較的おとなしく人懐こい性格で、環境に慣れれば丈夫で飼いやすい鳥です。飛ぶ姿の美しさは思わず見とれてしまうほど。ぜひ、飛べる環境で飼育してあげてください。室内で飛ばせる場合には、高い位置に止まれる場所をつくるなど、ある程度の距離を飛べるような工夫があると良いと思います。

日本では手乗りとして飼育されているケースは少ないようですが、海外では手乗りのコンパニオンとして人気があり、色変わりも見られるようになりましたので、日本でも、今後人気が出てくるかもしれません。馴れれば臆病ではなく、さほど神経質でもないので、良いコンパニオンになります。

すらりと長い尾羽は、この鳥が素晴らしい飛翔力の持ち主だということを表しています。
尾羽の長さが魅力の鳥です。尾羽が傷まないよう、高さが充分で、エサ入れがなるべく上のほうにつけられるようなパラキート専用の鳥カゴを用意しましょう。

- ◆平均的な寿命　20年
- ◆全長　35〜40cm
- ◆雌雄の区別　メスの頭部は色が薄く、上尾筒が灰色がかった青で、尾羽はオスより短い。
- ◆若鳥の特徴　メスの成鳥に似る。

ミカヅキインコ

Superb Parrot
Polytelis swainsonii
原産地：オーストラリア、ニューサウスウェールズおよびビクトリア内陸部

オスの胸にある黄色い三日月模様が和名の由来ですが、英名はそのものずばり「美麗なインコ」。ハンドフェッドの個体は一般に人懐こく、良いコンパニオンになりますが、臆病な個体もいるようですので、個性を見極めて無理のない飼育を心がけましょう。

この鳥も飛ぶことのできる環境で飼ってやりましょう。屋内の鳥カゴで飼う場合には、カゴから出して運動させる時間が必要です。

この鳥はまだ若く、尾羽が伸びきっていませんが、成鳥になるとかなり長くなります。なるべく高さのあるパラキート用の鳥カゴで飼育してやりましょう。

◆平均的な寿命　20年
◆全長　40cm
◆雌雄の区別　メスは赤と黄の模様を欠く。虹彩は濃い黄色。
◆若鳥の特徴　メスの成鳥に似るが、虹彩は茶色。

ハゴロモインコ

Red-winged Parrot
Aprosmictus erythropterus
原産地：オーストラリア

雌雄の区別がつきやすいので欧米では比較的早くから飼育下で繁殖され、飼い鳥として確立しつつあります。雑食性が強く、野生では木や草の実以外にも果物や花蜜などを食べていますので、エサには注意が必要です。インコ・オウム類用の混合餌あるいはペレットに加え、果物か市販のネクターを与えましょう。

室内でコンパニオンとして飼育されるようになったのは最近のことですが、ハンドフェッドの鳥は信頼できるコンパニオンになっているようです。飛ぶのが大好きですので、できるだけ運動量を確保できるようにしてください。

◆平均的な寿命　40年
◆全長　32cm
◆雌雄の区別　メスは全体にくすんだ緑色で、翼の赤色部分がオスより小さい。虹彩がオスはオレンジ色、メスは茶色。
◆若鳥の特徴　メスの成鳥に似る。

この鳥はまだ幼鳥です。これから鮮やかな羽毛に生え換わり、雌雄の区別も鮮明になります。

コダイマキエインコ

Australian Ringneck
Barnardius zonarius
原産地：オーストラリア

シックな色合いが愛され、欧米では禽舎の鳥として長く飼養されています。物真似をすることもありますが鳴き声が甲高く、手乗りとして室内で飼うには性格がやや活発すぎると言われてきました。

しかし、近年ハンドフェッドの個体が輸入されるようになり、評価が変わりつつあるようです。一般にハンドフェッドの個体は、性格が生育環境にかなり左右されます。飼い主にべったり懐く例も見られるかと思えば、比較的距離を置く個体も見られます。性格と個性を見極めて選ぶと良いでしょう。

もともと賢くて面白いので、愉快なコンパニオンになってくれるはずです。多少活発すぎる個体でも、適切な世話としつけができれば、一緒に生活をしてゆくうちに環境に順応してゆくでしょう。

愛嬌のある性格が最大の魅力です。なるべく運動をさせてやりましょう。

- 平均的な寿命　20年
- 全長　38cm
- 雌雄の区別　似ているが、メスは色合いがやや鈍く、頭部が茶色がかる。
- 若鳥の特徴　成鳥に似るが、色合いがやや鈍い。

コダイマキエインコには4亜種がありますが、野生でも飼育下でも交雑が行われているようです。この写真の鳥も、亜種のオオコダイマキエインコ（*Platycercus zonarius semitorquatus*）かもしれません。

キセナナクサインコ

Golden-mantled Rosella
Platycercus eximius cecilae
原産地：オーストラリア

ナナクサインコの亜種で、背中の黄色がナナクサインコよりも濃いのが特徴です。飼育上の注意はナナクサインコに準じます。

海外では色変わりも作出されていますが、日本ではまだポピュラーではないようです。体質は比較的丈夫ですが、神経質な鳥が多いので、カゴは静かな環境に置いてやりましょう。

一般にクサインコ類には地上採食の習性がありますので、繁殖・飼育された環境によっては、内部寄生虫がいることがあります。入手した鳥はまず健康診断をしておくことをお勧めします。

まだ若鳥ですが、背中の黄色ははっきり出ています。

- 平均的な寿命　15年
- 全長　32cm
- 雌雄の区別　メスは色合いがやや鈍い。
- 若鳥の特徴　メスの成鳥に似る。

クサインコ類は尾羽の幅が広く「ブロードテイル」とも呼ばれます。

ナナクサインコ

Eastern Rosella
Platycercus eximius
原産地：オーストラリア東南部およびタスマニア

カラフルで存在感のあるクサインコ類は、物真似は概して上手ではありませんが、なかにはおしゃべりをするものもいます。オスは、口笛のようなきれいな声で歌います。

活発で元気な鳥で、ときには元気が過ぎて、仲間やほかの種の鳥に対して攻撃的になるものがいますので、複数で飼育する場合には注意が必要です。1羽飼いの場合も複数で飼う場合も、彼らのエネルギーを存分に発散させるために、運動の場所と時間をしっかり与え、かじって遊べるおもちゃを用意しておいてやりましょう。

決して扱いやすい鳥ではありませんが、根気よくつき合える人にはお勧めの鳥です。ハンドフェッドの鳥なら、時間を割いて愛情を注げば、良いコンパニオンになることでしょう。

レッド
黄色が抜けた色変わりです。ナナクサインコの色変わりは我が国ではまだ一般的ではありませんが、徐々に広まりつつあるようです。

ノーマル
キセナナクサインコに比べ、黄色の部分がやや少ないので見分けがつきます。

- ◆平均的な寿命　15年
- ◆全長　32cm
- ◆雌雄の区別　メスは色合いがやや鈍い。
- ◆若鳥の特徴　メスの成鳥に似る。

オオハナインコ

Eclectus Parrot
Eclectus roratus
原産地：ニューギニア、オーストラリアのケープヨーク

左はオス。体色の緑とくちばしのオレンジの強烈なコントラストが印象的ですが、実はオオハナとは「大鼻」のことなのです。くちばしを鼻に見立てたのですね。メス（右）は赤と青を主体とした体色です。

オスとメスとでここまで色が違う鳥はオウム目では珍しく、かつては別種の鳥と考えられていたほどです。大正年間に刊行された鷹司信輔《たかつかさのぶすけ》の『飼ひ鳥』には、「ジョン・グールドらによって同種であることが明らかとなったので、今後はオスの名称であるオオハナインコを種の名とする」と書かれています。それまではオスはオオハナインコ、メスはオオムラサキインコと呼ばれていました。

オオハナインコはコンパニオンとして非常に高い適性があります。美しいばかりでなく、はっきりした声で物真似をし、言葉を使って飼い主とコミュニケーションをとろうとします。賢く、愛嬌があり、フレンドリーで、好奇心が強く、楽しいコンパニオンになること請け合いです。

- ◆平均的な寿命　50年
- ◆全長　35cm
- ◆雌雄の区別　オスの体色は緑で上くちばしが濃い黄色、虹彩は赤い。メスの体色は赤で、腹部が紫、くちばしは上下とも黒、虹彩は黄色がかった白。
- ◆若鳥の特徴　成鳥に似るが、上くちばしは濃い灰茶色で、先の部分は鈍い黄色、虹彩は茶色。

◆飼育のポイント

大型のインコ・オウムたちのなかでは特に騒がしい方ではありませんが、体の大きさに見合った声量の持ち主だということはお忘れなく。もともと熱帯雨林の林冠部で活動し、仲間同士大声で呼び合っていた鳥ですので、これは仕方のないことです。個体差はありますが、人間の言葉を覚えればあまり叫ばなくなるケースもあります。

サザナミインコ

Barred Parakeet
Bolborhynchus lineola
原産地：メキシコ南部からコロンビア、ペルー

野生のサザナミインコは標高2000メートル以上の高地で暮らしており、昼間は地上で採食して、夜は樹上で眠ります。ときには「雪浴び」をするとも言われ、また、よじ登ったり走ったりするのが得意だったりと、小型のインコとしては変わった習性を持っています。1970年代にヨーロッパに紹介され、その後飼育下で繁殖されるようになりました。

鳴き声がうるさくなく、スキンシップを好み、性格が比較的穏やかだという点で、サザナミインコはラブバード以上にコンパニオン適性が高いかもしれません。しかもカラフルな色変わりがあり、環境に順応すれば巣引きも可能ですので、今後ますます人気が出ることと思われます。

ノーマル　オス
野生型のグリーンです。

- 平均的な寿命　10年
- 全長　15cm
- 雌雄の区別　メスは裸眼輪がなく、肩の黒い模様がやや大きいが、外観からの区別は正確ではない。
- 若鳥の特徴　頭部が青味がかる。

◆色変わり

日本で飼い鳥として人気が出てきたのはごく近年のことですが、色変わりも作出され、コンパニオンとしての資質も評価されるようになってきました。鳴き声が静かなうえ、おしゃべりを覚える鳥もいます。動作はどちらかといえばゆったりしており、足でエサをつかんで食べたりするところは、小さなオウムのようです。

サザナミインコ
Barred Parakeet

コバルト　オス

ダークグリーン
メス

ブルー　メス

ブルー　オス
メスとの違いは肩先の黒い模様の大きさと裸眼輪の有無です。

ルチノー
性別不明。ルチノーとアルビノではさざ波模様が消えるため、外観から雌雄を判断するのが難しく、正確にはDNA鑑定が必要となります。

アルビノ
性別不明。

モーブ　オス

イエロー
性別不明。

オキナインコ

Monk Parakeet

Myiopsitta monachus

原産地：東部から中部アルゼンチン、ウルグアイ、ブラジル南部

オキナインコは人懐こく、上手に言葉や口笛を真似ることができます。色合いは地味ですがとても愉快なコンパニオンになるので、近年人気が出てきました。飼い主にかまってもらいたがり、スキンシップを好みます。できるだけ時間を割いてやりましょう。

野生では、インコ類には珍しく木の枝などで木の梢に大きな巣を作ります。ときには複数のつがいが集まって集合住宅のような巣を作り、捕食者から集団で巣を守ります。飼育下でもなわばり意識が強いようですので、理解してつき合いましょう。

シックな色合いのオキナインコは、変わった習性でも有名です。好奇心が強く愛嬌のある性格で、いつもかまってほしがります。

- 平均的な寿命　30年
- 全長　29cm
- 雌雄の区別　雌雄同形。
- 若鳥の特徴　額の灰色の部分に緑色が混じる。

キソデインコ

Yellow-chevroned Parakeet

Brotogeris chiriri

原産地：ブラジル、ボリビア、パラグアイ、およびアルゼンチン北部

近似種に翼に白色部のあるソデジロインコ(White-winged Parakeet, *Brotogeris versicolurus*)があり、どちらも利口で活発な鳥です。体に比較して声が大きくやや騒がしいのと破壊的なのが難点とされますが、丈夫ですし人懐こいので、性質を理解してやれば、かわいいコンパニオンになります。

活発なキソデインコは仲間意識の強い鳥です。なかにはおしゃべりをする鳥もいます。

◆飼育のポイント

熱帯産ですが環境適応力はかなり高いようで、北米のフロリダやカリフォルニア州には、逃げ出して野生化した群れが定住しています。それらの群れでは果物や花蜜を食べていることが観察されていますので、飼育下でも、通常のオウム・インコ類用のエサに加えて、果物やネクターを与えると良いでしょう。

◆平均的な寿命　15年
◆全長　23cm
◆雌雄の区別　雌雄同形。
◆若鳥の特徴　成鳥に似るが羽毛の色がくすんでいる。

ウロコメキシコインコ

Reddish-bellied Parakeet
Pyrrhura frontalis
原産地：ブラジル南部

南米産の中型インコのなかでは比較的おとなしいので、近年人気が上昇してきました。下腹部の赤茶色の羽毛が英名の由来です。概しておとなしいとは言え、なかにはほかの鳥に攻撃的になるものもいます。そういう鳥は、実は用心深く臆病なことが多いので、焦ってしつけようとするのは禁物です。のんびり構えて気長に接してやりましょう。

色合いから地味な印象を受けますが、性格は地味ではありません。やんちゃで遊び好きな、楽しいコンパニオンになります。

よく懐き、噛む力も比較的弱いので、子供や高齢者にも世話できます。賢いので、芸を教えるのも概して楽なほうと言えるでしょう。

腹部の赤茶色が
英名の由来です。

- 平均的な寿命　15年
- 全長　25cm
- 雌雄の区別　雌雄同形。
- 若鳥の特徴　成鳥より羽毛の色がくすんでおり、尾羽が短い。

コガネメキシコインコ

Sun Parakeet
Aratinga solstitialis
原産地：ブラジル北部、ギアナ、ベネズエラ南東部

カラフルなクサビオインコ属のなかでもひときわゴージャスで、最も人気のある鳥です。とてもよく馴れますし、賢くて遊び好きの楽しい鳥ですが、飼い主と常に一緒にいたがり、さびしいと大きな呼び声をあげるのが難点です。一般に、おしゃべりは上手ではありませんが、数語を覚えるものもいるようですので、遊びながら教えてみてください。

驚くほどカラフルでエネルギッシュな鳥です。

◆飼育のポイント

クサビオインコ属の鳥は、鳥には珍しく人の手にじゃれて遊ぶのが大好きです。飼い主の手のひらで仰向けに寝ころがったり、あちこちにもぐりこんだりぶら下がったりよじ登ったり、アクロバットのような動作は見ていてたいへん楽しく、心を和ませてくれます。騒がしいのさえ目をつぶれるなら、一緒にいる時間を長くとれる人にとって格好のコンパニオンとなるでしょう。

- 平均的な寿命　15年
- 全長　30cm
- 雌雄の区別　雌雄同形。
- 若鳥の特徴　背中から翼にかけての羽が緑色。成長するにつれオレンジ色に変わる。

ナナイロメキシコインコ

Jandaya Parakeet
Aratinga jandaya
原産地：ブラジル南東部

ナナイロメキシコインコはゴージャスな点でコガネメキシコインコに勝るとも劣りませんが、にぎやかで活発な点でも良い勝負です。物怖じせず、人間と遊ぶのが大好きですので、いろいろな遊びを工夫して、退屈させないようにしてやりましょう。

ものをかじって壊すのが大好きな鳥には、毒性のない木の枝や安全なおもちゃなど、安心してかじれるものを与えておきましょう。叫び声だけはどうしようもありませんが、それも個性の一つと割り切れる人には、最高のコンパニオンになります。

背中の緑色の羽がコガネメキシコインコとの違いですが、若鳥の間はお互いによく似ています。

- 平均的な寿命　15年
- 全長　30cm
- 雌雄の区別　雌雄同形。
- 若鳥の特徴　成鳥に似るが羽毛の色がくすんでいる。

近似種の
ゴシキメキシコインコ
Golden-capped Parakeet
Aratinga auricapillus
野生での個体数が減少しています。

チャノドインコ

Brown-throated Parakeet
Aratinga pertinax
原産地：ベネズエラ

10以上もの亜種があるとされますが、見分けるのは困難です。別名サントメインコと呼ばれますが、「サントメ」とは、この鳥の産地の一つであるヴァージン諸島セント・トマス（ポルトガル語でサン・トメ）島のことです。実は原産地はベネズエラのキュラソー島で、そこからセント・トマス島に移入されたと言われています。

活発で陽気ですが、鳴き声に関しては、クサビオインコ属のなかでは比較的静かと言えます。ただし、かじるのが大好きな鳥が多いので、かじれるものは常に与えておきましょう。

やや地味な色合いですが、クサビオインコの仲間で、スキンシップを好む性質も共通しています。

◆平均的な寿命　15年
◆全長　25cm
◆雌雄の区別　雌雄同形。
◆若鳥の特徴　頬が茶色く、上くちばしが肌色。のどおよび胸上部の羽毛は緑がかる。

トガリオインコ

Blue-crowned Parakeet
Aratinga acuticaudata
原産地：コロンビア北東部およびベネズエラ北部

色合いは少し地味ですが、これもクサビオインコの仲間です。小型のコンゴウインコの仲間コミドリコンゴウインコによく似ていますが、トガリオインコのほうが目の周囲の無羽部が小さいので区別がつきます。額から頭部、さらには胸上部にかけて青い羽が生えていますが、この青色は年とともに鮮やかになります。

アメリカ映画『ポーリー』で有名になったトガリオインコですが、飼育下での繁殖が始まったのは比較的遅く1970年代初頭ですので、コンパニオンとしての評価もまだこれからかもしれません。個体差はありますが、概して、クサビオインコ属のなかでは比較的穏やかな性格で人懐こいうえ、おしゃべりがたいへん上手な鳥が多いので、今後評価は高まるでしょう。

コンゴウインコによく似た独特のプロポーションが特徴です。

- 平均的な寿命　30年
- 全長　37cm
- 雌雄の区別　雌雄同形。
- 若鳥の特徴　青色の羽は額から頭部にかけてのわずかな部位に限られ、色も鮮やかではない。

アケボノインコ

Blue-headed Parrot
Pionus menstruus
原産地：コスタリカからブラジル南東部

頭部の美しい青色と、ピンクがうっすら入った曙の空を思わせる胸の色が人気です。

アケボノインコ属は尾羽が短いのが特徴で、一見小型のボウシインコのように見えますが、ボウシインコよりはるかに静かです。一般に穏やかな性格なので、飼育しやすさはインコ類でも上位にランクされます。色合いは、同じ南米産のクサビオインコ類に比べるとシックで、癒し系と言えるでしょう。ふ化後8ヶ月から1年たって成鳥の羽毛になると、頭部全体が美しい青色になります。

◆飼育のポイント

アケボノインコの魅力はおっとりした動きと控えめな表現です。インコの仲間では例外的におとなしく、鳴き声もめったにあげない個体が多いようです。中型から大型のインコを飼ううえで無視できない環境への配慮があまり必要でない一方、おしゃべりは教えれば上手にこなしますので、集合住宅や街中の住宅でも飼育できる、数少ない中・大型インコの1羽です。

- ◆平均的な寿命　25年
- ◆全長　28cm
- ◆雌雄の区別　雌雄同形。
- ◆若鳥の特徴　頭部の羽毛が緑がかっている。

こちらは幼鳥です。

スミレインコ

Dusky Parrot

Pionus fuscus

原産地：ベネズエラとコロンビアの国境地帯からベネズエラ南部、ガイアナ、スリナム、仏領ギアナ、およびブラジル北部

日光の当たるところで見ると羽の色が金属光沢を放つ、大変美しい鳥です。翼を広げると見える美しいスミレ色の風切羽が和名の由来です。性格が比較的おとなしく、インコ類のなかでは声も騒がしくありません。よく馴れますので、北米ではコンパニオンバードとして人気があります。

一般に、アケボノインコ属はかなり賢いので、ちょっとした芸を仕込むこともできます。ぜひトライしてみてください。環境に慣れないうちは大声で騒いだり、あるいは逆に引っ込み思案で遊びたがらないことがあっても、コンパニオンバードとして人間と生活をともにし、遊びながらトレーニングをしたりするうちに、徐々に解消されてゆくはずです。

光の加減で金属光沢が変化します。

- 平均的な寿命　25年
- 全長　26cm
- 雌雄の区別　雌雄同形。
- 若鳥の特徴　頭部の羽毛が青味がかった緑色で虹彩の色が濃い。

ドウバネインコ

Bronze-winged Parrot
Pionus chalcopterus
原産地：コロンビア、およびベネズエラ北西部からエクアドル、ペルー北東部

やや地味な色合いに見えますが、金属光沢のある美しい羽色で、特に胸の薄紅色が暗色の部分と美しいコントラストを見せます。羽の色合いは、鳥によって個性があり、一様ではありません。

性格はおっとり型の引っ込み思案が多いようですので、馴れるまでやさしく接するようにしましょう。飼い主や環境に慣れればやんちゃ振りも発揮します。物静かで賢く、日本の住環境に向いた中型インコと言えましょう。

正面から見ると胸の薄紅色が目立ちます。

翼の内側は、金属光沢のあるブルー。

- 平均的な寿命　20年
- 全長　29cm
- 雌雄の区別　雌雄同形。オスはやや大きい。
- 若鳥の特徴　頭部の羽毛が緑色を帯びる。

シロハラインコ

White-bellied Parrot
Pionites leucogaster
原産地：南米のアマゾン川南岸部

陽気で遊び好き、いたずらも大好きでよく馴れるのでとても良いコンパニオンになります。スキンシップを含め、かまってもらうのが大好きですので、一緒にいる時間を長く取れる人にぴったりです。ただし、おしゃべりはあまり得意ではありません。また、甲高い声を上げますが、音量自体は、大型のオウムやインコに比較すれば、さほど大きくないと言えましょう。

エプロンをかけたような白い胸がチャームポイント。

- 平均的な寿命　25年
- 全長　23cm
- 雌雄の区別　雌雄同形。
- 若鳥の特徴　頭頂部から後頭部にかけて黒色の羽毛が見られる。

つがいでもつがいでなくても、羽づくろいは大切な挨拶です。

◆飼育のポイント

野生では群れやつがいで行動していることが多いシロハラインコは、社会性のたいへん高い鳥だと言われます。1羽で過ごすことが得意ではないので、常に家族の誰かがかまってやれる環境で飼育するのがベストです。飼い主が見ているときにほかの鳥と遊ばせるのは構いませんが、攻撃的になる場合があるので、留守のあいだ一緒にしておくのは避けましょう。

ズグロシロハラインコ

Black-headed Parrot

Pionites melanocephalus

原産地：ガイアナからベネズエラ東南部、コロンビア南部、エクアドル北部、ペルー東南部からアマゾン川北岸のブラジル

黒い帽子をかぶったようなユニークな出で立ちは一目見たら忘れられません。性格はシロハラインコ同様、陽気で楽しく、遊ぶのが大好きです。おしゃべりはうまいとは言えませんがなかなか賢いので、遊びながら、いろいろな芸を教えてみてはいかがでしょう。

つんざくような叫び声をあげるのが欠点ですが、環境に慣れれば徐々に治まるはずです。寒さにやや弱いので、環境に慣れるまでは温度管理に注意しましょう。

同属のシロハラインコよりも裸眼輪がやや大きく、愛嬌のある顔立ちです。

ちょうど良い大きさも人気の秘密です。

◆平均的な寿命　25年
◆全長　23cm
◆雌雄の区別　雌雄同形。
◆若鳥の特徴　羽毛の色が薄く、くちばしは肌色で基部が黒い。虹彩の色が濃い。

ゴシキセイガイインコ

Rainbow Lorikeet
Trichoglossus moluccanus
原産地：オーストラリアからモルッカ諸島

ゴシキセイガイインコには近似種が多いですが、いずれも活発で好奇心が強く、遊び好きでよく馴れます。ヒインコ科の鳥は元来花蜜食で、舌の先がブラシ状になっており、器用に花の蜜をなめとります。

◆飼育のポイント

ローリーに共通する問題、つまりエサによっては軟便で鳥カゴの周囲が汚れることについては、あらかじめ承知して対策を講じておきましょう。便を硬くしようとして花蜜食の鳥に種実類の飼料を与えると栄養失調を招く恐れがありますので、必ずローリー用のドライフードを与えてください。

物真似は苦手ですが、動作が見ていて楽しく、芸を覚えることもできます。

近似種のキムネゴシキインコ
Marigold Lorikeet,
Trichoglossus capistratus

どちらもゴシキセイガイインコと同様に人懐こく楽しい鳥です。

近似種のズグロゴシキインコ
Ornate Lorikeet
Trichoglossus ornatus

- ◆平均的な寿命　20年
- ◆全長　26cm
- ◆雌雄の区別　雌雄同形。
- ◆若鳥の特徴　成鳥に似るが、くちばしおよび虹彩の色が濃い。

ヒインコ

Red Lory
Eos rubra
原産地：モルッカ諸島

活発で美しいヒインコは、我が国には古くから輸入の記録があり、18世紀前半に出版された『諸鳥万《しょちょうまん》益集《えきしゅう》』にも記述があります。好奇心が強く人によく馴れ、おしゃべりも上手です。ローリー、つまりヒインコ科の鳥は、従来は「鑑賞用」として屋外禽舎で飼育されることが多かったのですが、近年専用フードが開発され、コンパニオンとしての資質に目が向けられるようになりました。

美しいだけではなく、賢くて楽しい鳥です。

青と赤との目のさめるようなコントラスト。

◆飼育のポイント

花蜜食ですので、エサは市販のローリー用フードを与えます。パウダー状のタイプとペレット状のタイプとがありますが、信頼できるメーカーのものを、用法を守って与えてください。水分を加えると腐敗しやすいので、その場合は1日に1、2回交換する必要があります。
ほかのローリー同様、鳴き声が甲高いのと、水分の多いエサを与えた場合フンが軟らかくてカゴの周囲を汚すのが難点ですが、それさえ受け入れるなら、コンパニオンとしては高い資質を持っています。

◆平均的な寿命　20年
◆全長　31cm
◆雌雄の区別　雌雄同形。
◆若鳥の特徴　全体に色合いがくすんでおり、くちばしと虹彩の色が濃い。

オトメズグロインコ

Black-capped Lory
Lorius lory
原産地：ニューギニア北西部

にぎやかで陽気でいたずら好きなオトメズグロインコは、一緒に遊んでやれる飼い主にとって素晴らしいコンパニオンになります。ものをかじったり寝転がったりと、常に動きまわるのが好きなひょうきん者ですが、繁殖のサイクルに入るとほかの鳥に対して攻撃的になることがあるので、複数の鳥を飼っている場合には充分注意してください。

エサはローリー用のフードを与えます。乾燥した状態で与えられるものであれば、フンが硬めになるので始末が楽です。

退屈させないように、かじれるおもちゃを常にそばに置いてやりましょう。多くは物真似が上手で、遊びながら芸を教えることもできます。

くちばしのつけ根に黒い色が残っているので、これはまだ若鳥です。

◆平均的な寿命　20年
◆全長　31cm
◆雌雄の区別　雌雄同形。
◆若鳥の特徴　下尾筒が青い。くちばしが黒く、虹彩の色が濃い。

ショウジョウインコ

Chattering Lory
Lorius garrulus
原産地：インドネシアのハルマヘラ島

「やかまし屋のローリー」という英名にたがわず、にぎやかな物真似上手です。性質はオトメズグロインコとよく似ていますし、エサも同じです。我が国には古くから輸入されていて、宝暦8年（1759年）に大阪道頓堀で展示された鳥8羽のなかにも、タイハクオウムなどと並んでショウジョウインコの名が見られます。

好奇心が強く積極的な性格の鳥が多いのですが、そうした鳥は、ともすると攻撃的性格が現れることがあります。退屈させないようにかじれるおもちゃを与えておき、さらに、できるだけ一緒に遊んでやりましょう。言葉や芸を教えながら人間との生活に馴染ませる工夫をすれば、興奮しやすさは少し治まります。

赤と緑の鮮やかな色合いが魅力。野生では個体数が減少しているという報告もあります。必ず、飼育下で繁殖した個体を選びましょう。

この鳥では背中に黄色い色が出ていますが、これは個体差によるもの。黄色の面積がより大きいものはルイチガイショウジョウ(yellow-backed lory, *Lorius garrulus flavopalliatus*)という亜種です。

- 平均的な寿命　20年
- 全長　30cm
- 雌雄の区別　雌雄同形。
- 若鳥の特徴　くちばしおよび虹彩の色が濃い。

コセイインコ

Plum-headed Parakeet
Psittacula cyanocephala
原産地：パキスタン東北部、インド、スリランカ、ネパール、ブータン、およびアッサム地方西部

ホンセイインコ属のなかでは小さいので鳴き声もさほど大きくはないのですが、声質はやや耳障りです。国内で巣引きに成功した例がかなり古くからあるほどで、それだけ馴染みのある飼い鳥と言えましょう。オスとメスとで顔の色が異なるので、見分けはたやすくつきます。

かじって遊ぶのが大好きなので、かじれるおもちゃを与えておきましょう。よく馴れ、教えればおしゃべりもするようになります。穏やかな性質なので、カゴから出して遊ばせる際には小型の鳥と一緒でも大丈夫です。

メス
メスの頭部は灰青色です。

オス
この鳥はまだ幼鳥なので、頭部の色がはっきりしていません。成鳥になると、頭部は美しいバラ色になります。

- 平均的な寿命　25年
- 全長　33cm
- 雌雄の区別　メスは頭部の羽が青灰色で雨覆の赤色を欠く。上くちばしの色が薄い。
- 若鳥の特徴　頭部の羽が緑色を帯び、額は灰色がかる。くちばしの色が薄い。

オオホンセイインコ

Alexandrine Parakeet

Psittacula eupatria

原産地：南インド、スリランカ、アフガニスタン東部、パキスタン西部、インドネシア

頸の前面には黒、背面にはバラ色の輪を持ち、大きな赤いくちばしが鮮やかなオオホンセイインコは、ホンセイインコ属最大の鳥で、飼い鳥として古くから知られています。英名はマケドニアのアレクサンダー大王にちなんでいますが、それは、王の軍隊がインド遠征から引き返す際に、インド産のインコをギリシャに連れ帰ってきたという伝説があるからです。

常に飼い主とのスキンシップを求めるタイプではありませんが、声をかけてもらうのは大好きです。活発で、にぎやかで、じっとしていることがありません。頭を使ったりかじったりできるおもちゃを与えておきましょう。

ノーマル　オス
頸の周囲に輪の模様があるオス。

ノーマル　メス
頸の周囲に輪の模様がないのはメス。

- 平均的な寿命　25年
- 全長　55cm
- 雌雄の区別　メスは頸部の輪を欠く。
- 若鳥の特徴　メスの成鳥に似る。

◆飼育のポイント

面白いコンパニオンになりますが、くちばしの力が相当強いことを念頭において世話をする必要があります。トラブルを避けるためにも、トレーニングをすることをお勧めします。小さい子供のいる家では特に注意してください。物真似はかなり上手です。

ホンセイインコ

Rose-ringed Parakeet
Psittacula krameri
原産地：中国南部、インドから北アフリカ

すらっとした体型で、ブルーやルチノーといった美しい色変わりもあり、古くからファンの多い鳥です。かなりにぎやかで活発なインコで、物をかじるのが大好きですので、毒性のない木の枝など、かじってもよいものを常に与えておきましょう。

東京や神奈川、さらには広島などで野生化した群れが確認されています。彼らの高い環境適応力が証明されたとも言えますが、彼らの繁殖により、生態系は確実に影響を受けています。野生のホンセイインコの群れを見るたびに、飼い鳥の終生飼養の重要性を思わずにはいられません。

グレー
珍しい色変わり。オスの頸部の輪は3歳ごろになるとはっきりします。

ノーマル
野生型のオス。

ブルー
これは尾羽が短いのでまだ若い鳥のようです。

◆飼育のポイント
コンパニオンとしてはハンドフェッドの鳥を手に入れましょう。賢いので、おしゃべりや芸を仕込むことができます。

◆平均的な寿命　15年
◆全長　40cm
◆雌雄の区別　メスは頸部の輪を欠く。
◆若鳥の特徴　メスの成鳥に似るが、尾羽が短い。完全に成鳥の色になるには32ヶ月ほどかかる。

ダルマインコ

Red-breasted Parakeet
Psittacula alexandri
原産地：北部インド、ネパール、ビルマ、タイ、中国東部、インドネシア

美しいバラ色の胸と愛嬌のある「あごひげ」が印象的なダルマインコも、古くから人気のある飼い鳥です。インコ類の例にもれずややにぎやかですが、人懐こいのでとても良いコンパニオンになります。おしゃべり上手な個体も多いようです。好奇心が強くいたずら好きで、くちばしの力もかなり強いので、電気製品などをかじられないように、カゴから出して遊ぶときには充分注意しましょう。

目の上の黒い模様、および「あごひげ」模様は成鳥になるとはっきり出てきます。

胸のバラ色が鮮やかで上くちばしが赤いのでオス。頭部の模様もはっきりしています。

近似種のオオダルマインコ
Lord Derby's Parakeet
Psittacula derbiana

- 平均的な寿命　25年
- 全長　33cm
- 雌雄の区別　メスは上下くちばしが黒く、胸の羽が淡褐色を帯びる。
- 若鳥の特徴　ほほの黒い模様が不完全。

モモイロインコ

Galah

Eolophus roseicapilla

原産地：オーストラリアほぼ全土の内陸部

原産地では大群で農作物を荒らす「害鳥」とみなされるようですが、コンパニオンとしては世界中で人気があります。分類上はオウムの仲間で、ほかのオウムたち同様、飼い主が充分に相手をしてやる必要があります。また、脂粉もかなり出ますので、定期的に水浴びをさせてやりましょう。

すべてのオウム類に当てはまることですが、モモイロインコも大声をあげがちです。また、ほかのオウムほどではないにせよ、破壊を好みます。鳥カゴから出すときは、かじったら危険な電気製品や毒性のある植物に注意して遊ばせてやりましょう。

- 平均的な寿命　40年
- 全長　35cm
- 雌雄の区別　メスは虹彩が赤褐色。
- 若鳥の特徴　成鳥に似るが全体に色が薄く、虹彩は雌雄ともに濃灰色。

インコという和名がついていますが、冠羽を開くのでオウムの仲間だとわかります。

アオメキバタン

Triton Cockatoo
Cacatua galerita triton
原産地：ニューギニア

キバタンの亜種で、オーストラリア産の基亜種と比べると体格がやや小さく、裸眼輪が青く、上くちばしが丸みを帯びているのが特徴です。賢くていろいろな芸を覚え、言葉も真似ます。また、基亜種同様、長生きでも有名です。

くちばしの力が強力ですので、一般的なオウムカゴではなく、頑丈なステンレスカゴで飼う方が良いかもしれません。いずれにせよ、かじって遊べるものを常に用意しておきましょう。特にオスは、発情すると攻撃的になることがあります。小さい子供のいる家庭では特に注意しましょう。

一般にオウムの仲間は、誰にでも飼える鳥ではないことを心しておきましょう。声が大きい、急に噛みつく、家具を壊す、脂粉で周囲が汚れるなど、室内でコンパニオンとして飼ううえで人間にとって不都合な点が多々あるからです。セカンドハンドの鳥が多いことも、それを実証しています。

◆平均的な寿命　50年
◆全長　46cm
◆雌雄の区別　メスは虹彩が赤褐色。
◆若鳥の特徴　雌雄ともに虹彩が濃灰色。

いかにも愛嬌のある顔立ちですが、神経質な面があるので注意が必要です。

◆飼育のポイント

大型オウムの一番の敵は「退屈」です。飼育下では、彼らの繊細で活発な精神を充分に満足させてやることはなかなか難しいのですが、神経質な半面環境への適応力が非常に高いので、飼い主が充分な時間を割いてやれさえすれば、個々の鳥の個性に応じた生活環境を築いてゆけるでしょう。

コバタン

Yellow-crested Cockatoo
Cacatua sulphurea sulphurea
原産地：インドネシア

オスは攻撃的になることもあります。

オウムのなかでは小型ですが、声の大きさやくちばしの破壊力はなかなかのものです。一般にオスの方が外向的で芸達者ですが、発情に伴う攻撃性もオスの方が強いので、メスの方が扱いやすいかもしれません。かじれるおもちゃを与え、オウム類を飼育するうえでの一般的な注意事項を守ってつき合えば、賢く芸達者なコバタンは、とても良いコンパニオンになります。

コバタンは法律で取り引きが規制されていますので、条件を守らないと譲渡ができません。長い生涯を最後まで世話できるかどうかよく考えて、慎重にお迎えしましょう。

- 平均的な寿命　40年
- 全長　33cm
- 雌雄の区別　メスは虹彩が赤褐色。
- 若鳥の特徴　雌雄ともに虹彩が濃灰色。

メス。虹彩が赤みを帯びています。

◆ワシントン条約

2004年に、コバタンは亜種も含めて「絶滅の恐れのある野生動植物の国際取引に関する条約」、略称CITES（通称「ワシントン条約」）の附属書Ⅱ類からⅠ類に移行となり、それに伴って国内でも「絶滅の恐れのある野生動植物の種の保存に関する法律」（通称「種の保存法」）による厳しい規制の対象になりました。

ただし、環境省令に従って登録された商業施設で繁殖させた個体、および2004年以前から国内で飼育されている個体であれば、登録すれば取り引きは可能です。買う場合も譲り受ける場合も、環境省令に基いた登録票があることを確認しましょう。

亜種のコキサカオウム
Citron-crested Cockatoo,
Cacatua s.citrinocristata
メス
コバタンには4亜種がありますが、冠羽がオレンジ色のコキサカオウムは最も見分けやすい亜種です。基亜種と比較すると、体格は少し大きく、性格は一般にやや穏やかです。

タイハクオウム

White Cockatoo
Cacatua alba
原産地：インドネシアのハルマヘラ島、バチャン島、およびオビ島

冠羽を広げると、頭上に大きな白い花が咲いたようになるタイハクオウムは、インドネシア原産で、日本には古くから輸入されていたようです。大変賢く、物真似や芸を覚えますが、特にハンドフェッドの鳥は甘えん坊でスキンシップを好み、常に飼い主と一緒に遊びたがります。

叫び声はかなり大きく、大げさに言えば街中に響き渡ります。また、破壊好きな個体も多いようで、ステンレス製、あるいはスチール製の頑丈なオウムカゴでないと、簡単に壊されてしまいます。飼い主にべったり馴れた鳥はほかの鳥を攻撃することがありますので、複数の鳥と一緒に飼育する場合には充分気をつけてください。

この鳥は虹彩が黒いのでオス。

タイハクはいたずらで力持ちです。丈夫なカゴを用意しましょう。

◆飼育のポイント

神経質な一面があり、様々な原因で毛引きをする鳥も多いので、できるだけストレスのないよう心がけるとともに、定期的に健康診断を受けさせましょう。
コバタンに比べ脂粉がかなり多く出ます。水浴びを毎日させましょう。水浴びは毛引きの予防にもなります。遊びながら芸やおしゃべりを教えて、できるだけ退屈させないようにしましょう。

- ◆平均的な寿命　40年
- ◆全長　45cm
- ◆雌雄の区別　メスは虹彩が赤褐色。
- ◆若鳥の特徴　虹彩が灰色がかる。

クルマサカオウム

Major Mitchell's Cockatoo
Cacatua leadbeateri
原産地：オーストラリア内陸部の乾燥地帯

ピンク色の美しい体色が印象的です。

ピンク色の体、黄色と赤の縞模様になった冠羽、クルマサカオウムは一目見たら忘れられない印象的な鳥です。学名は、この美しいオウムをロンドン動物園にもたらしたベンジャミン・リードビーター*に由来します。一方、標準英名のほうは、この鳥を初めに発見した探検家サー・トマス・ミッチェル**の名前をとっています。

従来、神経質で声が大きくかなり攻撃的だと言われてきたためでしょうか、コンパニオンとしては今でもあまり一般的ではありませんが、ハンドフェッドの鳥であれば、良いコンパニオンになる可能性はあります。

- 平均的な寿命　40年
- 全長　35cm
- 雌雄の区別　メスは虹彩が赤色で冠羽の黄色の幅が広い。
- 若鳥の特徴　体色が薄く、虹彩が茶色い。

冠羽の黄色い部分が幅広いため、この鳥はメス。

*Benjamin Readbeater（1760 - 1837）
**Sir Thomas Mitchell（1792 - 1855）

ヨウム

Grey Parrot

Psittacus erithacus erithacus

原産地：象牙海岸南東部、ケニア、アンゴラ、コンゴ、タンザニア

様々な絵画や文学作品でおなじみのヨウムは、ヨーロッパでは古くからおしゃべり上手として知られており、イギリスのウェストミンスター寺院にあるアンダークロフト博物館では、17世紀の英国王チャールズ2世の愛人フランセス・スチュアートが飼っていたヨウムの剥製を、今なお見ることができます。

ヨウムは、大型インコのなかでは、日本の住環境に最も適したコンパニオンバードの一つです。元来声がさほど大きくないうえ、おしゃべりを覚えるとあまり叫び声をあげなくなるからです。特にメスのヨウムは攻撃的ではなく、大型インコの初心者にも扱いやすいと言えますが、用心深く神経質な個体が多いので、おびえさせないように穏やかに扱ってあげましょう。彼らのペースでつき合うことが肝心です。

地味な色合いですが、真紅の尾羽が印象的です。

- 平均的な寿命　50年
- 全長　33cm
- 雌雄の区別　雌雄同形。
- 若鳥の特徴　虹彩の色が灰色。

◆飼育のポイント

ヨウムのおしゃべりは、しばしば飼い主との対話レベルまで発達します。アイリーン・ペパーバーグはヨウムのアレックスとの一連の実験で、ヨウムの高い知能と、認知やコミュニケーションの能力を実証しました。とは言え、すべてのヨウムがおしゃべりの天才というわけではなく、なかにはまったくおしゃべりをしないヨウムもいるようです。しかし、ヨウムの真の魅力は賢くて愛情深いその性質にあるのですから、たとえお迎えしたヨウムがまったくおしゃべりをしなくても、その鳥の個性を受け入れ、終生のコンパニオンとしておつき合いしてほしいと思います。飼育を始めてから数年たって急にしゃべりだしたという話も聞きますので、愛情を持って接すれば、いつか応えてくれるかもしれません。

◆食餌のポイント

毛引きを始める鳥が多く、その原因として栄養バランスが不適切なケースが見られるようです。また、ビタミンD_3とビタミンA、カルシウムの不足を起こしやすいと指摘されることがあり、実際に低カルシウム血症を発症するケースもあります。こうした栄養上の問題は、総合栄養食のペレットフードを主とした食餌を与えることで予防できるでしょう。各メーカーの指示に従って、ヨウムに適したフードを与えてください。

鳥のなかでも最上級の知性の持ち主と言われます。

コイネズミヨウム

Timneh Grey Parrot

Psittacus erithacus timneh

尾羽の色と上くちばしの色とで、基亜種から容易に見分けられます。

ヨウムの亜種の一つで、尾羽が褐色で全体の灰色が濃く、上くちばしがピンク色で全体的にやや小型ですので、ほかの亜種と簡単に見分けがつきます。基亜種のヨウムほど神経質ではないと言われますが、性格は今までの環境や遺伝的要素など様々な要因で形成されますので、先入観にとらわれず、1羽1羽をじっくり見てつき合ってゆきましょう。

トウアオオハネナガインコ

Grey-headed Parrot

Poicephalus fuscicollis suahelicus

原産地：アンゴラ、ローデシア、ニアサランド

大きなくちばしが特徴のトウアオオハネナガインコは、あまり見かけないアフリカ産のインコです。穏やかな性格で大変賢く、攻撃的でもないので、コンパニオンとしての適性はたいへん高いと言えましょう。よく馴れた個体は、飼い主の手の中で仰向けに寝てしまうほど。ヨウム同様、見かけは地味ながら、つき合えばつき合うほど良さのわかる鳥です。おしゃべりも上手な個体が多いようです。

飼い鳥として輸入されているハネナガインコ類の多くは、頭部が灰色のトウアオオハネナガインコです。この鳥は、以前はハネナガインコ(Cape Parrot, *Poicephalus robustus*)の亜種とされていましたが、現在ではセイアオオハネナガインコ(Brown-necked Parrot, *P. fuscicollis fuscicollis*)の亜種とされています。

頭部は、灰色にうっすらと赤味がかった不思議な色合いです。

一般に大変賢くておとなしい鳥です。

- ◆平均的な寿命　30年
- ◆全長　33cm
- ◆雌雄の区別　一般に額の赤色部分がメスでは大きく、オスではないか、あっても小さい。
- ◆若鳥の特徴　腿のオレンジ色を欠く。

ネズミガシラハネナガインコ

Senegal Parrot
Poicephalus senegalus
原産地：セネガル、ガンビア、ギニアビサウ、およびギニア

ハネナガインコ属のなかでは最もポピュラーな鳥です。賢く活発で遊び好きな反面、やや神経質で臆病な個体もいるようです。おしゃべりは一般にあまり上手ではないと言われますが、なかには非常に上手な鳥もいて、全体に個性豊かだと言えましょう。これは、飼育下で繁殖が始まったのが比較的新しいからで、今後はより飼いやすいコンパニオンになるだろうと予想されます。

◆飼育のポイント

よく馴れたハンドフェッドの個体はアクロバティックな動きを見せ、飼い主を楽しませてくれます。たいへんな甘えん坊に育つ場合も多いようですので、して良いことと悪いことを教えながら、時間をかけて絆を築いてゆける人にとっては、たいへん良いコンパニオンになるでしょう。大型の鳥に比べると声が小さいのも魅力です。

腹部のオレンジ色がアクセント。大変賢く、面白い鳥です。

**近似種の
ズアカハネナガインコ**
Red-fronted Parrot
Poicephalus gulielmi
アフリカ中央部の原産で、額に赤い羽が入るのが特徴です。赤の色合いや模様の大きさが異なる数種の亜種があります。どの種も雌雄は虹彩で見分けることができ、オスの方が虹彩の赤みが強く、メスはオレンジ色です。

- ◆平均的な寿命　30年
- ◆全長　25cm
- ◆雌雄の区別　雌雄同形。
- ◆若鳥の特徴　虹彩の色が濃い。

アオボウシインコ

Turquoise-fronted Amazon
Amazona aestiva
原産地：ブラジル東部および中西部

ボウシインコの仲間のなかでは比較的おとなしく、なかにはかなり内気な個体もいるようです。ただし物真似のうまさはトップクラスで、飼い主との会話を楽しむ天才もいます。

かつては野生由来の個体が輸入されていたのですが、近年では飼育下で繁殖したハンドフェッドの鳥を多く見かけるようになりました。飼いやすさの点からも自然保護の観点からも、ハンドフェッドの鳥をお勧めします。

◆平均的な寿命　40年
◆全長　37cm
◆雌雄の区別　雌雄同形。
◆若鳥の特徴　虹彩の色が褐色。

外観から雌雄の区別はつきません。

◆飼育のポイント

おしゃべりだけでなく、アオボウシインコは芸も覚えます。馴れないうちは引っ込み思案で神経質であっても、トレーニングを通じて扱いやすいインコになることがありますので、楽しみながらいろいろなトレーニングをしてみましょう。ボウシインコはあまり濃厚なスキンシップを好みませんが、飼い主が手で安全に扱えるようでないと、病気やケガのときに困ってしまうからです。

ただし、特にオスのボウシインコは、性成熟すると攻撃性を見せることがあります。馴れた鳥であっても、小さい子供がいる場合には充分に注意しましょう。

額の青色の出方には個体差があります。

キエリボウシインコ

Yellow-naped Amazon
Amazona auropalliata
原産地：コスタリカ北西部からメキシコ南部の太平洋沿岸地域

◆平均的な寿命　40年
◆全長　38cm
◆雌雄の区別　雌雄同形。
◆若鳥の特徴　虹彩の色が褐色。

キエリボウシインコの名前の由来は頸の後ろの黄色い羽。

かつてはキビタイボウシインコの亜種とされていましたが、現在では別種に分類されています。すべてのインコ科の鳥のなかでも、ヨウムと並ぶおしゃべり上手ですが、その才能はヨウムとは対照的に音楽的な方面にも遺憾なく発揮され、朗々と歌い上げる美声に驚かされることもあります。覚えた言葉やフレーズに勝手にメロディーをつけて歌うなど、独創性も随一です。性格は陽気でにぎやか、遊び好きで、いろいろな芸も覚えます。

若いオスは、繁殖期に攻撃的になることが知られており、コンパニオンとしては大きな欠点のように考えられていますが、同じく攻撃的傾向を持つオウム類とは異なり、飼い主の注目を常に求めるということはありません。精神的にタフな一面を持っているため、多忙な飼い主でも比較的安心して飼うことができます。

◆飼育のポイント

キエリボウシインコはCITES附属書Ｉに記載されています。登録票を必ず確認し、できれば輸入が許可されたハンドフェッドの若い個体を選び、止まり木などを用いた訓練をして、人間との生活に適応できる鳥に育ててください。(P72参照)

近似種の
キソデボウシインコ
Orange-winged Amazon
Amazona amazonica
ボウシインコのなかでは比較的扱いやすいと言われています。

近似種のキビタイボウシインコ
Yellow-crowned Amazon
Amazona ochrocephala
かつてはキエリボウシインコの基亜種とされていました。

ベニコンゴウインコ

Red-and-green Macaw
Ara chloropterus
原産地：中米南部からボリビア、パラグアイ、およびアルゼンチン

コンゴウインコ類で最大のものの一つで、翼にある鮮やかな緑の模様と、顔の無羽部に赤い縞模様があるので、近似種のコンゴウインコ（Scarlet Macaw, *Ara macao*）と区別がつきます。（コンゴウインコの翼には黄色い模様が入り、顔には模様がありません。）

性格は明るく社交的で、おしゃべりを覚える鳥もいます。飼い主によく懐き、いつも一緒にいたがります。大好きな飼い主の後を追いかけて、長い尾羽を持ち上げてよちよち歩く様子はとても微笑ましいものです。

大型のコンゴウインコ類をコンパニオンとして飼う場合には止まり木などのトレーニングは必須ですが、そうしたトレーニングを、ベニコンゴウインコは嬉々として楽しんでくれるでしょう。

翼に黄色い模様がないこと、顔に羽が縞模様状に生えていることが特徴。
コンゴウインコ類の大きなくちばしはたいへん器用で、小さなエサも上手に食べます。

◆平均的な寿命　50年
◆全長　90cm
◆雌雄の区別　雌雄同形。オスは体格やくちばしがやや大きい。
◆若鳥の特徴　下くちばしの色が薄く、虹彩の色が褐色。尾羽が短い。

◆飼育のポイント

もちろん、問題はあります。まず、かじるのが大好きだということ。鳥カゴでも家具でも、かじりたいと思っているベニコンゴウインコを止めることは難しいでしょう。かじっても良いものを常に与えておくしかありません。また、体に見合った大声の持ち主ですので、防音や吸音の対策は絶対に必要です。飼い主の姿が見えないと、街中に響く大声で呼び鳴きをします。そうした特徴を受け入れられる人にとっては、ベニコンゴウインコはすばらしいコンパニオンになります。

ルリコンゴウインコ

Blue-and-yellow Macaw

Ara ararauna

原産地：中米南部からボリビア、パラグアイ、およびアルゼンチン北部

ルリコンゴウインコは大型のコンゴウインコ類のなかで最も鮮やかで、最もよく見かける鳥です。この鳥の魅力は、豊かな個性にあります。大変賢く、学習能力も高いので、成長の過程で個性が明確になってきます。たいていは甘えん坊でやんちゃな鳥が多いようですが、なかには物わかりの良い鳥もいます。いずれにせよその賢さには驚かされることが多く、一緒に生活して飽きないことは請け合いです。

長い寿命のことを考えれば、2世代か3世代にわたって世話できるよう考えておく必要があります。家族での生活を好む鳥ですので、ハンドフェッドの若い鳥を選び、家族みんなで遊んでやれば、まさに家族の一員となってくれるでしょう。

誰でも一目見ればわかるほど特徴的な色合い。

声の大きさと破壊力の高ささえ勘弁してやれば、すばらしいコンパニオンになります。

◆飼育のポイント

声の大きさ、破壊力などについては、ベニコンゴウと同様、覚悟が必要です。コンパニオンとして大型コンゴウインコを選んだ場合には、同時に、上等な家具や立派なじゅうたん、繊細な美術工芸品で部屋を飾り立てる生活様式をおのずと捨てることになります。それでもコンゴウインコを飼いたいという方は、スノッブな生活様式の代わりに、唯一無二の彼らの愛情と信頼を得ることができるのです。

- ◆平均的な寿命　50年
- ◆全長　85cm
- ◆雌雄の区別　雌雄同形。
- ◆若鳥の特徴　虹彩の色が褐色。

ヒメコンゴウインコ

Chestnut-fronted Macaw
Ara severus
原産地：ベネズエラ、ガイアナ、スリナム、仏領ギアナ、およびブラジル北部

中型のコンゴウインコで、尾羽も長く存在感があります。賢く、おしゃべりを覚える鳥もいますが、一般的にはやや穏やかな性格の鳥が多いでしょう。馴れれば活発で、飼い主や家族と遊ぶのを好みます。

大型の鳥ほど大胆不敵ではないので、鳥のペースを守って、トレーニングやしつけをしてください。環境に慣れ、飼い主を信頼すれば、楽しいコンパニオンとして大いに魅力を発揮してくれるはずです。

小さいながらも堂々たるコンゴウインコ・スタイル。

近似種の
キエリヒメコンゴウインコ
Golden-collared Macaw
Primolius auricollis
よく似ていますがこちらは後頸部の黄色い羽が目印です。

- 平均的な寿命　30年
- 全長　40cm
- 雌雄の区別　雌雄同形。
- 若鳥の特徴　虹彩の色が濃い。

コミドリコンゴウインコ

Red-shouldered Macaw

Diopsittaca nobilis

原産地：ガイアナ、スリナム、仏領ギニア、ベネズエラ東部、およびブラジル北部

コンゴウインコの仲間は6属から成り、コミドリコンゴウインコの属する*Diopsittaca*属もその一つです。ちょっと見ると大きなクサビオインコのように見えますが、賢く甘えん坊でよく懐くという、大型のコンゴウインコ類の特徴をこの鳥も持っています。小さいので扱いやすく、声も体格に応じた大きさです。

コンゴウインコとしてはヒメコンゴウインコよりさらに用心深いかもしれません。馴れれば大胆さも見せてくれますので、焦らずに、個性を見極めてつき合ってゆきましょう。

トガリオインコに似ていますが、翼の赤い羽と、目の周囲の無羽部の大きさで区別できます。

信頼関係を築くことが大切です。馴れればとても愉快なコンパニオンになります。

- 平均的な寿命　20年
- 全長　30cm
- 雌雄の区別　雌雄同形。
- 若鳥の特徴　額および頭頂部の青い羽を欠く。くちばしの色が薄い。

ウスユキバト

Diamond Dove
Geopelia cuneata
原産地：オーストラリア全土の、主として森林地帯

ハト目最小の鳥の一つで、可憐な容姿で古くから人気のあるケージバードです。野生では種子や小さな昆虫をエサにしていますが、鳥カゴで飼育する際には、一般的なフィンチ用混合餌に加え、青菜および塩土を与えましょう。ハト目の鳥はエサを殻ごと飲み込みますので、消化のために塩土、またはグリットが必要です。

ハト特有の、やや単調で穏やかな「クー、クー」という鳴き声は飼い主の心を癒してくれます。海外では色変わりも作出され、熱心なファンに愛されています。

穏やかな色合いと声が魅力です。

◆飼育のポイント

日本では、手乗りのコンパニオンとして飼育している人は少ないようですが、挿し餌で育てれば飼い主に馴れます。性質はおとなしく、やや臆病ですので、驚かさないように静かな場所にカゴを置いてください。巣引きをする際には、カナリア用の皿巣を使います。

成鳥になると、オスの裸眼輪は赤みを増します。

- ◆平均的な寿命　10年
- ◆全長　20cm
- ◆雌雄の区別　メスは裸眼輪の赤色がやや薄い。
- ◆若鳥の特徴　くちばしの色が灰色、虹彩および裸眼輪が淡褐色、翼の白い斑点模様を欠く。

キュウカンチョウ

Common Hill Myna

Gracula religiosa

原産地：ネパール、インド北部、ビルマ、中国南西部、タイ。山岳地に近い森林に生息

キュウカンチョウの魅力はおしゃべりだけではありません。活発で賢い性質も大きな魅力です。

物真似鳥としてあまりに有名です。いくつかの近似種が飼い鳥として輸入されていますが、すべてスズメ目ムクドリ科に属し、野生では雑食で、特に繁殖期には動物食となります。飼育下ではしばしば栄養不足になると言われ、また、肝臓に鉄が沈着する病気（ヘモクロマトーシス）にかかりやすいと言われていますので、キュウカンチョウ用のペレット（低鉄分食のもの）を与えるようにしましょう。

日本では古来竹製の鳥カゴで飼育されてきましたが、少し広めの鳥カゴで飼うと楽しそうに運動します。運動はホッピングが主ですので、水平に飛び移れるように止まり木を配置しましょう。光るものが好きな鳥もいますので、光るおもちゃを入れておくと喜ぶかもしれません。湿度の高い環境を好みますので、水浴びを頻繁にさせてやりましょう。

◆平均的な寿命　10年
◆全長　30cm
◆雌雄の区別　雌雄同形。
◆若鳥の特徴　羽の色がくすんでいる。

◆飼育のポイント

キュウカンチョウは飼育下での繁殖が難航しているため、現状ではほとんどの場合、野生のヒナを捕獲して育てた若鳥を輸入しています。野生では、住みかである森林の減少により個体数が減少しつつありますので、飼育下での繁殖が一般的になることを願ってやみません。

第2章
鳥類学概論

人類は、長い年月、興味をもって鳥類を調べ続けてきました。おかげで少しずつですが解明されたことも増えてきました。しかし、未だにわからないことの方が多いのです。書籍や鳥類学者から知識を学ぶのも良いのですが、本当に大切なのは「もうわかっていることだろう」と思い込まず、身近にいる鳥とそれが見ているものに注意深く視線を向けることです。そうすれば、鳥たちは、誰にでも「未知」を解く鍵をたくさん渡してくれることでしょう。

梶田 学
鳥類研究者

鳥類の特徴と体のしくみ

すべての鳥類を特徴づける羽毛とその役割、骨格や筋肉についてまとめます

ジョウビタキ

鳥類の特徴

これまでの研究により、鳥類は爬虫類《はちゅうるい》である恐竜の一部から進化した可能性が示されています。同様に爬虫類の一部から進化したと考えられている哺乳類と鳥類は、自分の体内で熱を生産し、外気温に左右されずに体温を一定に保つことができる、音声による通信手段を持つ、脳が良く発達しているなど共通する性質も数多く持っています。しかし、基本的に鳥類は昼行性の動物、哺乳類は夜行性の動物として進化したことによって、いくつかの違いも発達させています。

哺乳類と鳥類の違い

哺乳類は光の少ない夜間に活動するために視覚はあまり発達しておらず、色を識別する能力も退化的ですが、代わりに優れた嗅覚《きゅうかく》を獲得しています。

一方、鳥類は豊富な太陽光の下で活動するために視覚を発達させ、非常に優れた色覚も持っていますが、一部の鳥類以外は嗅覚が発達していません。鳥類は視覚の世界、哺乳類は嗅覚の世界に生きていると言っても良いでしょう。鳥類が非常に色彩豊かな羽色を持つのに対して、哺乳類が基本的に地味な体色なのは、このような視覚能力の違いも大きな要因と考えられています。

私たちヒトを含む霊長類は、昼行性となったため哺乳類としては例外的に嗅覚が退化しており、代わりに視覚が発達し、色覚《しきかく》も再獲得して鳥類と同じような感覚世界に生きています。

さらに鳥類と哺乳類との大きな違いとして鳥が空を飛ぶことをあげることができます。鳥類のなかには一部、空を飛ばないグループが知られていますが、これらの鳥類も飛行能力のある祖先から進化したことが明らかになっています。

鳥類には、飛行に適応した多くの特徴が認められます。飛行に必要な多大なエネルギーを得るため、鳥類は哺乳類に比べて高い基礎代謝率《きそたいしゃりつ》を持っています。また、鳥類の前肢《ぜんし》は飛行のための器官として翼となり、体の様々な部分が軽量化する方向へ進化しています。飛ぶための軽量化は繁殖習性にも影響を与え、哺乳類が体内で受精卵を発生させて、かなり育った状態で産み出すのに対し、鳥類は受精した卵を体外へ産み出してから発生させる方法

撮影：西村真樹（P87ミヤコドリ、P88ジョウビタキ、P97メジロ、P98キジ）

を使用しています。

このように多くの点で鳥類と哺乳類は異なっていますが、いずれも例外があり、哺乳類のなかにも卵を産むカモノハシ類や空を飛ぶコウモリ類のように、鳥類的特徴を持つものが知られています。

このような例外がなく明確に鳥類だけを特徴づけるのは「羽毛」の存在です。羽毛は鱗《うろこ》から進化したものだと考えられており、絶滅した恐竜の一部も羽毛を持っていたことが知られていますが、現在地球上に生息している生物のなかで羽毛を持つことが知られているのは鳥類だけです。

羽毛の機能

現在世界で確認されている鳥類すべてに共通する最大の特徴は、羽毛を持つことです。羽毛は、爬虫類の鱗やヒトの髪と同じく、ケラチンと呼ばれるタンパク質でできています。飛行の際にも大きな役割を担いますが、飛べない鳥でも羽毛を持っており、このことは、羽毛の本来の機能が、飛行に関わるものではないことを示しています。

羽毛の本質的な役割は断熱なのです。羽毛自体の断熱性能はそれほど高くなく、高い断熱効果は、重なった羽毛が形成する「動きの少ない空気の層」によって得られます。空気は、非常に熱を伝えにくい物質なので体表面に空気の層を作って維持すれば、熱の移動を抑えることができます。

代謝率の高い鳥類の体温は、哺乳類よりも高く40～45℃もあるので、羽毛がなければ、温度差によって体から外気へ熱が簡単に奪われてしまいます。鳥類は自ら体内で熱を作って体温を維持するため、奪われた体温を再び得るには大量のエネルギーが必要になりますが、羽毛によって熱の損失を防ぐことで、必要なエネルギーを最小限に抑え、体温を保つことが容易になっています。

体温維持が容易になった鳥類は、あらゆる気温条件の環境へ生息地を広げることが可能となりました。現在知られている脊椎動物のなかで鳥類が最も広く多様な環境に生息しているのは、生物界最高の断熱効果を持つ羽毛を獲得したからと言っても過言ではありません。

◆抱卵斑《ほうらんはん》

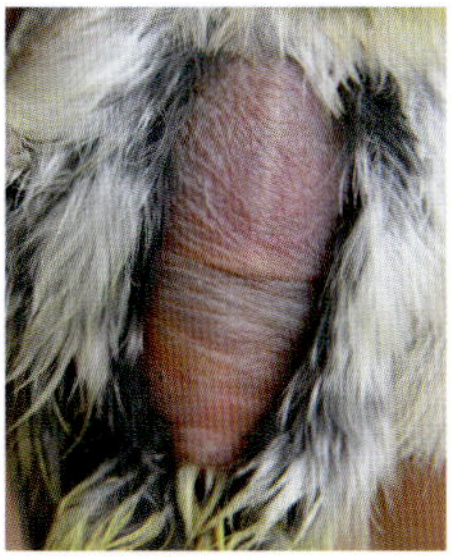

メジロ（メス）の抱卵斑

●羽毛によって作られる断熱効果が非常に邪魔になる場合があります。それは抱卵を行うときです。鳥類は卵を温めて孵《かえ》すのですが、羽毛があっては、その断熱効果のために体温が卵に伝わりません。そこで多くの鳥類で抱卵を行う際には、ホルモンの効果で羽毛が抜けたり、親鳥が自ら抜いたりすることによって腹部に抱卵斑と呼ばれる皮膚の裸出部が形成され、この部分で卵を抱きます。

●抱卵斑には血管が集中し、親鳥の体温を卵に効率良く伝えることができるようになっています。カモ類の親鳥が抱卵のために引き抜いた綿羽は、卵の周辺に設置されて保温効果を高めますが、これを人間が採取してダウンジャケットや羽毛布団の材料にすることがあります。特に寒冷地に生息するホンケワタガモの綿羽は、最高級羽毛布団の材料として知られています。

羽毛の種類

羽毛は、外見的に板状をした「正羽《せいう》」と綿毛状の「綿羽《めんう》」に大きく分けられます。

正羽には「羽軸《うじく》」があり、その両側に「羽《う》枝《し》」が生えています。羽枝には、さらに「小《しょう》羽枝《うし》」が生えており、羽枝は小羽枝同士が鈎《かぎ》によって連結することで、板状の構造（羽弁《うべん》）を形成します。正羽は、この板状構造によって体表面に形成される空気の層の外側を覆う役目を持ちます。

綿羽には、羽軸がなく、羽枝が羽毛のつけ根から綿毛のように広がっており、その構造によって正羽と皮膚との間に空気の溜まる空間を作りだします。ちょうど正羽は、布団の外側の布、綿羽は、その中身の綿ような関係にあるのです。従って、鳥類を外から見たときに体の表面に見える羽毛は、ほとんどが正羽ということになります。

羽毛には、正羽と綿羽以外に、両者の中間的な性質を持つ「半綿羽《はんめんう》」、羽軸の先端にのみ羽枝があり、風の動きを感知すると考えられている「糸状羽《しじょうう》」、飛翔性昆虫を食べる鳥類の口のまわりによく発達して捕虫網のような役目をすると考えられている「口髭《くちひげ》」、パウダー状にくずれて羽毛に防水効果を与えると考えられている「粉綿羽《ふんめんう》」が知られています。

また、インコ類やキジ類など多くの鳥類の正羽には「後羽《こうう》」が発達しています。後羽は、1枚の正羽の裏に生えている半綿羽状の羽毛で、正羽の断熱性能を高めると考えられています。

●羽毛の種類

正羽（次列風切羽・下）と
拡大写真（左）

小羽枝（400倍率）
糸状羽《しじょうう》
正羽《せいう》
綿羽《めんう》
半綿羽《はんめんう》

口髭《くちひげ》

小羽枝の拡大写真撮影：黒木知美

翼と骨格

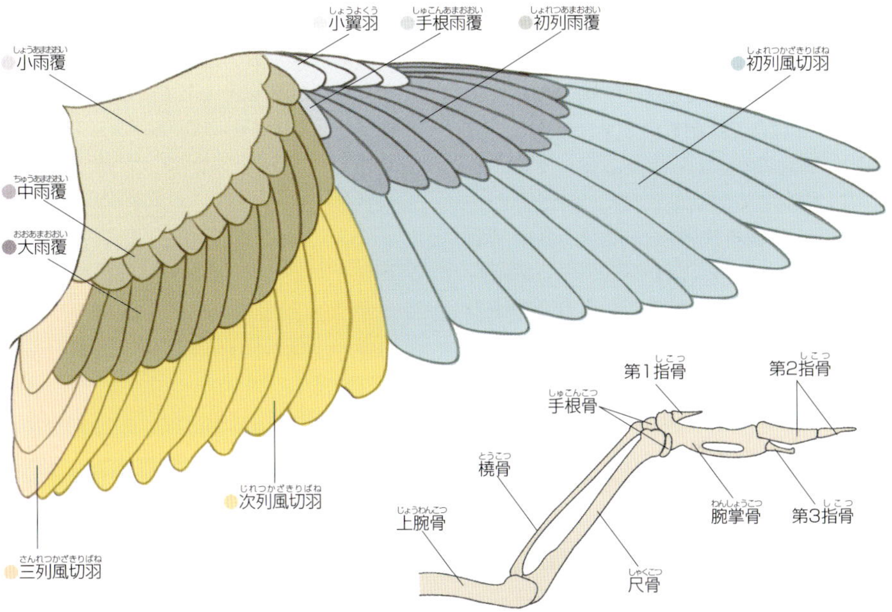

初列風切羽は指骨と腕掌骨に、次列風切羽は尺骨に付着している。三列風切羽は、スズメ目の場合、尺骨に付着する次列風切羽の内側3枚を指し、それ以外の目では、スズメ目と同様の場合と上腕骨に付着する風切羽を三列風切羽と呼ぶ場合があって一定していない。なお、スズメ目の上腕骨には風切羽が生えていない。

飛行のための羽毛

鳥類の翼は、飛ぶために進化した器官ですが、その機能を利用して水中を泳いだり、敵を攻撃したり、求愛用の特殊な羽音を立てたりするのにも使用されます。

翼の外観を形作る羽毛は、すべて正羽で、部位や機能によって「風切羽《かざきりばね》」、「雨覆《あまおおい》」、「小翼羽《しょうよくう》」の3種類に分けられます。

風切羽は、飛行の際の力を発生させる羽毛で、推進力《すいしんりょく》（前に進む力）を生み出す「初列風切羽《しょれつかざきりばね》」と揚力《ようりょく》（浮かぶ力）を生み出す「次列《じれつ》風切羽」、翼と胴体の間を埋め、翼を閉じた際にほかの風切羽を覆って保護する「三列《さんれつ》風切羽」に区分されます。

雨覆は、風切羽のつけ根部分や腕の表面を覆って滑らかにし、空気抵抗を押さえると共に揚力を発生させる翼のカマボコ形断面構造を形成します。

小翼羽は、第1指に付着している羽毛で、3～4枚が集まって小さな翼のような形になっています。飛行速度が遅くなった際に第1指を持ち上げて翼との間に隙間を作り、翼の表面にできる空気の渦を吹き飛ばすことで失速（浮かぶ力を失い落下すること）を防ぎます。

これら翼の羽毛に加え、飛行に関与する羽毛は、方向転換の際に舵のような役割を行う「尾羽《おばね》」と、尾羽の付け根を覆って空気抵抗を減少させる「上尾筒《じょうびとう》」、「下尾《かび》筒《とう》」と呼ばれるものがあります。

飛行のための形態

●軽量化と強度の増加

鳥類は、翼以外にも飛行に適した体の構造を非常に多く持っています。それらの構造に特徴的なのは、軽量化と強度を増すという二つの性能が追求されている点です。

たとえば、鳥類の骨の多くは内側が空洞化して軽くなっていますが、それでは強度が落ちるので、内部に細い骨の柱を数多く設置して強度を保っています。また、強度を増すための骨の融合が鎖骨《さこつ》や手足など様々な部分で起こっています。

脊椎骨《せきついこつ》も多くが融合して強度が増していますが、その分、柔軟性を失い、自由に動くのは、主に首の部分（頸椎《けいつい》）だけとなっています。このため鳥類は、哺乳類のように背中を曲げることはできず、体幹はいつでも固定されています。

軽量化への進化も体の各部に認められ、祖先的な化石鳥類に比べると現世の鳥類は、指骨《しこつ》や尾椎《びつい》が減少し、緻密で重いエナメル質の歯も消失しています。また、膀胱《ぼうこう》の消失、大腸が短くなるなど重たい排泄物を体内に貯留しないような進化がみられます。

●飛ぶための骨格と筋肉

一方、飛行に関する部分には大型化も認められ、翼である前肢の骨は長くなり、羽ばたくための筋肉が付着する胸骨《きょうこつ》も巨大なものとなっています。羽ばたくための筋肉である「大胸筋《だいきょうきん》」と「小胸筋《しょうきょうきん》」も大型でよく発達しており、このため鳥類は外見的に胸を張っているように見えます。

二種類の胸筋は、どちらも胸骨とそこから突き出た「竜骨突起《りゅうこつとっき》」に付着しており、表面に近い位置に大胸筋が、内側に小胸筋が位置しています。大胸筋は、翼を打ち下ろすときに使用され、上腕骨《じょうわんこつ》の下側に付着点があります。小胸筋は、烏口骨《うこうこつ》と肩甲《けんこう》骨《こつ》と鎖骨で囲まれた「三骨孔《さんこつこう》」を通って、上腕骨の上側に付着しており、滑車の原理で翼を引き上げます。

羽ばたく際に2種類の胸筋が交互に収縮して引き起こされる激しい動きから心臓や肺などの重要臓器を守るために、胸部は烏口骨と肋骨によって胸骨と脊椎が連結された堅牢なカゴ状の構造となっています。

●気嚢《きのう》は鳥類の特徴的器官

羽ばたきの際には大量の熱が発生しますが、鳥類には汗腺がなく汗をかかないため、体内の熱処理は「気嚢《きのう》」によって行われます。気嚢は、羽毛と同じく鳥類すべてが持つ特徴的な器官で、肺の前後に配置された空気の入る袋のような形状をしています。

気嚢の一部は骨の中にまで広がっており、肺の補助器官として呼吸を助けると同時に、羽ばたき運動によって体内に生じた過剰な熱を呼気を介して体外へ排出する働きを持ちます。

●翼の動きと胸筋の模式図

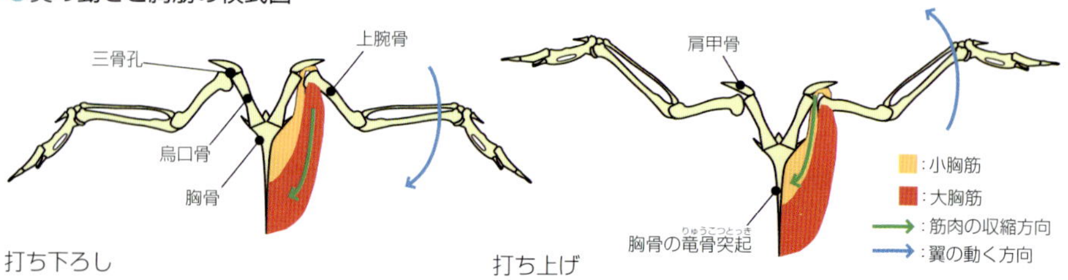

オカメインコとブンチョウ外観、骨格

イラスト：高田繭草（P91，P93）

鳥類の嘴《くちばし》と後肢《こうし》

●嘴は手に代わる器官

鳥類の嘴は、上下の顎《あご》がケラチンを主成分とする角質の鞘《さや》で覆われて突出した器官で、ヒトの手のような働きをします。基本的に採食器官であるため、各種それぞれの食性に適応した様々な形に進化しています。

小型のインコ類とフィンチ類の嘴は、非常に異なる外観をしていますが、いずれも種子食に適応しています。どちらも種子の皮を剥《む》くのを得意としていますが、インコ類は、それを嘴の先端で行い、フィンチ類は側面を使用するという違いがあります。インコ類の嘴は、営巣用の樹洞を広げるのにも使用され、その外見は肉を引きちぎるワシタカ類の嘴と類似しています。これは、嘴先端に圧力をかけ、物に食い込ませて引き剥《は》がすという共通の使用目的のために、似た形に進化したものと考えられています。カワセミ類やキツツキ類なども嘴を巣穴掘りに使いますが、いずれも食性に適応した嘴の形を応用しています。

そのほかにも嘴は、巣材やエサなど様々な物の運搬、羽繕《はづくろ》いや敵への攻撃、アホウドリ類で見られるように求愛用の発音など様々な用途に使用されます。インコ類は、樹木によじ上るとき、体の支えとして嘴を使用します。これはよく知られた行動ですが、鳥類のなかでは非常に珍しい使い方です。

このように嘴は様々な用途に使われますが、物をすり潰すという用途に適応した嘴は知られておらず、堅い種子や昆虫などを丸呑みする種は、それらを発達した「筋胃《きんい》(砂嚢《さのう》)」ですり潰します。

嘴のいろいろ：1 キビタキ、2 カケス、3 オオコノハズク、4 モズ

●飛行以外の移動に使われる後肢

鳥類の後肢(足)は、空中以外での移動に使用されます。大腿《だいたい》から膝《ひざ》は羽毛に覆われて外見上は見えず、通常見えているのは、脛《すね》の一部と踵《かかと》の関節から下の部分で、鱗《うろこ》に覆われています。趾《あしゆび》だけが地面に接し、つま先立ちした状態で歩行します。

後肢は基本的に移動器官ですが、捕食、巣材やエサなどの運搬、敵への攻撃、羽繕いなどにも使用され、動物の捕食に使う鳥では鉤爪《かぎづめ》が発達し、水中を泳ぐ鳥には蹼《みずかき》やヒレが発達するなど、それぞれの採餌習性や生息環境に適応した様々な形に進化しています。

趾《あしゆび》の配置にも多様性が認められ、最も多く見られる基本型は、フィンチ類のように前方に3本、後方に1本の趾が向く「三前趾足《さんぜんしそく》」です。インコ類のように前向きに2本、後ろ向きに2本の趾がある「対趾足《たいしそく》」は、樹枝の把握《はあく》により適応したものと考えられています。このほかにも多くの型や中間形態が知られています。また、種によって趾の一部が消失しているものがあり、走ることに特化したダチョウでは前向きの2本の趾しかありません。

移動様式にも2型があり、大部分の鳥類は、ヒトと同様に足を交互に動かして移動しますが、スズメ目のいくつかのグループとキツツキ類は、フィンチ類のように両足を揃えて跳《は》ねて移動します。一般に樹上生活を行う鳥に跳ねるタイプが発達すると考えられていますが、両方の移動型を使う鳥も知られています。

鳥類の感覚

●視覚

鳥類は、視覚を非常に発達させた生物です。焦点《しょうてん》調節のスピードが早く、ヒトに比べ遠くも近くもはっきり見ることができます。視細胞《しさいぼう》の数がヒトより非常に多いため、目の発達したワシタカ類でヒトの約8倍程度の視力を持つと考えられています。タカ類では解像度もヒトの2〜3倍ありますが、ハト類など穀物食の種の解像度はヒトより劣ると考えられています。

首を動かさないで見ることのできる視野の広さは種によって異なり、最も広いヤマシギで359°、視野の狭いモリフクロウはヒトと同程度の201°ですが、首を270°も回すことができ、視野の狭さを補っています。

夜行性ではない大半の鳥類でも夜間に物を見ることは可能で、多くの鳥は夜間に渡りを行います。また、フクロウはヒトの約100倍の夜間視力があることが知られていますが、昼間でも物を見ることができます。

●色覚

鳥類は発達した色覚も持っていますが、爬虫類も同様の発達した色覚を持っていることから、鳥類が新たに獲得した能力ではなく、祖先が持っていた色覚を失うことなく保持していると考えられます。鳥類はヒトの可視領域の色だけでなく、紫外線領域を感知することができるため、ヒトとは少し違う色まで見えていることになります。虹の一番内側にある紫色のさらに内側に何か色が見えているということですが、残念ながら鳥類が紫外線をどのような色として知覚しているのかについては、まったくわかっていません。

●聴覚

鳥類の耳には哺乳類のような耳殻《じかく》がなく、外見的に目立ちませんが、さえずりなどの音声コミュニケーションを行うことから明らかなように、聴覚もよく発達しています。ただし、聞こえる領域は、ヒトなどの哺乳類より幅が狭く、ヒトが20Hz《ヘルツ》〜20KHz《キロヘルツ》までの音を聞くことができるのに対し、普通の鳥では100Hz〜10KHz程度まで、最も高い音を聞けるメンフクロウでも約12KHzまでで、一般的なスズメ目《もく》の鳥類が最もよく感知できる周波数は2〜5KHzです。これを裏づけるように、ヒトの聞けない音で鳴く鳥は知られていません。

しかし、鳥類にはヒトが聞き分けることのできないような「音の速い変化」を聞き分ける能力があります。また、フクロウ類は、餌動物の出す音が左右の耳に届くわずかな時間のずれを感知して位置を割り出すことができます。鳥類は、ヒトよりも遠くの小さな音を聞くことができると考えられていますが、どの程度感知できるのかについては、未だによくわかっていません。

●嗅覚と味覚

鳥類の嗅覚についての研究はあまり進んでいませんが、夜行性で視力が弱く、匂いを使って地中からエサを掘り当てるキーウイなどの例外を除くと、一般にあまり発達していないと考えられています。

また、鳥類では味を感じる味蕾《みらい》が大部分欠如していることから、味覚も発達していないと推測されています。鳥類の脳において、視覚や聴覚を司る部分が非常に発達しているのに対し、嗅覚を司る部分である臭葉《しゅうよう》や味覚に関する領域の発達が悪いことからもそれが示唆されています。

鳥類の生活史

鳥類の年間を通じた生活に見られる様々な行動や習性

鳥類の年間を通じた生活中に見られる行動は、「自らの生命を維持するための行動」と「子孫を残すための行動」の二つに分けられます。探餌《たんじ》、採餌《さいじ》、休息、羽繕《はづくろ》い、水浴びなど、年間を通じていつでも見られる行動は、基本的に自らの生命を維持するためのものです。また「換羽《かんう》」や「渡り」もこれに含まれます。一方、なわばり形成、つがい形成、交尾《こうび》、営巣《えいそう》、抱卵《ほうらん》、育雛《いくすう》など、繁殖期にのみ見られる行動は、いずれも子孫を残すためのものです。

なわばりとつがい

なわばり形成やつがい形成には、おもに鳥類のオスが持つ目立つ羽色や複雑なさえずりが使用されます。いずれもつがい相手となるメスに対しては、なわばりへの誘いや求愛の信号となり、競争相手となるほかのオスに対しては、なわばりからの追い払いや威嚇《いかく》の信号となります。

独特な動きや姿勢をとりながら、目立つ羽色や頭部の裸出部《らしゅつぶ》を相手に見せつける行動を「誇示行動《こじこうどう》(ディスプレー)」と呼び(種によっては、動作のみの場合もあります)、そのうち特につがい形成の際、異性に対して行うものを「求愛誇示《きゅうあいこじ》行動(コートシップディスプレー)」と呼びます。

求愛に使用される目立つ羽色や特徴的な飾り羽の多くは、メスがオスを選ぶ際に、より目立つ羽色や飾り羽を持つオスを選択することによって進化してきたものと考えられています。なわばりへ侵入した同種のオスがさえずりや誇示行動でも退かない場合には、直接の闘争を行いますが、これには多大な体力(エネルギー)が必要となり、時には重傷を負う場合もあります。さえずりや誇示行動は、直接闘争を避け、エネルギーを節約することにも役立っています。

営巣から育雛

つがいとなった雌雄は、交尾と営巣を行います。鳥類の巣は、ヒトの家のような年間を通じた生活の場所ではなく、効率良く卵を抱いて温めるための容器なので基本的には抱卵期のみに使用されます。

営巣や抱卵、育雛は、種によって雌雄が共同で行う場合もメスのみが行う場合もあります。メスの目立たない羽色は、抱卵や抱雛時に捕食者などの外敵から身を隠す「保護色」としても役立つと考えられています。

土手に穴を掘って営巣するカワセミ類や樹洞に営巣するインコ類のように、巣の外から抱卵している姿の見えない種の場合には、メスもオスと同様に目立つ羽色をしている場合があります。卵も色や模様によって目立たないことが多いのですが、樹洞などに営巣する鳥の場合、多くの種が白色の卵を産みます。

大部分の鳥類は、親が植物食の場合でも、ヒナには昆虫や肉などの動物質のエサを与えます。穀物食のハト類は、嗉嚢《そのう》で作ったピジョンミルクと呼ばれる液体を与えますが、これも動物質です。例外的にフィンチ類やインコ類など少数の鳥類だけが、ヒナを種子などの植物質のエサで育てます。この習性はフィンチやインコ類が、飼育に適したグループである理由のひとつです。

早成性のヒナと晩成性のヒナ

鳥類のヒナには、カモ類やチドリ類のように卵から孵化《ふか》してすぐに目が見え、羽毛に覆われて自ら移動したり採餌したりすることができるタイプ（早成性《そうせいせい》）と、フィンチやインコ類のように孵化しても目が見えず、わずかな羽毛しかなく、巣の中から自分で移動できないタイプ（晩成性《ばんせいせい》）があります。

晩成性の場合、ヒナは孵化後も巣に留まり親に保温（抱雛《ほうすう》）してもらったり、エサを運んでもらいながら成長します。従って、晩成性の鳥類の巣は抱卵期のみではなく、育雛期にも使用されることになります。

早成性のヒナは、孵化後のごく短い期間に見た動く物を親だと認識する「刷《す》り込《こ》み」と呼ばれる習性を持っていますが、晩成性のヒナが親を認識するには育雛期を通じた長い学習期間が必要です。飼育している鳥を「手乗り」にする場合などには、この長い学習期間が利用されています。

渡り鳥と留鳥《りゅうちょう》

採餌や休息など自らの生命を維持するための行動は、基本的に鳥類すべてに共通してみられる行動ですが、「渡り」は全種が行うわけではありません。渡りとは、繁殖期に生息する地域と非繁殖期に生息する地域を定期的に行き来する行動で、種によって様々な距離の渡りが知られています。学習によらない本能的な行動で、孵化して数ヶ月の幼鳥でも、誰に先導されるでもなく長距離の渡りを行います。

渡り鳥に対して、大規模な移動をせず年間を通して同じ地域に生息する鳥類を「留鳥」と呼びます。渡りは、生息が不適になった地域から生息適地への移動ですから、留鳥の分布する地域は、その種にとって年間を通じて生息に適していることになります。

渡り行動を抑えるのは非常に困難であるため、飼育される鳥の大部分はもともと留鳥で、海を越えて大陸間を移動するような大規模な渡り鳥は含まれていません（ただし、アヒルやガチョウの原種であるマガモやガンは、大規模な渡りを行います）。

巣材を運ぶメジロ

早成性のヒナ（シロチドリ）

晩成性のヒナ（トラツグミ）

◆鳥類の分類と名前

●世界共通の名称「学名《がくめい》」

現在地球上には、約9,000種の鳥類が確認されています。これらの種にはすべて「学名」と呼ばれる世界共通の名称がつけられています。学名は、ヨーロッパの古語であるラテン語で表記し、斜字体で示されます。

オカメインコの学名は、*Nymphicus hollandicus* ですが、*Nymphicus*を「属名《ぞくめい》」、*hollandicus*を「種小名《しゅしょうめい》」と呼び、二つの名称を名字と名前のように表記することで種の学名「種名」を表します。ほとんどの学名には、それぞれ意味があり、オカメインコの *Nymphicus* は「精霊（ニンフ）のような」、*hollandicus* は「オランダの」を意味します。オカメインコの本来の生息地は、オランダではなくオーストラリアですが、かつてオーストラリアがニューオランダと呼ばれていたためにこのような学名がつけられています。

キジ

●属《ぞく》・科《か》・目《もく》・綱《こう》・亜種《あしゅ》

よく似た特徴を持つ種は、ひとつの「属」にまとめられて同じ属名がつけられます。さらに属は「科」に、科は「目」に、目は「綱」にまとめられて階層式に分類されており、鳥類はすべて「鳥綱《ちょうこう》」となります。ひとつの種であっても、生息する地域によって形や模様などが異なる場合には、それぞれを「亜種《あしゅ》」に分類することがあり、種の学名の後ろに「亜種小名《しょうめい》」をつけて3語で名称を表します。これら分類学上の名称のうち種名や亜種名に関しては「国際動物命名規約」によって厳密に管理が行われています。

●「品種」は飼育者間の通称

一方、人為的な色変わりである「品種《ひんしゅ》」は、分類学上の名称ではなく、飼育者の間で通称として使用されているに過ぎません。オカメインコのルチノーやパイドも分類学上はすべて同種として扱われ、区別されません。また、一般的な文章でよく使われる「○○類《るい》」という言葉は、○○の仲間というような意味で、これも分類学上の名称ではありません。「インコ類」のように、ほぼ「インコ目」と同じ意味で使われるものもありますが、分類学上あまり関係のないグループを含んでいる場合もあり、たとえば「フィンチ類」は、スズメ目のアトリ科やカエデチョウ科、ホオジロ科などの鳥類のうち、植物の種子で飼育できる種をまとめて呼ぶときの通称です。

●「和名《わめい》」は日本産の鳥類以外は不統一

鳥類の種の学名には、それぞれ日本語の名前である「和名」がつけられています。ただし、和名をつけることには正式な規則がないので、ひとつの種に複数の和名がつけられていることがあり、属や科、目などの和名にもインコ目とオウム目＊のように同じものに別の和名がついてる場合があります。

また、海外から輸入される鳥類には、商取引上の書類に記された外国語の名称（インボイスネームやトレイディングネーム）を基に新たな和名がつけられて流通する場合があります。混乱を解消するために日本産（外来種も含む）の鳥類については「日本鳥学会」が目録を発行して和名を統一していますが、海外の鳥類の和名については管理する組織もなく、混乱は治まっていません。

●採用する種の定義により全種数は異なる

鳥類の全種数は、確定したものではなく、様々な程度に異なる数が提唱されています。これは、新種がたくさん発見されて種数が増えたりするわけではなく、時代や研究者によって「種の定義」が異なることによるものです。現在の鳥類学では、自然下で相互に交配して子孫を残すことができる鳥類を同じ種と考える場合が多いのですが、ある程度交配しても形態が明確に異なれば別の種と考える研究者もいます。このほかにも種の定義は、いくつか提唱されており、どれを採用するかによって種数が異なってしまう場合があります。

＊日本鳥学会は目録で「インコ目」を採用しています。

第3章
人と鳥の文化史

まったく違うようでいて、意外と共通点の多いヒトと鳥。人間だけが文化を持っているのでないことは、鳥たちの器用で利発な行動を見るとよくわかるのです。クジャクのオスの飾り羽があまりにも華麗なのはメスの審美眼が優れていたから？　鳥の美術的な容姿や音楽的なさえずりを手元に引き寄せようとした飼い鳥文化から、ヒトは何を学んだのでしょうか。

大木 卓
動物文化史研究家

扉絵：図4部分

先史から近代までの飼い鳥文化を辿る

図1　小鳥を飼う古代ギリシャの青年。左手に小鳥を軽く握り、右手を上げて軒に吊るした鳥籠に入れようとしている。籠の下には当時ペットになっていた猫もいる。ギリシャ東南部のアイギナ島から出土した前420年頃の墓碑の浮彫り

人と鳥のなれそめ

感覚が鋭く見通しの利く鳥の行動で、自然の気配をさとり、敵の接近を知る鳥占いの芽ばえは、ヒト以前の時代からあったと考えられます。

ヨーロッパの旧石器時代後期の洞窟の岩面画には獣ばかりえがかれていて、鳥はまれなことから、当時、氷河期末期の人類には、鳥は眼中になかったかのようですが、ライチョウにしっかり目をつけて捕っていました。

鳥を飼う文化は新石器時代にヒトが農耕を始めて、作物をめぐるヒトと鳥との新たな関係のなかで成立したと思われ、狩猟生活から発生した鷹狩りのタカの飼養を古く見る説もありますが、おそらくはニワトリなどを紀元前6000年頃には飼い始め、当初は、かねてから狙いめの肉や卵の利用が主目的でしたが、後に愛玩や観賞に鳥を飼うための頼りにはなったはずです。

鳥の王国・エジプト

古代文明のなかで、人と鳥との関係の証拠が一番豊富に残っているのはエジプトです。ナイル流域に発達したこの農耕文化では、たくさんの鳥たちが集落の近くに集まり、古代エジプト人はそれらの野鳥を狩ると共に、前2400年頃の古王国時代からガン類やクロヅルを強制肥育し、前1400年頃の新王国時代にはモモイロペリカンまで飼って、肉や卵を利用したことが墳墓の浮彫りや絵などからわかります。新王国時代にはニワトリも入ってきました。

ハヤブサ類は王国の初期から信仰の対象となって飼養もされたようですが、特に鷹狩りに使った風でもなく、また小鳥を籠に飼って愛玩することも盛んではなかったようで、身近に野鳥が多すぎたせいかもしれません。

古代ギリシャでは小鳥を愛玩

今日のように小鳥を籠で飼って愛玩する習慣は古典期のギリシャで盛んになりました（図1）。前5世紀頃の墓碑の浮彫りや壷絵に小鳥と遊ぶ人の姿がよく見られますが、子供のおもちゃにもされていたようで、小鳥にとっては迷惑な場合もありました。

喜劇作家アリストパネースの『鳥』（前414年上演）によると、人語をまねる鳥としてニシコクマルガラスが飼われていたことがわかり、前4世紀の哲学者・動物学者アリストテレースの『動物発生論』には、カラスの仲間の行動は飼いならされたニシコクマルガラスで誰でもたやすく観察することができる、とあるので、当時ギリシャでこの鳥が一

・ローマ時代の飼い鳥については、Jocelyn M. C. Toynbee（1973）：Animals in Roman Life and Art. Thames and Hudson, London.

般に飼われていたことが知られます。

東方からもたらされた豪華な観賞鳥インドクジャクは前5世紀頃から飼われ、たいへん高価でした。アリストテレースの『動物誌』によると、クジャクを繁殖する人は、その卵をニワトリに抱かせたそうです。

ローマ時代に栄えた愛鳥文化

前1世紀ローマの叙情詩人カトゥルルスの有名な詩に出る、彼の想い人レスビアの愛した“スズメ”は、実はウソではないかといわれています。

1世紀ローマの博物学者プリーニウスの『博物誌』は、ゴシキヒワの利発な器用さに注目しており、同時代のペトローニウスの風刺小説『サテュリコーン』では、鳥好きの小さな男の子がゴシキヒワを飼っているので、ヨーロッパ産のこの愛らしい小鳥がよく飼われていたことがわかります。そのほか、クロウタドリ、ホシムクドリなども飼われ、また、カワラバトを飼ってその血統を自慢する人もいました。

また、外国産の美しい鳥としてインコもかなり普及し、豪邸の庭園には（多分風切羽を切って）放し飼いにもされていました。プリーニウスの『博物誌』には、インドからローマに送られてくる全身緑色で頸に赤い輪のあるインコは人の言葉をまねるとあって、オオホンセイインコかホンセイインコでしょう。

猛禽を使う術

鵜飼いと並んで、鳥を使役する生業に鷹狩りがあります。アジアの内陸で発生したとされ、前7世紀にはアッシリアに伝わりました。プリニーウスの『博物誌』には、ギリシャの東北方のトラーキアで、タカに協力させて鳥を捕る猟が行われるとあります。

中世ヨーロッパでは王侯貴族の間で鷹狩りが流行し、神聖ローマ皇帝フリードリヒ2世とその息子が13世紀中頃に南イタリアで書いた大著『フリードリヒ2世の鷹狩り術』では、使うタカに、シロハヤブサ、ワキスジハヤブサ、ラナーハヤブサ、ハヤブサ、ハイタカ、オオタカなどを挙げています。（図2）。

日本でも古墳時代から支配階級の間で行われたことは、5〜6世紀の鷹匠《たかじょう》の埴輪からわかります。平安初期の嵯峨《さが》天皇は、フリードリヒ2世より400年あまり前に『新修鷹経《しんしゅうおうきょう》』（818年）を勅撰しています。江戸時代には将軍家も鷹狩りを行い、日本では、オオタカ、ハイタカ、ツミ、ハヤブサ、クマタカなどが使われました。

鳥の名歌手

ヨーロッパでは古代からサヨナキドリ（ナイチンゲール）の美しいさえずりに耳を傾けました。ギリシャのアリストパネースの喜劇『鳥』（前414年）には、この小鳥の歌の調べ

図2　タカに餌を飼う中世ヨーロッパの王侯配下の鷹匠。タカはラナーハヤブサらしい。13世紀後期写本『フリードリヒ2世の鷹狩り術』（ヴァチカン図書館本）の挿し絵（著者による模写）

・中世ヨーロッパの鳥類学と鷹狩りについては、『フリードリヒ2世の鷹狩り術』英訳と解説、Casey A. Wood and F. Marjorie Fyfe（1961）:The Art of Falcony of Frederick「 . Stanford University Press, Stanford.

が讃えられ、1世紀ローマのプリーニウスの『博物誌』でも、サヨナキドリの長続きする高低強弱に富んださえずりがほめそやされて、高価に売れるとあり、同時代のローマの詩人マールティアーリスの『寸鉄詩《エピグラム》』には、この鳴禽を愛育する女性が登場します。

ヨーロッパでは姿も美しい鳴禽として古くからゴシキヒワなども飼われましたが、ヒトは歌の楽しさ美しさを小鳥のさえずりから学んだ面もあったかと思われるのです。

サヨナキドリを夜鶯《ようぐいす》などと訳したように、日本では平安時代からウグイスの音《ね》を愛でて、14世紀の南北朝頃からこの名鳥を籠に飼うことも行われました。

江戸時代にはウズラを鳴禽として立派な籠で飼い、鳴き合わせの競技をすることが流行りましたが、今もタイ南部などで催されるチョウショウバトの鳴き合わせ大会は、往年の日本のウズラ合わせの盛時を偲《しの》ばせます。

芸達者な鳥たち

ローマ時代3世紀のケルン（ドイツ西部）のモザイクに、オオホンセイらしい緑色で頸の周りが赤いインコが2頭？立てで車を引く絵柄があります。インコにそうした芸をさせる遊びか見せ物があったのでしょう。

日本では江戸時代以来のヤマガラのおみくじ引きその他の芸が知られていましたが、大正時代には同様の芸をブンチョウにもさせていました。周達生氏（『民族動物学』1995年、東京大学出版会）によると、ブンチョウを使う占いは、香港、台湾、韓国でも行われ、インドではワカケホンセイらしいインコにお札を引かせる占いがあるそうですが、こうした鳥たちによる占いは、古代から世界的にある鳥の行動で吉凶を占う鳥占いの一端と見ることができます。

中国では清朝以来、首都の北京で小鳥の愛玩が盛んでしたが、清末の北京の行事を記した敦崇《とんすう》の『燕京歳時記《えんけいさいじき》』（1900年自序）には、イカルを馴らして空中で玉を受けとめさせたり、イスカを仕込んで錠前開けや旗をくわえる芸をさせるとあります。

大航海時代から世界の珍鳥が勢ぞろい

15世紀末から始まった大航海時代に航路が開けた中南米、東南アジア、オーストラリアはオウム・インコ類の宝庫だったため、殊にこの一統から後に世界的に知られる名鳥が輩出しました。

スペインの宣教師ホセ・デ・アコスタの『新大陸自然文化史』（1590年）には、メキシコや南米のいろいろな珍鳥が本国の王侯に献上されたことが記され、コンゴウインコ類の羽色の美しさが特筆されています。こうして16世紀後期から17世紀にはベニコンゴウ、ルリコンゴウなど豪華な大型インコその他がヨーロッパの王侯貴族に迎えられ、豪勢な禽舎を構えて世界中の珍鳥を飼うことが高い身分《ステータス》の証明にもなったのです。

オーストラリアの鳥たちが世界に知られるようになったのは、イギリスによる植民地化が進んだ18世紀後期からで、遅ればせながら多くの優れた飼い鳥の種を世に出しました。なかでも飼いやすさと愛らしさで人気のセキセイインコとオカメインコは出世頭で、セキセイは1840年にイギリスに渡ると、50年代にはヨーロッパに広まり、1872年にベルギーで黄色の色変わりが作出されたのに続けて、青色その他の変異を産み出し、1970年頃までに、固定に困るほどの数百の色変わりその他の変異を生じて、オウム・インコ類では唯一の家禽化に成功した種と言われるほどになりました。

セキセイインコの出世の先達は、アフリカ西北方のカナリア諸島から世界に飛び立っ

・近世初期ヨーロッパの鳥については、コンラート・ゲスナーの『鳥類誌』Conrad Gessner（1557）:Vogelbuch. 1969年にチューリヒのStocker-Schmidから複製版が出ている。

図3　フランス革命後、王政復古期のパリのジェーヴル河岸の鳥売り。丸屋根のインコ籠に入ったインコから小鳥までいろいろな鳥を売る露店が並ぶ。ジャン=アンリ・マルレの石版画集『タブロー・ド・パリ』(1821～24年)所収。鹿島茂訳『タブロー・ド・パリ』(1993年、藤原書店刊)より転載

図4　インコを愛するパリジェンヌ。第2帝政末期のパリの服飾風俗版画（1869年)。ミドリオナガインコかコセイインコの若鳥くらいの感じだが種ははっきりしない

たカナリアです。15世紀後期にこの諸島がスペイン領になるとまもなく、スペイン人はこの小鳥を持ち出して鳴禽として商品にしました。スイスの博物学者コンラート・ゲスナーの『鳥類誌』(1557年)には、カナリア諸島から来たカナーリアと呼ばれる小鳥はたいへん美しくさえずる、とあって、17世紀にはイタリア、ドイツに繁殖拠点ができ、18世紀初めまでに多くの変異を生じて、19世紀にはドイツで声、ベルギーでは形、イギリスでは色の改良など、カナリアの育種方針が確立しました。

近代ヨーロッパのファッションと飼い鳥

18世紀ロココ期のフランスでは、過剰なまでの装飾文化の爛熟《らんじゅく》の中で、殊に上流女性の間で小鳥の愛玩がファッションになり、小鳥を入れた籠を頭に乗せて結い上げた髪型という行き過ぎたパフォーマンスも話題になっていました。一方、イングランド南部で鳥類を観察したギルバート・ホワイトは、その著『セルボーンの博物誌』(1789年)で、ガラスの金魚鉢の中央に空間を吹いて、そこにゴシキヒワやムネアカヒワなどを閉じ込め、金魚が泳ぐ中に小鳥が飛びはねている様子を眺めて楽しむ輩がいるとして、その趣味の悪さにあきれています。

革命後19世紀のフランスのブルジョワ階級の台頭の中でも飼い鳥の流行は続き(図3)、オウム・インコその他の小鳥の愛玩は女性のファッションに組み込まれました(図4)。そして、動物愛護思想に裏打ちされた今日的な飼い鳥文化もヨーロッパに根づいたのです。

中国の愛鳥文化

中国の飼い鳥文化の歴史は古く、ことに近世の清代から現代に至る隆盛はアジアでは見るべきものがあり、歴史的には日本のそれにも大きな影響を及ぼしました。伝統的に多く飼われてきた土産の籠鳥は、ガビチョウ、ソウシチョウ、チョウセンメジロ、マヒワ、イカル、コイカル、コウテンシ、ハッカチョウ、コウライウグイス、キュウカンチョウなどです。1910年代の実見では、中国の老人

・中国の飼い鳥の歴史と現況については、王恩平(2004):『籠鳥図鑑』、四川出版集団・四川科学技術出版社. 成都。

図5　天保6年（1835年）にオランダ人が日本に持ってきたキンカチョウを写生した絵。当時オランダ船や中国船が外国のいろいろな鳥を長崎に運んでいた。慶應義塾図書館所蔵『唐蘭《とうらん》船持渡鳥獣之図《せんもちわたりちょうじゅうのず》』所載

図6　明治時代に渡来したインコたち。セキセイインコ（左）とズアカサトウチョウ（右）。明治25年（1892年）までにかかれた松森胤保自筆『両羽禽類《りょううきんるい》図《ず》譜《ふ》』（酒田市立光丘文庫所蔵）に収められた写生図

たちは、町の公園や広場に鳥籠を下げてきて、枝に吊るした籠の小鳥のさえずりを聞きながら木陰でくつろぎ、また籠を下げて帰って行く姿がよく見られたそうで、今も庶民の日常生活の中に籠鳥があるのです。

日本の愛鳥文化史

水田稲作文化の渡来と共に弥生時代にニワトリを飼い始め、古墳時代には支配階級のためにウ、タカ、それにガン・カモ類の水鳥を飼養した飼部《かいべ》の民がいて、鳥類を飼うことは先史・原史時代から行われました。飛鳥《あすか》時代には新羅《しらぎ》からクジャク（多分マクジャク）やオウムが貢がれたことが『日本書紀』に記録されて、外国の珍奇な鳥にも目を見張りました。

『枕草子』や『源氏物語』によると、平安中期には雀の子飼いといって、スズメのヒナを飼い育てる遊びがありました。

平安末期から鎌倉時代にかけて、ヒヨドリを飼って鳴き合わせを催すことが貴族階級の間で流行し、ウグイスの鳴き合わせは室町時代に流行りました。

江戸時代に多く飼われた和鳥は、ウグイス、メジロ、ヤマガラ、コマドリ、ヒバリ、ホオジロ、オオルリ、ウズラで、外来の小鳥ではブンチョウ、カナリア、それにソウシチョウ、ジュウシマツ、ベニスズメなどです。

明治時代には江戸時代以来の和鳥の飼養も盛んでしたが、貿易が開けて外国の飼い鳥も多く輸入される一方、幕末か明治初年に名古屋辺でできたという白ブンチョウは海外にも輸出されて外貨をかせぎました。

明治39年（1906年）4月の『風俗画報』339号には、流行の小鳥として、メジロ、ウグイス、ヒバリ、コマドリ、アカヒゲ、ジュウシマツ、キンカチョウ（図5）、ブンチョウを挙げ、巣引き物では巻毛カナリアが今最も流行しているとあります。

セキセイインコは明治20年代前半には来ていたようですが（図6）、大正後期1924年頃から大流行し、1925年頃には日本で巻毛の変種が出現して芸物《げいもの》セキセイの発端になりました。戦後1952年にはイギリスで改良された大型のものが高級セキセイの名で広められ、今もセキセイは根強い人気があります。

・江戸時代の鳥については、菅原浩・柿澤亮三（1993）：『図説日本鳥名由来辞典』、柏書房、東京。明治時代の飼い鳥については、川口清五郎（1903）：『諸鳥飼養全書』、博文館、東京。

第4章

お迎え

コンパニオンバードという新しい家族をお迎えするにあたって最も大事なのは、我が家に向いた鳥を選ぶということです。同じような大きさの哺乳類に比べ、鳥類は一般に長生きです。長い年月をお互いに幸福に過ごすために、鳥選びの際考えるべきポイントを紹介します。また、どんなグッズが必要なのか、どんな場所で飼ったら良いのかも、あらかじめ考えておくべき事柄です。

島森　尚子
ヤマザキ動物看護短期大学専任講師

鳥を選ぶポイント

鳥種の特性をよく知ったうえで、自分の生活環境と飼育目的に合った鳥を選びましょう

鳥との相性チェック

たくさんの種のなかから自分に合った鳥を選ぶには、それぞれの種の特性をよく知ったうえで、自分の飼育目的や生活環境に適した種を選ぶことが肝心です。まず、飼育スペースを考えるところから始めましょう。鳥の種類によって必要なスペースは異なります。どのくらいのスペースを使えるかを考え、その範囲で置ける鳥カゴのサイズ、そしてそのカゴで飼える鳥をイメージしてください。

次に、生活パターンを考えます。1日のなかで、鳥に使える時間はどのくらいあるでしょうか。仕事で家を空けることの多い人には、手のかかる大型オウム・インコやメキシコインコ類より、留守番を苦にしないカナリアやブンチョウなどが向いています。また、自分で世話ができないときは家族の協力が得られるかどうかも大切なポイントです。

もちろん、あなたが鳥に何を求めているかも考えてみましょう。おしゃべりの能力でしょうか、疲れを癒すさえずりでしょうか。終生つき合うコンパニオンを選ぶのです。慎重を期するため、次の表で大まかな相性を確認してみましょう。

飼育スペース ・・ 生活パターン ・・ 鳥に求めるもの

チェック項目 → YES or NO	YES	NO
鳥を飼うのは初めて 1	セキセイインコ・オカメインコ・ジュウシマツ・ブンチョウ・カナリアなど飼育しやすい種がお勧め	現在鳥がいる場合は、その鳥と相性が良い種を選ぶ
私は若い 2	長生きするインコ類を含め何でも。ただし、今後の生活環境の変化を考慮して選ぶ	体力に応じて、世話の楽なサイズ・性格で、かつ終生飼養可能な鳥を選ぶ。セキセイやフィンチ類なら高齢者でも可
一人暮らしをしている 3	セキセイインコ・オカメインコ・フィンチ類など、留守番を苦にしない種	家族の協力度に応じて選ぶ
趣味は旅行 4	基本的に同行は難しい。フィンチ類なら数日は留守番させられる。世話をしてくれる人がいるならほかの種も可能	手のかかる鳥もOK

チェック項目 → YES or NO	YES	NO
5 そろそろ子供が欲しい	大型オウム・インコ類は避ける。セキセイインコ・オカメインコ・フィンチ類がベター	手のかかる鳥もOK
6 小学校低学年以下の子供がいる	大型オウム・インコは避ける。子供に世話を手伝わせるならセキセイインコかフィンチ類	子供の年齢に応じて小型から大型の鳥も
7 暇な時間は読書や趣味に没頭している	フィンチ類、セキセイインコ類ならじゃまされない	鳥に時間をかけられるなら何でもOK
8 毎朝きれいなさえずりで目覚めたい	カナリア、フィンチ類	インコ類もOK
9 手乗りにしてスキンシップを楽しみたい	インコ類、ブンチョウ	その他フィンチ類
10 芸を仕込んで一緒に遊びたい	大型オウム、クサビオインコ類	その他インコ類、フィンチ類
11 おしゃべりを教えたい	セキセイインコ、ヨウム、ボウシインコ類、コンゴウインコ類	その他オウム・インコ類、フィンチ類
12 どちらかといえば室内派だ	手のかかるインコ類もOK	セキセイインコ、フィンチ類が無難
13 親鳥がヒナを育てるのを見たい	ジュウシマツ、カナリア、ブンチョウ、キンカチョウ。特にカナリアは皿型の巣を使うので、子育ての様子がよくわかる	その他フィンチ類・インコ類。インコ類は箱型の巣を使うので、繁殖が簡単なセキセイでも、ヒナの様子は見えない

モモイロインコ

生活・飼育環境を慎重にチェック

希望する種と相性が合わないと思われる場合でも、生活パターンを見直したり、様々な工夫をしたりすることで選択の幅は広がります。ただし、鳥の長所は、しばしば欠点と隣り合わせです。陽気でおしゃべり上手なボウシインコは、同時に、興奮しやすい騒ぎ好きの性格を持っています。彼らの長所を堪能したいなら、同時にその欠点も受け入れることができるかどうか、じっくり考えてください。特に家族のいる方、集合住宅に住んでおられる方は、ときには騒音レベルに達する大型オウム・インコ類の叫び声を許容する環境であるか、あるいはそうした環境を作れるかどうかということも考慮しなければなりません。

また、特に中型から大型のオウム・インコ類の多くは飼い主とのスキンシップがないと精神的にストレスを感じ、場合によっては様々な障害を引き起こします。寿命の長い生き物を飼育するのだということを念頭に置き、責任を持って終生飼育できるよう、慎重に選んでほしいと思います。

鳥たちの個性の差を理解する

飼い鳥は同じ種ならどの鳥も同じ性質を持っているのでしょうか。答えは「ノー」です。鳥には個体差があり、同種の鳥でも性質や体質が異なります。また、成長の段階に応じて特性は変化します。なかでも、ヒナのときには甘えん坊で無防備な大型のオウム・インコ類は、性的に成熟したときに攻撃的になることもあるのです。

特に初めて鳥を飼う方は、衝動買いをしないことはもちろんですが、書籍、あるいはインターネットなどの写真や文字情報だけに頼るのではなく、生の情報を集めることも忘れないでください。飼いたい種類がいくつかに絞れたら、ペットショップやペットフェアに足を運び、あるいは鳥を飼っている知人に見せてもらうなどして、できるだけ多くの鳥を目にしましょう。そうすれば、同種の鳥でも多様な個性があるのだとわかるはずですし、さらには、それまでは興味のなかった種の意外な魅力を発見できるかもしれません。

また、個々の鳥すべてが、その種に特徴的と言われる能力を存分に備えているとは限りません。この種類にしようと決めたなら、選択の決め手となった能力をいったん差し引いて考えてみてください。手に入れたヨウムがおしゃべりの天才ではなく凡庸な才能しか示さなかった場合、それでもその鳥の個性を見出し、大切な家族として受け入れることができるでしょうか。ヒナを育てるところを見たいと思って飼い始めたカナリアのつがいがなかなか有精卵を産まなくても、2羽の仲の良いしぐさを見て心慰められればそれで良しと思えるでしょうか。

特に人工育雛を経て手乗りとして育てら

れた中型から大型のオウム・インコ類（ハンドフェッドと呼ばれる）は、育てられ方により個性も多様です。甘えん坊に育てられた鳥の多くは、一生甘えん坊のままで、かわいくもありますが手もかかり、問題行動を起こすことも多々あります。お迎えしてからの育て方によっては、暴君になってしまうこともあるのです。そうした鳥は、鳥とのつき合いにかけられる時間と手間を考えて選ぶことをお勧めします。

中型・大型の鳥ほど個性の差は大きくありませんが、小型の鳥も充分個性的です。時間や手間をあまりかけられない方は、できるだけ小型の種から選ぶのが無難です。比較的世話の楽なセキセイインコやコザクラ、カナリアやジュウシマツでさえ、飼ってみるとその個性の豊かさには本当に驚かされます。飼い鳥の原点に戻って、そうした鳥たちの魅力を見直してみるのも良いのではないでしょうか。

元気な鳥の選び方

どの種類の鳥でも、元気なヒナは我れ先にエサをねだり、実によく食べます。ペットショップで手乗りのヒナを選ぶなら、鼻孔や総排泄腔の周囲が汚れていたり、ほかのヒナがエサを食べているのに目を閉じていたりするものは避け、食欲旺盛で目が輝いているヒナを選んでください。

若鳥や成鳥を選ぶときも、鼻孔および総排泄腔周囲の汚れは要チェックです。また、ヒナとは異なり羽毛が生えそろっていますので、そこを入念にチェックしましょう。羽のつやが良く、特に尾羽をつつかれていないものを選ぶと良いでしょう。雑居カゴでほかの鳥に尾羽をつつかれている鳥は弱っている可能性があるからです。また、羽根を膨らませて目を閉じて震えているような鳥は選ぶべきではありません。そ

レモンカナリア

◆鳥の価格

●鳥の価格は、1羽1,000円のジュウシマツやセキセイインコから数十万円のコンゴウインコまで、大きな幅があります。次にあげる価格はあくまで標準的なもので、雌雄により、あるいは年齢や馴れ具合、さらには土地や店舗によっても異なりますし、珍しい品種ですとこの範囲内では収まりません。

・ジュウシマツ（並・小斑）：1,000円〜2,000円
・ブンチョウ（並・桜・シナモンなど）：2,000円〜5,000円
・カナリア（オス、赤カナリアなど）：10,000円〜20,000円
・コザクラインコ（ノーマル）：5,000円〜8,000円
・オカメインコ（ノーマル・ルチノーなど）
：10,000円〜30,000円
・ヨウム（ハンドフェッド）：200,000円〜250,000円

●実際に鳥を飼うときには、これ以外に最低限鳥カゴなどの器具とエサが必要です。

2007年東京都内調べ （P114参照）

コザクラインコ
パステルモーブ

の鳥と同じカゴにいる鳥も、伝染性疾患や寄生虫症にかかっている可能性がありますので、できれば買うべきではありません。

それに加え、脚をよく見てください。指が異常に太く見えたり、関節が膨らんで見えるものは痛風にかかっている可能性がありますので避けましょう。また、種類によりますが、特にフィンチ類の場合は、脚にかさぶたのようなうろこ状の皮膚ができているものは、栄養のバランスが悪いことがあります。こうした鳥も避けた方が無難です。鳥の健康状態に関しては、本書6章も参照して慎重に検討してください。

店によっては、爪が欠けていたり指が曲がっていたりする鳥が売られていることがあります。ケガが後天的なものである場合は、ほかに異常が見られないようなら、コンパニオンとして飼育する分には問題ありません。ちょっとしたケガをしている飼い鳥は、自分が弱点を持っていることを知っていて人間に頼る傾向がありますので、注意深く飼育すればかえって良いコンパニオンになる場合があります。ただし、先天的な奇形は近親交配による可能性もあり、その場合内科的な遺伝病を持っていないとも限りませんので、避けた方が賢明です。

◆セカンドハンド・バード

●初めの飼い主が何らかの事情で手放した鳥を「セカンドハンド・バード」と呼びます。事情は様々ですが、寿命の長い生き物だけに、飼い主が高齢で世話ができなくなって手放すというケースも多いようです。鳥の種類や以前の飼い主との関係によって、彼らの世話は一様ではありません。新しい飼い主や環境にすぐに慣れる鳥もいれば、なかなか馴染んでくれない鳥もいます。ヒナや若鳥とは異なり、環境に順応するには、程度の差こそあれ、時間がかかるケースが多いのです。

●以前の飼い主からの情報が入手できるなら、できるだけ詳しく聞いておきましょう。鳥の年齢、与えていたエサや飼育していた環境、好きなおもちゃなど、参考にできる情報はたくさんあります。以前の飼い主の性別や年齢も重要です。あなたが男性なら、男性にかわいがられていた鳥にはすぐに馴染んでもらえる可能性が高いのです。

●以前の飼い主の情報がない鳥は、できれば同じ種類の鳥を複数飼育した経験のある人に飼ってもらえると良いのですが、たとえば迷子の鳥を保護したが飼い主が見つからないなど、成り行き上世話をしなくてはならない場合もあるでしょう。世話をしながらじっくり鳥の反応を見て、鳥の個性を生かしながら、第二の家庭を築いてあげたいものです。その場合、病歴や健康状態がわからないので、すでに鳥を飼育している人は、以前から飼育している鳥と一緒の部屋に入れる前に、別室で2週間以上様子を見るか、あらかじめ獣医師に健康診断をしてもらうことをお忘れなく。

●また、鳥自身の問題行動が原因で飼い主が手放すということも、特に大型オウム・インコの場合には往々にして見られます。問題行動の内容にもよりますが、そうした鳥を飼わなければならなくなった場合、経験者や専門の獣医師によるアドバイスを受けることを強くお勧めします。鳥類の行動治療はまだ普及していませんので、安易に飼い始めると問題行動が悪化し、結果として鳥も人間も不幸になるということになりかねないからです。

鳥を迎える準備

実際に鳥を迎える前に、飼育環境や飼育設備をもう一度確認してみましょう

鳥カゴの置き場所を再確認する

鳥の種類が決まったら、実際にペットショップを回ったり知り合いに問い合わせたりしてお迎えする鳥を選ぶのですが、同時に、飼育する環境も整えておきましょう。鳥を選ぶ段階で鳥カゴの置き場所を決めましたが、そこの環境を確認するところから始めます。

1. 鳥カゴのサイズ

繁殖をさせるかさせないかで異なります。繁殖をさせる場合には、一般にさせない場合より大きめのカゴが必要ですし、生まれてきた若鳥を一時入れておくカゴ（追い込みカゴ）を置く場所も必要です。飼育目的に応じた広さがあるかどうか、もう一度確認しましょう。

2. 環境の確認

次に、温度や湿度、日当たり、鳥カゴを置く高さといった環境の確認をします。隙間風が当たる場所や出窓などのような温度変化の大きな場所は、鳥カゴを置くのに適当ではありません。飼育に適した温度は、鳥の種類・年齢・飼育数・飼育目的などによって異なりますが、おおむね17℃から30℃の範囲となります。また、1日の温度差は、できれば3℃以下、大きくても10℃以下に抑えたいものです。特に、1羽飼いのインコ類やカナリアなどねぐらを用いない鳥については、温度差ができるだけ少なくなるよう工夫しましょう。

鳥カゴは、止まり木が人間の目の高さに来る程度の位置に置くのがよいでしょう。鳥カゴを上から覗き込むと鳥を怯えさせてしまいますし、人が鳥を見上げる高さではエサ入れの中身が見えなかったりして世話がしにくいものです。

3. 温度・湿度の管理

鳥カゴを置こうと考えている場所が決まったら、鳥の体が来ると思われる位置に最高最低温度計を置き、温度変化を確認してください。その鳥に適した温度の範囲に収まらなかったり、1日で10℃以上の温度変化があったりするようなら、別の場所を考えるか、温度変化を少なくするための空調や室内温室の利用などを検討してください。

適した湿度は、種類によって異なります。オーストラリアの乾燥地帯原産のセキセイインコやキンカチョウは乾燥した環境を好みますが、熱帯降雨林出身のオウム類はある程度湿度のある方が過ごしやすいようです。ただし、湿度があまりに高いとエサの腐敗が心配です。冷暖房で乾燥しすぎるときは加湿器を用いるとしても、湿度が高い地域原産の鳥は、定期的に水浴びをさせてやれる環境にしておくことを考えておけば良いと思います。

マメルリハインコ
ブルー　オス

主な鳥種と原産地

※番号は左下の表の地点／国番号です

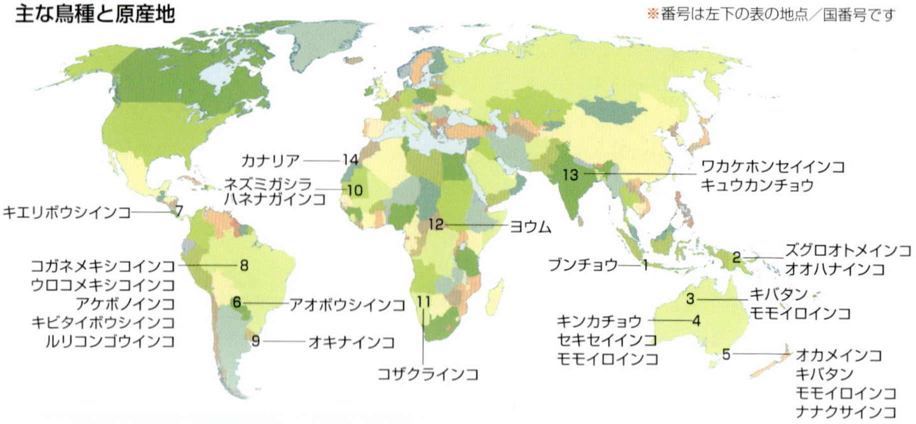

	地点／国あるいは地域	高度(m)	平均気温
1	JAKART／インドネシア	8	27.4
2	MADANG／パプワニューギニア	3	27.0
3	DARWIN／オーストラリア	31	21.0
4	ALICE SPRINGS／オーストラリア	545	21.0
5	SYDNEY／オーストラリア	6	17.9
6	ASUNCION／パラグアイ	101	22.6
7	CHOLUTECA／ホンジュラス	48	28.6
8	MANAUS／ブラジル	72	26.7
9	ROCHA／ウルグアイ	18	16.1
10	DAKAL／セネガル	27	26.5
11	WINDHOEK／ナンビア	1728	18.4
12	BOSSEMBERE／中央アフリカ	673	24.2
13	CALCUTTA／インド	5	27.0
14	LAS PALMAS／スペイン領グラン・カナリア島	23	20.5

『理科年表』(国立天文台編)より抜粋

生息域の平均気温は温度管理の目安になりますが、鳥が実際に生活している環境の気温とは異なる場合が多く、たとえば生息域の高度が高ければ気温は表の数値より下がります。

4. 日照時間の管理

繁殖を考えている場合、種類によっては日照時間が大きく影響します。フィンチ類などの繁殖を考えている場合は、季節の変化に応じて明るさが変化する場所を選ぶ必要があります。もちろん人工照明でもかまいません。その場合、タイマーなどで点灯・消灯を調整できればベストでしょう。

5. 健康・衛生管理

うっかりしがちですが、元気な鳥はエサを散らかしたり水をこぼしたりしますので、鳥カゴの周囲はかなり汚れることを覚悟しなければなりません。インコ類のように換羽が年間を通じて行われる鳥の場合、抜けた羽が散らかりますし、オウム類のように脂粉が多く出る鳥では、カゴの周囲はすぐに白く埃をかぶったように汚れます。鳥カゴとその周囲を、毎日の掃除がしやすいようにしておくことは、鳥と人の健康管理のうえでたいへん重要です。

かかりつけの獣医師を探しておく

人間と同じく、コンパニオンバードでも、病気は早期発見・早期治療を心がけたいものです。病気にかかってしまってから病院を探すのでは間に合いません。近所で、鳥を診察してくれる獣医師をぜひ見つけておきましょう。鳥を購入するペットショップやブリーダーに尋ねれば、教えてもらえるかもしれません。あるいは、インターネットで探してみるのも良いでしょう。近くにない場合には、犬猫専門病院の獣医さんに問い合わせれば、鳥を診てくれる先生を紹介してもらえる場合もあります。

獣医さんが見つかったら、お迎え後できるだけ早い時期に、健康診断をしてもらいましょう。

ズアカハネナガインコ

エサの確保

一昔前は近所のペットショップで買うものと決まっていた飼い鳥ですが、近年では様々な購入先が選択肢に入ってくるようになりました。郊外の大型店舗を見て回ったり、インターネットや雑誌の広告で個人のブリーダーを探したりして、納得がゆくまで選ぶ方も多く、場合によってはかなり遠方からお迎えするケースもあるようです。

お迎えする場合、温度や日照時間などはそれまで飼育されていた環境にできるだけ近づけ、エサも急激に変えないで、少なくとも1ヶ月は同じものを与えるのが原則です。その分のエサは、鳥や飼育器具と一緒に購入しておくのが良いでしょう。ペットショップから買う場合には、多少遠方でもその点は問題ありません。

けれども、個人のブリーダーからお迎えする場合、器具や飼料は買えないこともあり、その場合、器具やエサは別のショップなどから購入することになります。鳥をお迎えする前に準備しておきましょう。

特にエサは重要です。どんなエサを与えていたかを尋ね、できるだけそれと同じものを準備します。メーカー製のペレットなら同じものを購入しておけば良いのですが、シードミックスですと配合の割合などが業者により違いますので、少しでも分けてもらうか、購入先を教えてもらうかすると良いでしょう。野菜やサプリメントなどを与えていたかどうかも確認し、それも、できるだけ同じものをそろえておきます。

看護用ケースの準備

鳥の具合が悪くなったときのために、あらかじめ看護用のケースを準備しておくと安心です。小型・中型の鳥の場合、昆虫などを飼育するためのプラスティックの飼育ケースなら、通院用のキャリーとしても使えます。鳥の大きさに合わせ、やや小さめのものを用意しておきましょう。

大型の鳥の場合、看護の際は鳥カゴ全体をビニールなどで覆う方が良いでしょう。通院用には小型犬用のペットキャリーが使えます。かじっても壊れないような丈夫な材質のものを選んで準備しておいてください。

鳥を飼うために必要なグッズ

鳥を飼うには、住まいとなる鳥カゴなど飼育グッズが必要です
その鳥に適したものを揃えましょう

鳥カゴ(ケージ)

●鳥カゴ※
W370×D405×H440mm
(写真は、小型インコから尾羽の短い中型インコ1羽に必要なサイズ)

ステンレス製はやや高価ですが錆びないためメリット大

止まり木つきの扉が90°開くタイプのケージ。放鳥時の鳥の出入りに無理がなく、手乗りのトレーニング台にも便利

底部分を引きだせるタイプはフンの掃除が楽です

フン切りアミ(底部分)

●ペットショップには国産や外国製の飼育用品が多数並んでいます。鳥カゴはバーゲンセールのものから10万円以上するオウム用カゴまで千差万別です。鳥をお迎えするときには、環境作りにかかる費用も含めて計画を立てておきましょう。

国産の金属製鳥カゴ(ケージ)の値段は、おおむね次のようになりま

- 小(フィンチ・セキセイ1羽飼い用) 2,000円〜4,000円
- 中(フィンチ・セキセイ繁殖、小型インコ) 3,000円〜8,000
- 大(オカメ・中型インコ) 10,000円前後
- オウムカゴ (スチール製、普及品) 15,000円〜25,000円

※ショップによっては初めて鳥を迎える人用に、鳥カゴとエサ、おもちゃなど飼育用品一式をセットにしたスターターキットも用意されています。(写真右上)

両サイドの扉が開きます

●鳥カゴ (小型鳥用)
小型鳥用としてだけでなく、中型鳥のキャリーとしても使えるサイズ。エサの出し入れ口と鳥の出入り口の両サイドが開くものが使いやすいです。

P114〜123 飼育用品撮影協力:こんぱまる

エサが飛び散り
にくいフタつき

オウム用の
アルミ製

ペレットと野菜な
どを分けて入れて
おけます

●エサ入れ・水入れ
鳥カゴに付属品でついてきますが、別売で、より使い勝手の良いものも売られています。エサ入れではフタつきのものが便利ですし、水入れでは水の汚れにくい外づけ式が衛生的です。このほかに、フィンチ類では水浴び用の容器、インコ類ではケージロックを揃えておきましょう。

エサ入れ・水入れ・副食入れ

●外づけ式水入れ
水が汚れないサイフォン式「バナナ水入れ」。

●ケージ・クリップ
副食の野菜をはさむ菜ばさみ。乾燥を防げる水入れつきもあります。

止まり木・スタンド

●自然木の止まり木
（大型鳥用）固定金具つき

止まり木の材質は、脚指を傷めにくい木製がベストです。太さに差のある自然木を用いれば脚指の運動になりますが、野外で採集する場合は、毒性のない枝を、よく消毒して用いましょう。

ネジでしっかり
ケージに固定します

●ケージロッキイ、レバースナップ
くちばしの器用なインコ類には、脱走予防に扉のロックは必需品です。

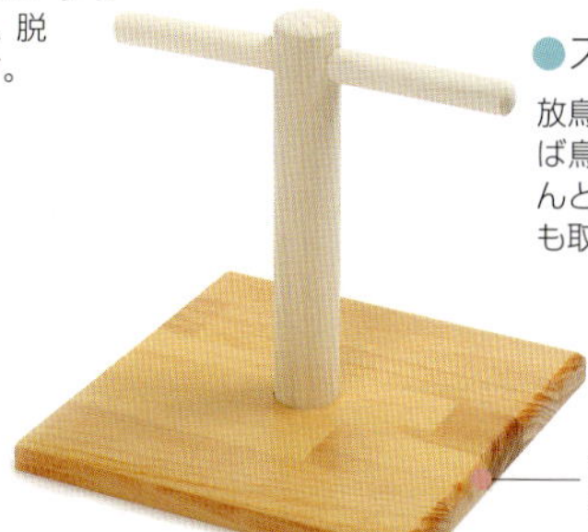

●スタンド
放鳥時の休憩にこれがあれば鳥も落ち着き、飼い主さんとのコミュニケーションも取りやすくなります。

台座が重く、安定感のあ
るものを選びましょう

健康管理グッズ

●日々の健康管理や毎日のケアに必要なグッズは、種類や飼育目的によって異なります。ここでは、一般的に家庭で用いられる器具を紹介します。(6章参照)

デジタルクッキングスケール
左／100g～1kgまで、最小表示1g
右上／最大計量100g、最小表示0.5g
右下／最大計量2kg
タニタ　http://www.tanita.co.jp/products/index.html

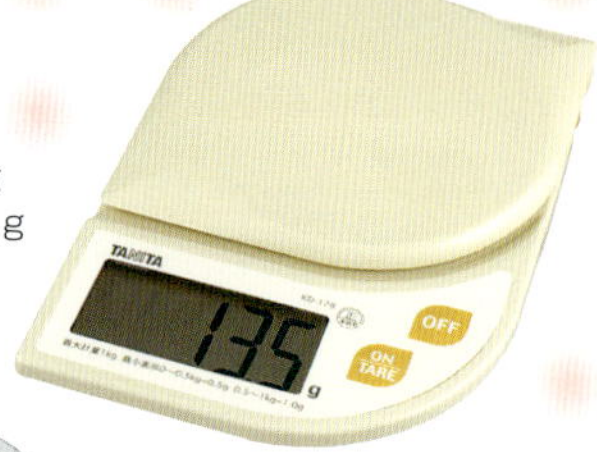

●体重計
鳥専用のものはないので、家庭ではレタースケールやクッキングスケールで体重を量ります。デジタル式のものでは最小表示を変えられるものもあり、鳥の大きさによって使い分けできます。病鳥の家庭看護や挿し餌中のヒナの健康管理に、ぜひ1台準備しておきましょう。
(6章参照)

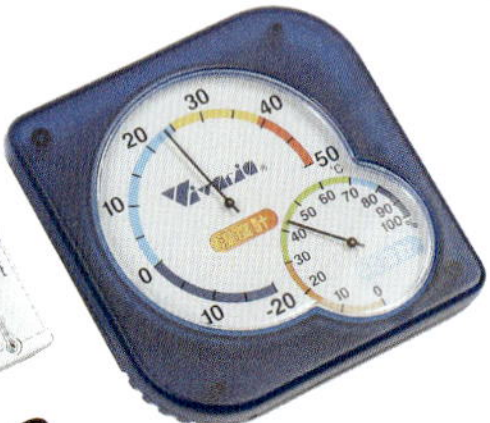

●温度計・湿度計
左／デジタル2点測定　時計機能もついた最高最低温度計
右／ツインメーター(温度・湿度計)

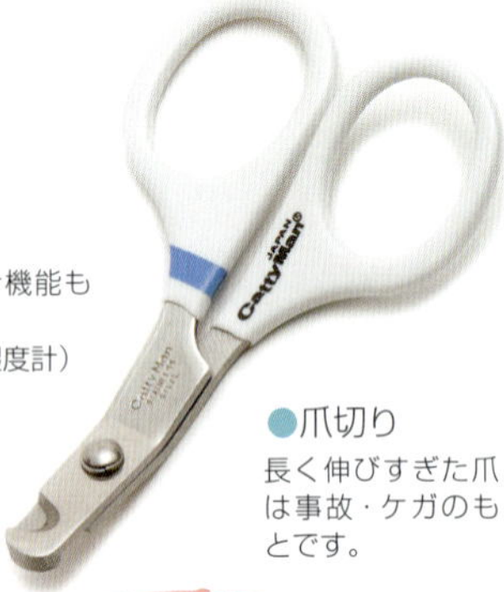

●爪切り
長く伸びすぎた爪は事故・ケガのもとです。

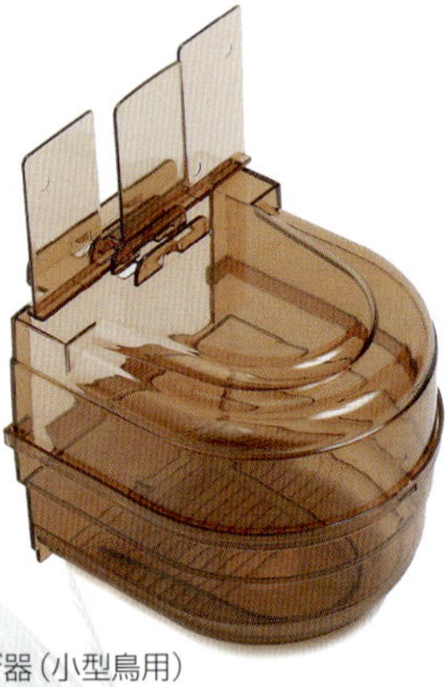

●水浴び器(小型鳥用)
外づけ式の水浴び器を使えば衛生的なだけでなく、鳥カゴのスペースが狭くなりませんし、鳥カゴの中が水びたしになることもありません。

●霧吹き
水浴び代わりのひと吹き、夏場の温度・湿度の調整にひと吹きと、意外に活躍します。

保温グッズ

●「ヒナは梅雨明けまで、成鳥はゴールデンウィークまで」と言われる保温は、空気を汚さない非燃焼式が基本です。（6・9章参照）

●セラミックヒーター

強化ガラスを使用した電球型のセラミックヒーター。サーモスタットと連動させて使用します。

マルカン http://www.marukan.org/

●パネルヒーター

上に水槽を載せるタイプのヒーターは安全性が高いので、長期にわたる保温が必要なときにお勧めです。サーモスタットつきのものが出ています。

トリオ　http://www.triocorp.jp/reptandamp/vivaria_heating_3.html

●遠赤外線ヒーター

体内水分を温めて血行を良くし、体内から温める遠赤外線の保温器具。マイカ（雲母）を使用し旧型より安全・強力になった遠赤外線マイカヒーター(サーモスタット内蔵)

みずよし貿易　http://www.mizuyoshi.co.jp/

●看護ケース

保温に優れ、中の様子も見られるアクリル製ケースは病鳥の看護に欠かせません。

●キャリー

通院やちょっとした外出に欠かせないキャリー。

左／持ち運びしやすいボストンバック型

下／保温性の高いアクリルキャリー

ないと困るもの

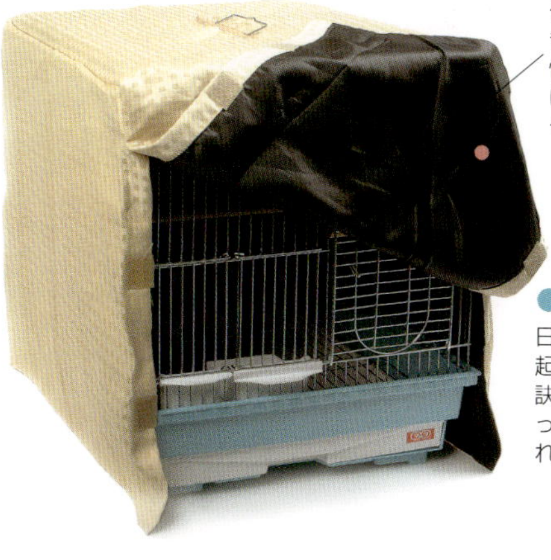

ケージカバーは睡眠のときだけでなく、外出に不慣れな鳥、具合の悪い鳥には動物病院への移動時や待ち時間に役立ちます

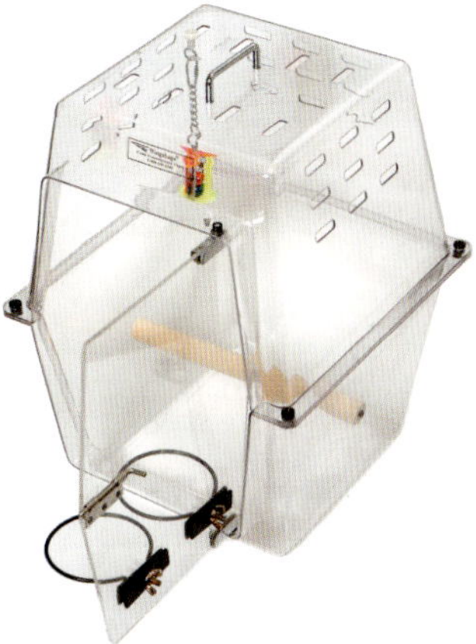

●ケージカバー

日照時間の管理と早寝早起きの習慣は健康の秘訣。ケージの大きさに合った市販のカバーがなければ、是非手作りを！

おもちゃ

自然素材

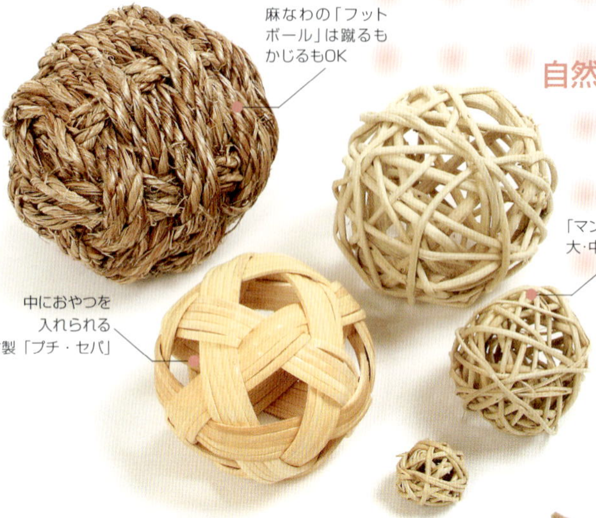

麻なわの「フットボール」は蹴るもかじるもOK
「マンチボール」大·中·小（籐）
中におやつを入れられる竹製「プチ・セパ」

香りも爽やかないぐさの「かじりーず」。つり下げタイプもあり

噛みごたえのある革素材は無着色がベスト。汚れたら洗ってしっかり乾燥を

●インコ目の鳥はたいへん知能が高く、様々な環境に適応して生きてゆく能力を持っています。野生のオウムやインコが人間の作る作物を荒らしたり、原産地ではない環境で繁殖したりするのも、彼らの高い学習能力の表れだと言えるでしょう。飼育下での単調な生活は、彼らの精神に良い影響を与えません。おもちゃは、そうした彼らの生活の質を向上させるのに有効なのです。（7章参照）

天然木の「ねじっておやつ」は、凹みに隠したおやつを探させる脳トレグッズ（固定金具つき）。2つ穴もあり

小さなキューブを籐カゴに入れたり出したり。着色も天然色素だから安心

知育おもちゃ

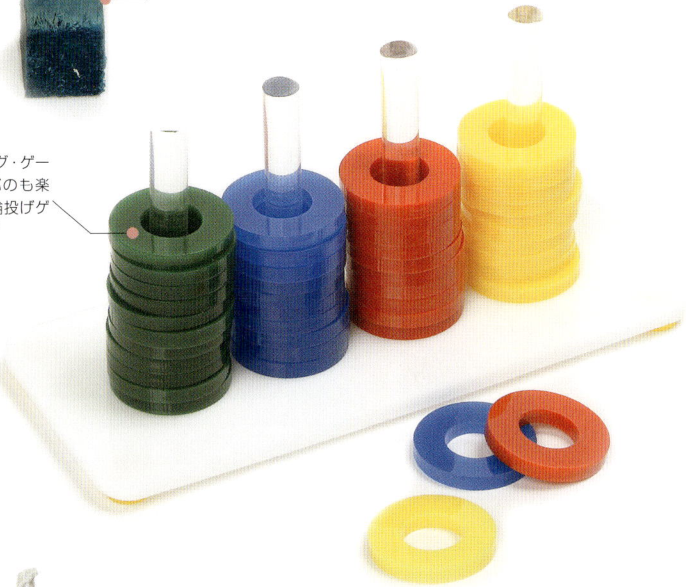

カラフルな「リング・ゲーム」はばらで遊ぶのも楽しい。慣れたら輪投げゲームにチャレンジ

おもちゃのスプーンに慣れておけば、投薬のときにも困らない

●おもちゃには、かじって遊ぶ一般的なおもちゃと、知能発達を促す「知育おもちゃ」とがあります。知育おもちゃには、鳥が工夫しないとエサが手に入らないような、生活の質的向上を目指すものや、数を数えさせたり色や形をあてはめたりさせて知能を刺激するためのものなどがあります。知育おもちゃは鳥が飼い主と一緒に遊ぶ材料、かじるおもちゃは鳥が鳥カゴの中で退屈しないための遊び道具と言えましょう。

カラフルな色と
形が楽しいプラ
スティック製。

プラスティック・アクリル素材

「おしゃぶり」
これさえあれば
誰かさんも
静かになる？

室内につるしておけ
ば、放鳥時のたまり
場にもなりそうな
大型重量級！

●素材は、無着色の自然素材・自然素材に着色したもの・プラスティックやアクリル素材に大別できます。いずれも、鳥がかじって万一飲み込んでも害がない素材であることを確認しましょう。一般的に、かじる力の強い鳥には、プラスティック製のおもちゃよりも、自然素材、あるいは硬いアクリル製のおもちゃのほうが安全です。また、清潔を心がけ、雑菌やカビが繁殖しないよう、定期的に洗って乾燥させましょう。いずれにせよ、おもちゃは消耗品と割り切って、ヒビ割れや傷が見つかったら新しいものと取り換えましょう。

カゴの中につ
るして使う小
型鳥向き

コーン素材

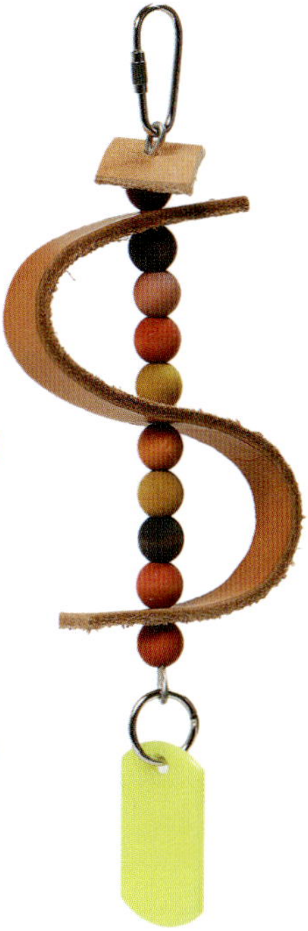

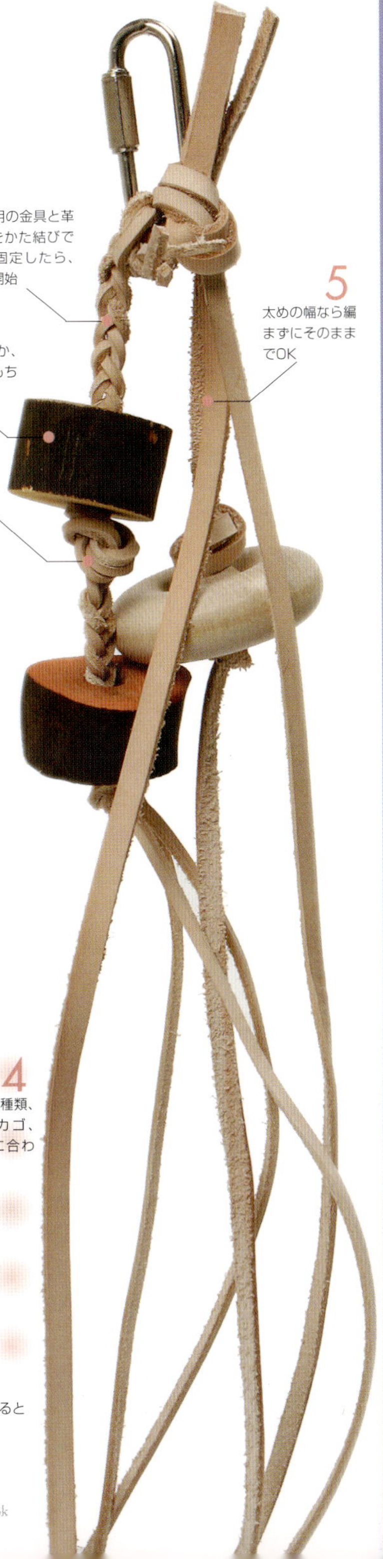

1
つり下げ用の金具と革ひも3本をかた結びでしっかり固定したら、三つ編み開始

2
市販のパーツのほか、壊れてしまったおもちゃの部品も再利用！

3
パーツの上下はかた結びで固定しておくのがコツ

5
太めの幅なら編まずにそのままでOK

オリジナルを手作り！

あっという間に壊されてしまう高価なおもちゃ。残った部品は再利用可能。市販のパーツ·セット、いろいろな形の木片や革、革ひものばら売りと組み合わせれば、バージョンアップしたオリジナルが作れます！

4
パーツの色や種類、長さは、鳥カゴ、鳥の大きさに合わせて調整を！

ポイント：3つ編み部分は鳥の爪が挟まらないようにしっかり編み、一度濡らして締めると安全です

掃除と消毒

お互いの健康と幸福のために、衛生管理の知識と実践は欠かせません

毎日の掃除で衛生管理を

家族の一員として鳥と生活を共にする以上、お互いの健康のため、衛生管理に注意するに越したことはありません。鳥カゴとその周辺は、毎日掃除をしましょう。特に鳥カゴ内にこぼれたエサのかけらを放置しておくと、カビや雑菌が繁殖して不潔ですし、鳥が食べてしまった場合、体調を崩す原因になりかねません。エサ入れや水入れはできれば予備を用意して毎日洗い、自然乾燥させ、清潔を保ちましょう。

鳥と人間の共通感染症は哺乳類同士に比べれば少ないのですが、万が一を考えて、定期的に消毒をしましょう。消毒作業を始める前には、必ず鳥をほかのカゴなどに入れ、別室に移しておきます。

消毒・洗浄の手順

金属以外の消毒
→ 次亜塩素酸ナトリウム

消毒の目的は、鳥や人間に悪影響を及ぼす細菌・ウイルス・真菌を除去することにあります。家庭で行う場合、次亜塩素酸ナトリウムを用いるのが良いでしょう。次亜塩素酸ナトリウムはウイルスや真菌にも効果があるうえ、一般の薬局やスーパーマーケットで家庭用漂白剤として安価に入手できるからです。

ただし、洗浄作用はありませんので、消毒するものは初めに石鹸水や中性洗剤などで洗浄し、よくすすぎます。次に漂白剤を使用説明に従って希釈し、消毒するものを2時間ほど漬け置き、その後流水ですすぎ、乾燥させます。

プラスティック製や陶器製のエサ入れや水入れ、鳥カゴ部品、おもちゃ、木製の止まり木などに用いることができますが、腐食性がありますので、金属部分には用いないでください。また、使用の際には使用上の注意をよく守り、特に酸性の洗剤と混ざらないよう気をつけてください。混ざると、有毒の塩素ガスが発生します。

金属部分の消毒 → エタノール

中性洗剤などで洗浄し充分すすいだ後、消毒用のエタノールスプレーをかけておくと良いでしょう。その後、よく自然乾燥させてエタノールを揮発させます。鳥カゴの周辺も、中性洗剤で清拭した後、エタノールスプレーで消毒しておきましょう。

ドウバネインコ

毎日のフン掃除は、引き出しの大きさに合わせて切った新聞紙を何枚か重ねておき、1日1枚取り除きます。左は見た目もきれいな「めくって清潔シート」(HOEI)

●ミニほうき＆ちり取り
鳥カゴ周りのこまめな掃除には100円ショップで買えるこれが便利。

●スパチュラ
異なる3種類のラインが、乾いて硬くなった各所のフンの掃除に威力を発揮します。

バードルーム

●鳥カゴがだんだん増えてくると、居間では世話しきれなくなってきます。鳥専用の部屋、バードルームが欲しくなってくるのです。鳥の部屋を独立させると温度や日照時間の管理が格段に楽になりますので、鳥と人、双方の健康を考えると、良い選択だろうと思います。また、オウムやインコの叫び声で困っている方は、バードルームの壁に吸音材を張ればかなり解消します。

●哺乳類のコンパニオンとは異なり、鳥類と人間とでは、基本の生活空間を分けた方がうまくゆくことが多いのです。遊ぶときは飼い主がバードルームに行くなり、鳥を飼い主の居住空間に連れてくるなりすれば良いわけです。鳥が１羽ではかわいそうですが、数羽以上の鳥がいて鳥同士仲が悪くなければ、かえって落ち着いて生活してくれます。繁殖させる場合も、バードルームがあれば安心です。

●とは言え、一部屋全部を鳥に明け渡すわけにはゆかないのが現実でしょう。そういう場合には、部屋の中に小さな部屋をつくるというのはどうでしょう。既製の室内用温室を用いれば見かけもきれいですし、病鳥や幼鳥の管理の際にも便利です。また、鳥用のスペースを決めて、そこを防音・吸音ボードで囲えば、夜遅く居間でテレビを見ていても鳥たちを起こさずに済みます。照明器具も別にして日照時間をコントロールすれば、夜更かしのコンパニオンバードにありがちな不規則な産卵も防げます。既製品のピアノ室もありますが、日曜大工で作れば意外に安上がりにできます。

ただし、その場合、温度管理に工夫が必要です。暖房器具は小型の電気製品を使えますが、冷房は別につけるのは難しいので、天井を空けておいて、冷気の流入をふさがないようにします。

●ほかにも、マンションのベランダに既製のサンルームを作りつけ、バードルームにするという方法もあります。その場合、夏には内部が大変高温になりますので、防音・断熱シートと吸音材を貼り、エアコンを取りつける必要があるかもしれません。外から見て美しく仕上げるのは、飼い主の創意工夫の見せどころといったところでしょうか。

壁にグラスウールの吸音板を貼ったバードルーム。とくに大型鳥の鳴き声の防音効果は高く、外気温を遮断する効果もあります。
アコースティアーツ社 http://www.acousty.jp/

ガラス以上の透光性・透紫外線性があり防音性能も高いアクリル室内用温室。写真は465ケージが４つ収容できるサイズです。
ピカコーポレイションhttp://www.picacorp.co.jp/index_j.htm

第5章

飼育管理

コンパニオンバードと一言で言っても、そこには様々な種類の鳥が存在します。それぞれの鳥種によって、生態、習性、生理、食性、適応環境、必要空間、運動要求量の差などが大きく異なるものです。そうしたことを充分理解した上で、年齢や性別、病歴なども含め総合的に考慮し、愛鳥が心身ともに健やかに生活できる環境を作りましょう。

すずき　莉萌

ヤマザキ動物専門学校非常勤講師・社団法人日本愛玩動物協会評議員

鳥にとって良い環境とは

鳥たちの生息環境をヒントに、飼育のポイントをつかみましょう

シルバーブンチョウ

鳥を飼育下に置くということ

鳥を飼うということは、その命をひとつ預かるということにほかなりません。また、鳥と一言で言っても、その種によってそれぞれの本能や習性は異なります。十把一絡げに扱うことは危険でもあり、それは鳥たちに精神的な不幸をもたらすだけでなく、寿命を大きく縮めることにも繋がります。

どの鳥たちも、もとは野生下において広大な自然を背景に、たくさんの仲間たちとともに暮らし、子を育て、自然の循環として組み込まれていた地球を構成する貴重な野生動物の一種です。そのことを飼い主は充分自覚したうえで、鳥の飼育にあたりましょう。

鳥の本能や習性を理解しよう

飼う側、飼われる側、どちらにも生活上の都合があり、人が100％鳥の生活に歩み寄ることができないのは致し方ないことですが、かといって鳥を人間側の暮らしに無理やり合わさせようとするようなことは、飼い主として、してはならないことのひとつです。

たとえば、飼い主が夜型の生活を送っているからといって、夜も鳥を煌々と明るい部屋で飼育するようなことが続いていたらどうでしょうか。鳥は生活のリズムやホルモンバランスを崩し、過大なストレスを受け、病気やケガ、早死の原因となる恐れもあります。

鳥にとって良い環境とは

それでは鳥にとって良い環境とはいかなるものでしょうか。まずイメージすべきは彼らの野生下での暮らしです。飼っている（あるいは飼おうとしている）鳥の生息地域を調べましょう。そしてその土地の年間の温度や湿度といった気候を知ることから、鳥の暮らしぶりを推測してみるのです。そこでその鳥はどんな環境で暮らしているのか、群れをなして渡り鳥として暮らしているのか、それとも、小さなコロニーを持って一定の狭い地域をテリトリーとして暮らしているのか、そこではどんなものが実り、鳥たちは何を食べて暮らしているのか―。

そうしたことに少し目を向けるだけで、飼育のヒントは驚くほどたくさん得られることでしょう。そして、そこから得た知識や情報を身近な鳥の飼育に役立てることで、鳥は今までよりワンランク上の暮らしを手に入れることができ、飼い主もまた、鳥とのコミュニケーションをより深めることができるのです。はずせない飼育のポイントも自ずと見えてくることでしょう。

鳥のなかには上手におしゃべりを覚える

ものもいますが、人間のことばで体調不良や飼育環境に関する不平不満などを飼い主に訴えることはできません。物言わぬ彼らを飼育するということは、人の子どもを育てる以上に難しい一面もあり、世話のかかるものです。時には鳥たちの目線に立ち戻って、温度や湿度に問題はないか、明りや騒音、振動などのトラブルはないか、 捕食者であるほかのペットの脅威にさらされていないか、ケージのサイズは充分かなど、定期的に飼育環境をチェックしましょう。

鳥の住まいについて

1. 禽舎《きんしゃ》

飼育下において鳥がのびのびと暮らすには、禽舎で飼うことが最も望ましいと言えます。舎内に日中、日が差すように東か南に向けて建てます。雨が多く湿気がこもりがちな日本では、天井部の半分を屋根で覆う半露天式の構造が鳥の健康のためにはふさわしいでしょう（このほか天井全体を屋根で覆う屋内式、天井部を網で覆う露天式があります）。

飼う鳥の種類によって、必要な構造や強度は異なりますが、害獣の侵入を防ぐこと、雨風や強い日差しを防ぐ工夫は不可欠です。舎の中に鳥が食べても無害な低木（月桂樹や金柑など）を設置すると、繁殖に役立つだけでなく、鳥のエサになる虫を呼ぶこともでき一石二鳥です。

2. 庭箱

観賞より繁殖に重点をおいて飼育を考えているのであれば、庭箱が良いでしょう。庭箱は木の箱の前面を金網で覆ったもので、鳥が安心して営巣することができます。

3. ケージ

禽舎が作れない場合は、ケージ（鳥カゴ）で飼育することになります。インコ、オウム類には丈夫な金属製のケージを選びます。フィンチ類、キュウカンチョウなどは竹製のカゴで飼育することもありますが、強度や居住空間の広さ、清掃のしやすさを考えると、金属製ケージが適しているとも言えます。飼育用品を設置したうえで、鳥が翼を伸ばし羽ばたくことができるサイズが必要です。

木の箱の前面を金網で覆った
庭箱は営巣向きです

ケージは鳥が両翼を伸ばすことができる横幅と、
尾羽が床に触れない高さが必要です

日々の食餌

人と同様に鳥たちにも、5大栄養素と言われるタンパク質、脂肪、炭水化物、ビタミン、ミネラルのバランス良い食餌が必要です

エサ（主食）の与え方

鳥は1日に体重のおよそ10%量の食物摂取を必要とします。エサを切らすことのないように気をつけたいものです。特にシード類は殻でエサが減っていないように見えることがあるので注意しましょう。

毎日与える食餌は、鳥の種類やライフステージによって異なります。その鳥に合った食餌を考えて与えることが大切です。

●シード

2～3日で食べきれる量をエサ入れに入れます。翌日食べた分の殻を吹いて取り除き、つぎ足しや総入れ替えをせずにエサ入れを戻します。週に一度は総入れ替えをしましょう。

主食

シード（種子混合餌）：一般的に鳥の配合飼料というと、アワ・ヒエ・キビをメインに配合した穀物種子飼料のことをさします。中～大型インコ・オウム向けの配合飼料には、このほかにアサの実、コーン、ヒマワリの種、ソバなどがブレンドされます。鳥たちにも嗜好があるため、栄養の偏りに注意が必要です。

衛生面だけでなく偏食を防ぐためにも、配合飼料は2～3日ほどで食べきれる量を与え、殻は毎日取り除きます。

また、配合飼料だけでは栄養が不足するので、ビタミン、ミネラル、カルシウムといった栄養素を副食で補給する必要があります。

（8章参照）

ペレット（固形飼料）：ペレットは必要な栄養分を考えて作られた人工飼料です。最近では種類も増え購入もしやすくなってきました。総合栄養食であるペレットは、対象の鳥種や年齢によって栄養分が異なります。鳥種に合っていないペレットを与えると、栄養が不足あるいは過剰となる恐れがあるため、対象の鳥種や年齢、成分表示を確認しましょう。輸入製品が多いため消費期限は必ず確認しましょう。

ペレットを100%主食にする場合、基本的にはボレー粉やイカの甲、塩土、サプリメントなどは不要です。副食を与える際にはペレットに含まれる成分との兼ね合いを考えましょう。

●ペレット

鳥種に合わせて栄養成分や粒の大きさの異なるものが売られています。成分表示、消費期限の明記された信頼できるメーカーのものを選びましょう。

ヒインコの仲間は、花蜜食のためほかのインコと食性が大きく異なります（下）。栄養バランスが難しい大型インコはペレットが便利です

いろいろなペレット

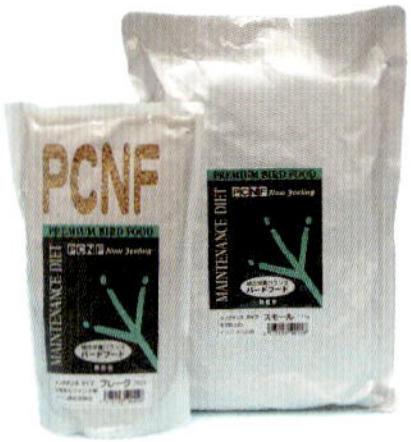

メンテナンス・ダイエット・
フード（ラウディブッシュ社）

鳥種に合わせて、5種類。原料には動物性のタンパク質や脂肪分は含まれていません。無着色・糖類無添加。

エビアン・メンテナンス・ナチュラル・
プレミアム・ダイエット（ズプリーム社）

無着色のナチュラルなペレット。ビタミンE・Cを保存料として配合し、人工的な保存料は添加していません。

ライス・ダイエット
（ラウディブッシュ社）

食物アレルギーが原因と思われる毛引き・自傷行動がみられる鳥のために米とミネラル、ビタミンを原料に開発されたもの。

イグザクト・オリジナル
（ケイティ社）

高温で成形することによって消化率をアップし、食感を良くしています。無着色。鳥の種類に合わせて5種類のペレットがあります。

プレミアム・デイリー・ダイエット
（ラフィーバ社）

ビタミン、ミネラル、クエン酸で栄養素を補い、糖蜜でエネルギーと鳥の好む風味を加えています。

イグザクト・オーガニック
（ケイティ社）

原料・製造行程で化学製品を排除しています。着色料・合成保存料無添加。

処方食

ハリソン バードフード
（ハリソン社）

保存料、着色料、防腐剤、殺虫剤などの添加物を含まない、USDA、OCIA認定オーガニック。動物病院以外での販売は許されていません。

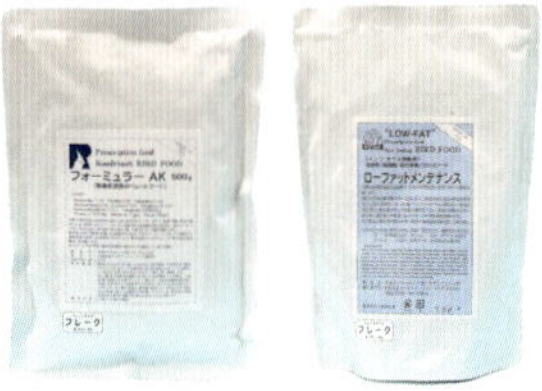

フォーミュラAK（左）
ローファット（右）
（ラウディブッシュ社）

左は腎臓疾患用処方食、右は肥満鳥用。このほか肝疾患用や、PDD（腺胃拡張症）用など様々な処方食があります。

イグザクト L/Cサポート（左）
R/Hサポート（右）（ケイティ社）

L/Cサポートは肥満鳥用、R/Hサポートは肝・腎疾患兼用。リン、Na、Kを制限し、高質で消化しやすいタンパク質、オメガ3脂肪酸、ユッカエキス、可溶化繊維質が入っています。

副食

青菜類：鳥はビタミンCを体内で生成できるため、ビタミンCの補給は不要ですが、カルシウムやビタミンAを摂取するために青菜を与えましょう。コマツナ、チンゲンサイ、トウミョウ、ダイコンの葉、パセリなどがお勧めです。ハクサイやレタスは、嗜好性は高いものの、水分が多く、栄養が足りないこともあるため、おやつ程度に留めましょう。

チンゲンサイ

コマツナ

リーフレタス

レタス

ニンジン

●野菜

緑黄色野菜は、1種類に偏ることなく、新鮮なものを毎日あげましょう。与えてはいけないものは、アボカド、アブラナ科植物の実と花です。

大型鳥の食餌は、「主食を全体の7～8割、副食は3～2割とし、副食のうち7～8割を野菜、3～2割を果物」を目安にしましょう。

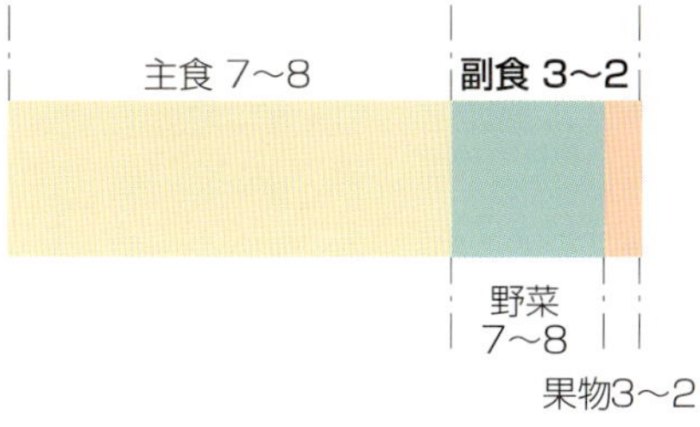

パプリカ

サプリメント

　主食だけでは足りない栄養素をサプリメントなどで補うことができます。とくに殻つき餌（シード食）の場合はビタミンとミネラルをほとんど摂取できないため、サプリメントで補う必要があります。

ボレー粉、カットルボーン、塩土：ボレー粉はカキの殻を砕いたものです。鳥に与える前に塩分や汚れを取り除くために洗浄し、よく乾かしてから与えましょう。洗えば繰り返して使用できます。カルシウムやミネラルの補給に最適です。

　カットルボーンはイカの甲を乾燥させたものです。カルシウムやミネラルの補給に用いましょう。

　塩土は塩、赤土、ボレー粉などを混ぜて固めたものです。塩分やミネラルの補給に用います。手でほぐせる程度の軟らかいものを選びましょう。

●ボレー粉　カルシウム、ミネラル補給に。

●カットルボーン
かじることによってくちばしの状態を整えたり、ストレス解消の効果もあるとされます。

●ミネラルブロック
カルシウム、塩化ナトリウムなど各種ミネラルを固めたもの。

●塩土　塩分、ミネラルの補給に与えます。

その他のおやつ

　コミュニケーションを図りたいときなどには、リンゴなどのフルーツ、ドライフルーツなどをおやつとして与えても良いでしょう。ただし、鳥が喜ぶからといって与えすぎると肥満の原因になります。

オカメインコ、ラブバード、セキセイインコなどの小型鳥は基本的には果物は要りません。大型鳥は果物は食餌全体の1割弱くらいを目安に1日一口程度与えます。

リンゴ

サプリメント：一言でサプリメントと言っても、その成分は様々です。パッケージの成分含有量を確認しましょう。すでに足りている栄養素をサプリメントで重複して与えてしまうと、過剰摂取による副作用も起こりうるため、量には注意が必要です。必ず成分表示と消費期限の記載されたものを選びましょう。これらのものを飲水投与する場合は変質を防ぐため、水入れは直射日光の当たらない場所に設置しましょう。

以下は、殻つき餌（シード食）の鳥に必要なビタミン剤、治療中の鳥に使用されることが多い乳酸菌製剤です。使用にあたっては、獣医師に相談し、用量用法の指示を守って与えましょう。

●ネクトン S
(Günter Enderle NEKTON®-Produkte社)*同様
病気への抵抗力を高め、健康を守る総合ビタミン剤。13種類のビタミン、18種類のアミノ酸、カルシウムや亜鉛、マンガン、ヨウ素などのミネラルを配合。

●ネクトン Bコンプレックス*
鳥の体の新陳代謝を促し、神経障害にも効果のある水溶性ビタミンB群を配合。特に病気時や繁殖期の使用が効果的と言われています。

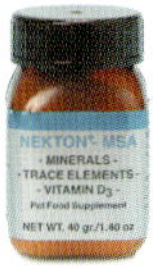

●ネクトン MSA*
カルシウムを中心にミネラルとビタミンD_3を配合。カルシウム欠乏によるクル病や骨軟化症を防ぎ、とくに産卵期の鳥のカルシウム補給に効果的です。

●ネクトン・バイオ*
13種類のビタミン、6種類のミネラル、17種類のアミノ酸を含む粉末状の総合栄養補助食品。特に換羽期や羽毛疾患の際に使用すると効果的です。

●クイコ・バイオ(サンシード社)
換羽期のためのマルチビタミン剤。タンパク質の代謝に欠かせないビタミン・ビオチンのほか、不足しがちなミネラルを配合しています。

●ベネバック・パウダー(ペットエージー社)
鳥類の腸から発見された5種類の有益なバクテリアを原料。腸内環境を整え、ひとり餌への切り替え時や抗生物質治療後、繁殖時などに有効とされます。

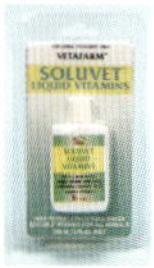

●ソルベット・リキッド・ビタミン
(ベタファーム社)
13種類の水溶性ビタミンとヨウ素を含んだ液体ビタミン剤。飲み水に混ぜるかフードに数滴たらして使用します。

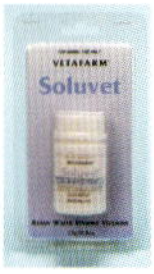

●ソルベット(ベタファーム社)
13種類の水溶性ビタミンを配合。パウダー状なので、飲み水に混ぜるほかフードにふりかけられます。

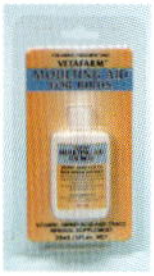

●モルティングエイド・フォー・バード
(ベタファーム社)
換羽期用のサプリメント。換羽期中に飲み水に混ぜ、良い状態の羽毛の発育を促します。

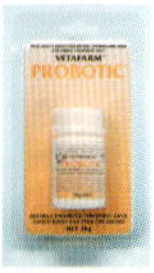

●プロボティック (ベタファーム社)
腸内のバランスを改善する9種類の生きた微生物を配合。感染症、下痢、ストレス時や、抗生物質による治療の後の腸内の細菌環境を快復させます。

●ヘルシービッツ (ケイティ社)
様々なシードをボール状に固めたフード。
※1日の摂取量が食事の50%を超えないように注意しましょう。

●ニュートリ・ミール
(ラフィーバ社)
種子・野菜・果物・ペレットをバー状に固めたもの。朝食・昼食・夕食・就寝前用の4種類があります。

おもちゃにもなるアワホ

運動と放鳥

狭いケージの中で暮らす鳥にとっても飼い主にとっても、放鳥は欠かせない楽しみのひとつ。
事故のないよう充分すぎる気配りを！

心と体の健康維持

飼い鳥の室内放鳥は、狭いケージで暮らす鳥のストレスを軽減し、肥満を防止、飼い主とのコミュニケーションを円滑にし、スキンシップもとれるたいへん有意義な手段のひとつです。適度な運動は、鳥たちの健康を保つうえでも欠かせません。放鳥によるフラストレーション発散の場を与えることで、噛みつき、無駄鳴き、毛引きなどの問題行動の多くを未然に防ぐことも可能です。

クリッピング（羽切り）については賛否両論ありますが、中・小型鳥の場合、落下事故を防ぐためにも、クリッピングは不要です。羽を切って飛べない状態にある大型鳥の場合は、飼い主の腕に止まらせ、その足指をしっかりと保定し、上下に動かすと、鳥は翼を羽ばたかせて運動することができます。

放鳥時の事故に注意

室内における放鳥中の事故は、手乗り鳥の死因のかなり上位であると思われます。安全なはずの室内にも、鳥にとっては思いもよらぬたくさんの危険が潜んでいます。家具と家具の隙間や家具の裏、鳥が口にすると危険な植物や食べ物など、鳥を放鳥する前に、今一度、室内の安全を確認する習慣をつけましょう。

昼行性の鳥たちは、明るい方向に向かって飛びたつ習性があるので、日がさしている窓に激突する事故も少なくありません。窓には必ずカーテンかシェードを下ろしておきます。

また、鳥は高いところを好むため、エアコンやカーテンレールの上、照明器具の上に止まることがよくあります。鳥がホコリなどのゴミを口にすることのないよう、放鳥前にはそうした部分の掃除も行いましょう。鳥が放鳥時に危険な場所へ行かないよう、あらかじめフライトケージとして蚊帳や大きめの布を天井からつるし、部屋全体を覆ってしまうという方法も有効です。

いずれにせよ、室内放鳥中は必ず飼い主がそばで見守ることを習慣づけ、事故を未然に防ぐことが大切です。

室内の危険な場所・もの

室内／鏡・ガラス・浴槽・エアコンと壁の間・家具と壁の隙間

家電製品／電気コード・電気ストーブ・扇風機・換気扇・台所のレンジ

室内のもの／薬品や化粧品・ショウノウ・クレヨン・マーカーペン・マッチ・灯油・接着剤・マニュキア液・香水・化粧品・絵の具・タバコ・人の食べ物

鳥にとって有毒な植物／アマリリス・アゼリア・スイトピー・ラッパ水仙・ポインセチア・アサガオ・カラー・イリス・スズラン・ツゲ・ヒイラギ・ランタナ・キョウチクトウ・シャクナゲ・イチイ・フジ・桜の木（桜の樹皮や葉や小枝）

コミュニケーションの工夫

室内放鳥中に鳥が楽しく遊べるよう、また、余計なもの、危険なものに鳥が気を奪われないよう、鳥たちのためのプレイランドも各種販売されているので、そういったものを利用するのも良いでしょう。放鳥時にはステップアップ（呼びかけに応じて指定の場所にとまらせる訓練のひとつ）の練習をすることも、服従訓練のひとつとして大いに役立ちます。

また、鳥の旺盛な好奇心や探究心を満たすため、放鳥時には少し変わったところにおやつを隠して、食べ物探しの時間を演出してみたり、ゲーム感覚でロープのつり橋やブランコを作って遊ばせてみましょう。鳥のマンネリ化しがちな日常に楽しい変化をもたらすことができます。

ケージに戻す工夫

よく馴れた鳥であれば問題ありませんが、遊びに夢中になって高い場所から戻ってこない鳥もなかにはいます。そんなときはT字型に組んだ自然木のバーを用いると、比較的容易にケージまで連れ戻すことができます。あるいは放鳥はなるべく空腹時に行い、好物のおやつでケージに戻るよう促してみることも効果的です。

◆ケージの外は危険がいっぱい

放鳥時には思わぬ事故が起こることがあります。あるセキセイインコはキッチンに飛んで行ってホウレンソウを茹でている鍋に飛び込み、全身に熱傷を負って動物病院に運び込まれました。また、あるやきもち焼きのキバタンは、飼い主さんが自分を放置したまま電話で楽しげに長話していることが面白くなく、通話中に電話線をいとも簡単に噛み切り感電し、病院に直行したと言います。もっと痛ましい例では、ブンチョウがリビングの床に下りて歩いていたところ、飼い主さん自らの足で踏みつけ、命を奪ってしまったというケースもありました。

ほかにもブンチョウが放鳥時に犬の入ったケージの中に飛びこんでしまい、驚いた犬にとっさに噛みつかれ、命を落としたという話、コザクラインコが放鳥中に行方不明になり、ご主人のスーツのポケットの中で産卵し、卵を温めていたという話や、ご主人の晩酌時になると決まってグラスに飛び込むセキセイインコが、ウィスキーを飲んでしまって急性アルコール中毒に倒れたという話もあります。

注意してもしすぎることはありません。かわいい愛鳥のかけがえのない命を守るためにも、放鳥時には一瞬たりとも鳥から目を離さないであげてください。

季節別飼育管理のポイント

年間をとおした気温の変化と鳥の体のリズムをつかんで、快適な飼育環境を維持しましょう

真夏の暑さ対策・冬場の保温

室内で飼育されている鳥たちもまた、季節の変化を敏感に感じながら、それぞれの生活リズムを持って暮らしています。1年中、温度や湿度の変化のまったくない空調管理が徹底された場所で飼育されることが鳥たちの幸せと言えるかどうかを考えてみてもわかることでしょう。鳥たちの目線に立って、四季の快適な飼育環境を考えてみましょう。

概してコンパニオンバードたちは、人間が快適と感じる温度より、少し高めで暖かいと感じるくらいのほうが過ごしやすいようです。冷房の効いた室内で飼育する場合は、夏でもビニールシートやペットヒーターによる防寒対策が欠かせません。病鳥や羽毛の生えそろっていないヒナは、さらに高温での保温が必要になります。

鳥のしぐさからみる危険信号

★脇を上げ、翼を体から浮かせ気味にしている

→体内に熱が必要以上にこもらないための風通しのポーズ

★くちばしを半開きにし、喘ぐように荒い呼吸をしている

→高温多湿に呼吸が荒くなっている

●これらのポーズを見かけたら、鳥が暑がっている、あるいは湿度に苦しんでいるということです。すぐにケージを涼しい場所へと移し、除湿剤や除湿機で飼育場所の湿気を取り除きましょう。

★羽を全体的にふくらませている

→寒いと感じているときのポーズ

●鳥は体温を高く保つため、羽の間に暖かい空気をはらんで保温をします。部屋の温度が低く寒すぎることはないか、確認しましょう。

季節	月		
春	3月 4月 5月	巣引き	●多くの鳥たちにとって、日本の春は最も過ごしやすい季節です。気温が徐々に上昇してくるこの時期は、新たに鳥を入手するのにも最も適しています。 ●巣引きを考えるのであればこの時期に予定しましょう。春先は日中のうちは暖かくても朝晩は冷え込むことがあるので、急激な温度差には注意が必要です。
夏	6月 7月 8月	換羽期	●換羽の時期に入ります。羽の抜け始めの時期はナーバスになっていることが多いので、刺激しないようにします。新しい羽毛が生えてきたら、いつもより栄養価の高い食餌を与えましょう。 ●飼い鳥の多くの種はほかの動物に比べ、暑さには強い傾向にあると言えますが、昨今の地球の温暖化は深刻な状況にあり、連日の真夏日が続く近年の日本の夏事情を考えると油断は大敵です。直射日光の当たる場所、窓を閉め切った部屋、エアコンの室外機から排出される温風、アスファルトの照り返しなど、飼育する場所の温度が上昇するようなことのないように注意しましょう。 ●エアコンや扇風機による体温低下にも注意が必要です。エアコンや扇風機からの風は鳥の体温を奪う恐れがあります。1日の温度差は3℃程度、大きくても10℃ほどになるよう留意しましょう。特に老鳥やヒナ、病鳥がいる場合は細やかな温度管理を行いましょう。
秋	9月 10月 11月		●秋は春に続いて過ごしやすい季節です。巣引きも可能なシーズンですが、冬場はヒナや巣引きで体力を消耗した親鳥の保温が不可欠になるため、繁殖に関しては春に行うほうが望ましいと言えるでしょう。 ●日光浴の時間は短めにし、防寒対策の行われていない場所にケージを出しっぱなしにするようなことがないよう注意し、冬に向けて早めに防寒対策を心がけましょう。
冬	12月 1月 2月	保温	●ほとんどのコンパニオンバードにとって、日本の冬は寒く、体調を崩しやすいシーズンです。防寒対策は怠りのないようにしましょう。寒さからくる冷えは、万病の元でもあります。特に体力のない幼鳥や老鳥は命にも関わることがあるので、保温には万全を期したいものです。 ●輸入されたばかりの鳥は気候順化されておらず、寒さにも弱いため、冬の間は保温が欠かせません。鳥を室外で飼育している場合、鉄の棒などを止まり木として利用していると、そこから凍傷にかかる恐れがあるため、室外飼育の場合、止まり木は必ず自然木を用いましょう。

清潔な環境を保つ工夫

大型鳥、あるいは鳥を複数羽飼う場合は、脂粉や羽、エサの飛散などが多いので、部屋を常に清潔に保つために様々な工夫が必要です。空気清浄機は空気中の細かいホコリや空気中の有害な微生物を取り除く効果も期待できるため、1台用意すると良いでしょう。

飼い主も鳥も健康に暮らすためには、室内およびケージ内のこまめな換気もたいへん重要です。風の通り道を考えたうえで、ケージのセッティング場所を検討しましょう。

水浴びで疾病予防を

室内で飼育する多くの鳥たちは、、定期的な水浴びが欠かせません。水浴びをしなければ、鳥たちは羽を衛生的に保つことができません。それだけでなく、鳥たちにとって水浴びはフラストレーション解消にもたいへん有効です。水浴びは寄生虫や皮膚病の予防だけでなく、毛引き症や自咬症の予防にもなります。鳥の種にもよりますが、週に2、3回の水浴びを目安に行いましょう。

すべての鳥に言えることですが、水浴びには必ず水を用いましょう。寒いからといって温水を使ってはいけません。温い湯は鳥の羽をコートしている油膜を流し落としてしまい、濡れた体が乾くまでに時間がかかり、体温低下の原因になります。

容器を用いた水浴び

鳥の大きさにあった容器にきれいな水をたっぷり張って水浴びさせます。

スプレーを用いた水浴びの方法

大型インコ・オウム類には園芸用のスプレーボトルに水を入れて使用します。スプレーは鳥にめがけて直接あてるのではなく、鳥の体から少し離れた高い位置に噴水のように噴射し、霧雨のようにして鳥が怖がらないよう配慮します。水が広範囲に飛ぶので、風呂場など周囲が濡れても問題のない場所で行いましょう。

鳥種別飼育管理のポイント

鳥の種類によって異なる飼育の基本とポイントをまとめます

小型フィンチ類

フィンチ類には水浴びを好む個体が多いので、水入れとは別にバードバスを用意しましょう。水入れでも水浴びをしてしまう場合は、1日に2回程度、水を交換します。また、フィンチ類は青菜を好みます。健康のためにも副食としてグリーンを欠かさないようにしましょう。

フィンチ類は繁殖時だけでなく、寝床としてもつぼ巣を利用することがありますが、巣の中が不衛生にならないよう、定期的な清掃が不可欠です。金網ケージで飼育することもできますが、庭箱飼育が適切です。

ブンチョウ

ブンチョウは人にもたいへんよく馴れますが、気の強い個体が多いため、ほかのフィンチ類と同じケージで飼うべきではありません。縄張り意識も高いため、1羽か仲のよいペアでの飼育が望ましいでしょう。

ジュウシマツ

ジュウシマツはコシジロキンパラや近似種を交配して作り出された野生には存在しない鳥です。穏やかな性質のため、複数飼育も問題なく行えますが、人間に対しては臆病な面があります。主餌は4種混合で、ヒエ、アワを好みます。

オーストラリアフィンチ類

スズメ目カエデチョウ科に属するコキンチョウ、キンカチョウ、コモンチョウなどオーストラリア原産のフィンチ類の飼育には庭箱を用いましょう。仲の良いつがいか1羽で飼育します。温度変化には弱いため年間をとおしての温度管理が必要です。これらのフィンチ類を繁殖する場合、仮母としてジュウシマツがよく利用されます。

アフリカフィンチ類

カエデチョウやホウコウチョウ、シマベニスズメなどに代表されるアフリカフィンチ類は、活発で静かな環境を好みます。発情・営巣時には、ミルワームなどの動物性タンパク質を与えましょう。金網ケージで飼育することもできますが、庭箱飼育が適切です。

カナリア

カナリアは分類上、フィンチの仲間に属する鳥ですが、飼い鳥としての歴史が長く、品種も豊富なことからフィンチ類とは分けて扱います。高カロリーの食餌を必要とするため、通常カナリア専用の飼料を与えます。赤カナリアなどの種には、色揚げ剤を用います。オスは素晴らしい美声を聞かせてくれます。巣引きを楽しみたいのであれば、時には仮母として利用されるボーダーカナリアがお勧めです。神経質な一面もあるため、ケージの一部を布で覆うなどして落ち着いた環境で飼育しましょう。ほかのフィンチ類と同じケージで飼うべきではありません。

小型・中型インコ、オウム

小型・中型のインコ・オウム類といっても、鳥の種類によって飼育方法も千差万別です。まず、鳥の原産国、生息地域を調べ、どのような飼育環境や食餌がふさわしいのかを調べる必要があります。

ラブバード

コザクラインコ、ボタンインコなどのラブバードの仲間たちは、小柄ながらも活発で運動量が多いため、セキセイインコなどに比べ、食餌には脂肪分を多く必要とします。また、愛らしい外見とは裏腹に、気の強い個体が多いことも特長のひとつです。くちばしの力も強いうえに、それを使った遊びも好むため、小さな子どものいる家庭には不向きなコンパニオンバードとも言えるでしょう。しかし、ラブバードという愛称からもわかるように、パートナーに対する思い入れはとても深く、飼い主に対しても驚くほどの愛情を注いでくれる魅力的な鳥でもあります。

セキセイインコ、オカメインコ

性格は穏やかでたいへんよく懐《なつ》き、カラーバリエーションも豊富で丈夫なため、どちらも人気のコンパニオンバードとして世界中で不動の地位を築いている鳥です。性格は攻撃的ではないため、同種での複数飼育も可能です。

飼育上の注意としては、体の大きさに対して尾羽が長いため、飼育ケージにはある程度の高さが必要となります。

セキセイインコは丈夫でよく懐く、飼いやすい鳥ではありますが、構いすぎると過発情を起こし、卵巣や精巣の病気を発症することもあります。そのような傾向が見られたときは、発情を抑えるよう、飼育環境の見直しが必要です。

オカメインコは優しい性格ですが、少々、臆病な一面があるため、騒音や振動などのストレスにさらすことのないよう、静かな落ち着ける場所で飼育しましょう。

ロリキートの仲間(ヒインコ類)

ゴシキセイガイインコなど、ヒインコの仲間は、果実食のためほかのインコと食性が大きく異なります。本来、果物や花の蜜を舐《な》めて暮らしているため、完全にシードやペレットのみのエサに切り替えることは不可能と考えるべきかもしれません。毎日、新

性格が穏やかなため同種での複数飼育も可能なセキセイインコ

鮮な野菜や果物をふんだんに与えましょう。

また、その食性からフンは軟便であり、羽毛は頻繁な水浴びが欠かせません。ペレットも販売されているので、それらも併用すると良いでしょう。

コニュア類

メキシコインコなどのコニュア類は、陽気で遊び好きな性質のため、人にもたいへんよく馴れます。しかし甲高く鋭い鳴き声はときに耳障りにもなるため、飼育する場合は、防音対策を考える必要があります。

ピオヌス類

ピオヌス類はアケボノインコ類で中南米原産の中型インコです。比較的静かな鳴き声のため、集合住宅でも飼えるインコとして人気があります。おしゃべりはあまり得意ではありません。寿命は20年以上生きるものも多いようです。食餌には野菜や果物などの副食を多めに与えましょう。寒さには比較的弱く、冬季にはケージの保温が必要です。

パラキート類

クサインコ類やホンセイインコ類、サザナミインコやキソデインコの仲間を総称してパラキートの仲間と呼びます。サザナミインコはカラーバリエーションが豊富なうえ、鳴き声も穏やかで人にもよく馴れます。

ワカケホンセイインコはにぎやかなものの、物真似も上手な種です。アキクサインコなどのクサインコ類も、カラーバリエーションが豊富で、穏やかな性質で飼いやすい種と言えます。

ほかのコンパニオンバードと比較して、パラキートの仲間は飛び方が複雑で素早いため、捕えるには技術が必要なことが飼育上の難点のひとつかもしれません。

大型インコ・オウム

鳥との信頼関係を築こう

大型のオウム・インコ類は力も強く、鳴き声も大きいため、飼育は初心者向けではありません。その鳥の種類や習性をよく調べ、その鳥特有の個性も把握し、鳥との深い信頼関係を築く必要があります。また、大型インコ・オウム類は、たいへん高い知能を有することが各方面で実証されています。

強力な破壊力と何百mも離れたところからも聞こえる耳をつんざくような大きな鳴き声を有し、高い知能をも持つということは、言い換えれば鳥との固い絆を結べなければ、これらの鳥の飼育は現実的には不可能であるとも言えるでしょう。その高い知能ゆえ、一度、鳥との信頼関係が崩壊してしまうと、その先、心を許してもらうことは非常に難しいものです。鳥との友好的な関係を築くためには、時間と忍耐が必要であることも忘れてはいけません。(7章参照)

寿命の長さも考慮のひとつに

大型インコ・オウム類は長命です。平均的には寿命は30～50年といったところですが、なかには100年近く生きる長寿の個体もいます。大型鳥との長い暮らしのうちには、飼い主の病気やケガ、老齢のため飼育が困難になったり、鳥より先に飼い主が死別することもあり得るわけです。いざというときに、これらの鳥の飼育を助けてくれる人は周囲にいるか、お迎えする前にあらかじめ考える必要があります。

防音対策が不可欠

大型のインコやオウムを飼育する際に最も気をつけなくてはいけないポイントは、防音対策ではないでしょうか。夕暮れ時や明け方になると始まる大きな鳴き声は、飼い主だけの問題ではなく、近隣への騒音公害にもなり得ます。こうした大型鳥を飼育する場合は、ケージあるいは鳥を飼育する部屋に防音対策が必要になります。(第4章参照)

アクリルケース

ケージのサイズに合ったアクリルケースをかぶせることで、防音効果および脂粉や羽、エサの飛び散りを防止することができます。ただし、梅雨から夏の間はケース内の温度が高温になりがちで、空気の循環が悪くなり、カビなどが発生しやすい状況を生み出します。日頃からこまめにケースを外し、空気の入れ替えを心がけましょう。

防音パネル

吸音ボードや発砲スチロールボードなどを用いて、飼育ケージの入るサイズの防音室を作ります。ただし、この防音方法はケージ内が暗くなりがちであり、周囲の様子が鳥から見てわからなくなるため、鳥にとってはストレスがかかることになります。鳴き声を上げる一定の時間のみに使用するなどの工夫が必要です。

その他の鳥類

軟食鳥(ソフトビルバード)

メジロ、ソウシチョウ、キュウカンチョウなどの鳥を総称して軟食鳥(ソフトビルバード)と呼びます。その食性によって、虫食性、果食性、蜜食性、雑食性のそれぞれの型に分類できます。これらの鳥は通常、さしこと呼ばれる竹製のカゴで飼育します。

摺《す》り餌《え》の種類は植物性のものと動物性のものの2種類に大別できます。これらを1羽あたり手のひら1枚の大きさの青菜とともに鳥の種類に合った摺り餌を摺り、硬さの調整をして与えます。食性にあった果物や虫などの副食も欠かせません。

キュウカンチョウは雑食性が強いため、ほかの小型の鳥と一緒にしておくと捕食してしまうことがあるため、1羽飼いかペアでの飼育が望ましい鳥です。横の移動を好むため、飼育には横幅のある金属ケージが望ましいでしょう。

猛禽類《もうきんるい》

猛禽類にはワシタカ類とフクロウ類が含まれます。ごく一部の種を除いて、食性はほぼ肉食と言えます。動物食のため、鶏肉や牛肉類をエサとして与えることもできますが、これらだけではビタミン、ミネラルが不足し、栄養が偏りがちです。ときにはマウスやヒヨコなど内臓もついたエサを丸ごと与える必要があります。

ワシタカ類は昼行性ですが、フクロウ類は夜行性です。狭いケージで飼育すると羽を傷めやすいため、木箱で飼育するか、ケージの内側にダンボールなどを貼って羽の損傷を防ぐようにすると良いでしょう。

猛禽類は水浴びを好むことも多いので、特に夏場には水浴び容器を準備します。フンに強い刺激臭もあるため、不衛生にならないよう心がけます。鳴き声も大きいので周囲への配慮も忘れないようにしましょう。

右上/アメリカワシミミズク(掛川花鳥園)

第6章

健康管理

鳥は飼育が非常に難しい種類です。それは、哺乳類と分類学的に大きく異なる生物なので、生活様式や、病気の徴候が大きく異なるからです。しかし、これらはたくさんの勉強と観察によって補うことができます。ここでは、著者が鳥の診療を行っている際に、「もっとこうしてもらえたら病気が防げるだろうな」、あるいは「もっと早く病気を発見してもらえるだろうな」という観点で健康管理の要点をまとめてみました。たくさんある飼育法の一つとして参考にしていただければと思います。

小嶋　篤史

鳥と小動物の病院「リトル・バード」院長

健康状態のチェック・ポイント

病気を早期に発見するために、飼い主さんが自分でできる健康チェックのポイント

鳥はすぐに死んでしまう？

なかには急死する病気もあるし、経過が早いものがあるのも確かです。しかし、多くは何週間も前から調子が悪かったのに気がつかれず、ぎりぎりの状態になって初めて来院します。この原因は大きく分けて二つあります。

1. 鳥は病気を隠す生き物

鳥は弱ってくると「元気なフリ」や「食べフリ」をします。これは、群れから追い落とされないための習性と言われます。

2. 鳥の病気の徴候はわかりづらい

鳥と哺乳類は体の作りが大きく異なるため、病気の徴候も大きく異なります。このため、鳥独特の病気のサインを知識として持っていないと見逃してしまうのです。

鳥の病気を見逃さないために最も重要なことは、人の感覚で見ないこと、そして、鳥の病気のサインを覚えることです。病気のサインさえ覚えてしまえば病気を見逃しません。そして数字にして記録しておけば、だまされることも少なくなります。

計ってみよう！

[体重チェック]

鳥の健康管理のなかで最も大事なことです。鳥は病気を隠す動物ですが、体重をごまかすことはできません。代謝の早い生き物なので、調子を崩すとあっという間に体重が落ちてしまいます。食べフリや食べていても痩せる病気を見つけることも可能です。「嫌がるから」「ストレス」になるからと目を背けているうちに、病気を見逃して後悔しないようにしましょう。

日々計測していれば、その仔が換羽の時期にどれくらいの幅で体重変動しても大丈夫かがわかるほか、体重の増加によって発情や産卵を見つけることもできます。

- 元気な仔でも最低週に1回
- お迎えして2週間は毎朝計測
- 調子がおかしいなと思ったら毎朝計測

必要な物：デジタルクッキングスケール
計り方
①ケースごと鳥を体重計に乗せ、目盛りを0《ゼロ》に合わせます。
②鳥を出すとマイナス表示で体重が表示されます。

●温度と湿度チェック

個体によって最適温度は異なります。また、急激な温度変化は大きなストレスになります。だからといっていつも一定にしていると温度変化のストレスに弱い個体になって

しまいます。適応できる温度の目安を見つけ、なるべく強い仔に育つよう日頃から環境づくりをしましょう。

そして、体調が悪いときはしっかり保温しましょう。湿度も気をつけて見てください。砂漠の鳥と熱帯雨林の鳥では最適湿度が異なります。病状と関わることがあるので注意が必要です。

●**毎日チェック**

必要な物：デジタル最高最低温度計湿度計

[食餌量のチェック]

きちんと食べているかどうかは、食餌量を計量すれば確実にわかります。

●**平常時の食餌量を把握しておく**
●**様子がおかしいなと思ったら毎朝計測**
●**ひとり餌の練習中、ダイエット中、ペレットへの移行中のときも計測**

必要な物：デジタルキッチンスケール
計り方
①朝何ｇと決めてエサを入れます。
②次の日の朝、エサの重さを量ります。殻つきの場合、殻を吹き、周りにこぼしていたら集めてから計量します。副食やペレットも計りましょう。

[飲水量のチェック]

鳥は多飲多尿症になることが多くあります。尿量を計るのは難しいので飲水量を計りましょう。体重の10～20%以内であれば正常なことが多いです。

●**尿量が多いなと思ったら毎朝計測**

必要な物：デジタルキッチンスケール
同じ大きさの水入れ2個
計り方
①朝、水入れに水を満たし、水入れごと計量してからケージの「中」に入れます。
②ケージの「外」にも同量の水を満たした水入れ（できれば同じ間口のもの）を置きます。
③翌朝、ケージの「中」の水入れ、「外」の水入れの重さをそれぞれ量ります。
④1日の飲水量を計算します。

＊野菜・果物なし。水浴びもなし。
＊こぼしたり、飲み水で水浴びしてしまった日はノーカウントです。

計算方法
A：水入れ（中）－ 翌朝水入れ（中）
＝1日の飲水量＋1日の蒸発量
B：水入れ（外）－ 翌朝の水入れ（外）
＝1日の蒸発量
A－B ＝1日の飲水量
（例）A：50g－40g＝10g
B：50g－45g＝5g
A－B＝5g（1日の飲水量は5g）

触ってみよう!

●週に1回

健康診断の日を設けて全身を触ってみましょう!

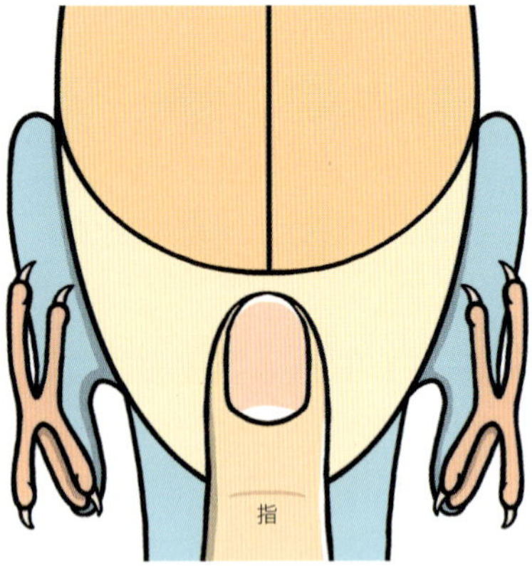

●元気な仔でも最低週に１回触診

●発情している女の仔は毎日触診！

[腹部のチェック]

　鳥はお腹が大きくなる病気がたくさんありますが、羽毛が豊富なため見た目ではなかなかわかりません。体重が増えているから健康だと思っていたら、「お腹の中に腫瘍ができていた!」ということもあります。

　お腹が大きくなる病気としては、肥満、黄色腫、ヘルニア、卵塞、卵蓄、腹水、嚢胞性卵巣、腫瘍などがあります。腹部の触診で発情状態を把握することもできます。

●腹部の触診による発情状態のチェック

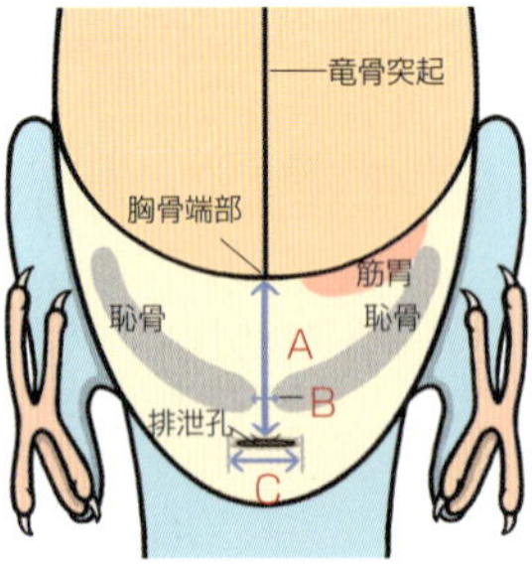

非発情期の腹部

A、B、Cは狭く、セキセイであれば恥骨の間に指が入りません。

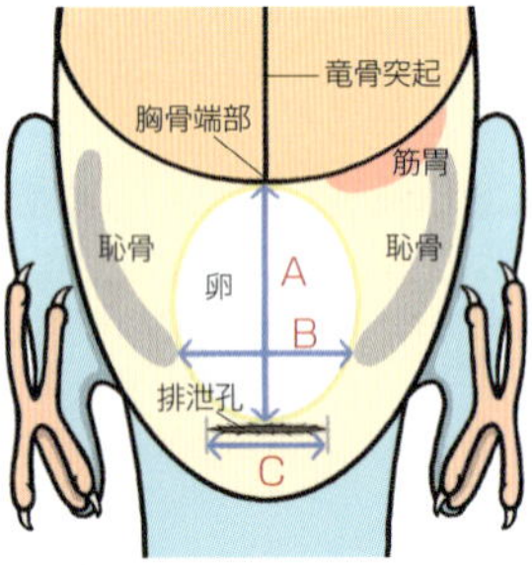

発情期の腹部

A、B、Cが広がります。セキセイであれば恥骨の間に指が入ります。卵があればここに触ります。

お腹が大きくなる病気

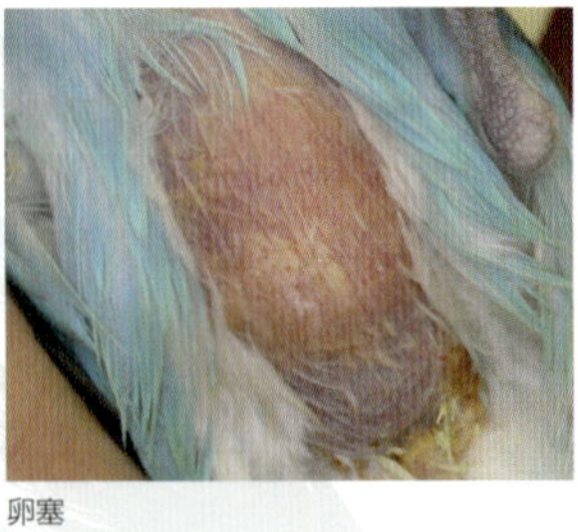

卵塞

ヘルニア＆黄色腫

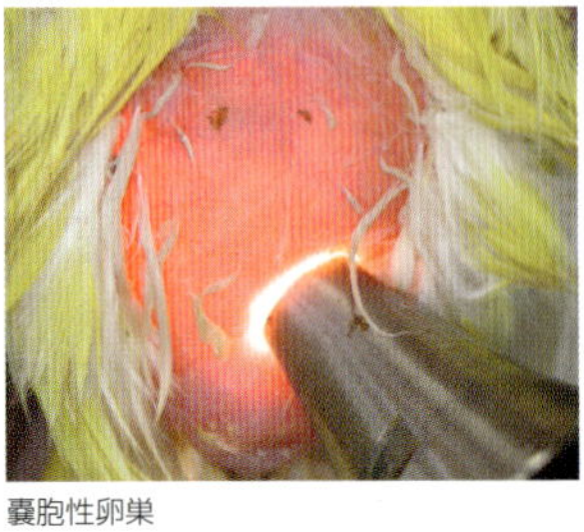

嚢胞性卵巣

[胸筋のチェック]

古来より「シシアテ」と呼ばれ、鷹匠の間で使われてきた鳥の健康チェック法です。鳥は体調が悪いと1日で胸筋が痩せるため、体調の良し悪しがただちにわかります。非常に正確な方法ですが、主観的なため体重測定も併せて実施します。

海外では3〜5段階評価が一般的ですが、当院では6段階評価（BC）です。鳥の種類によって正常な範囲が異なり、BC−2だとセキセイインコやオカメインコでは何らかの疾病状態ですが、ラブバードでは問題がない場合もあります。

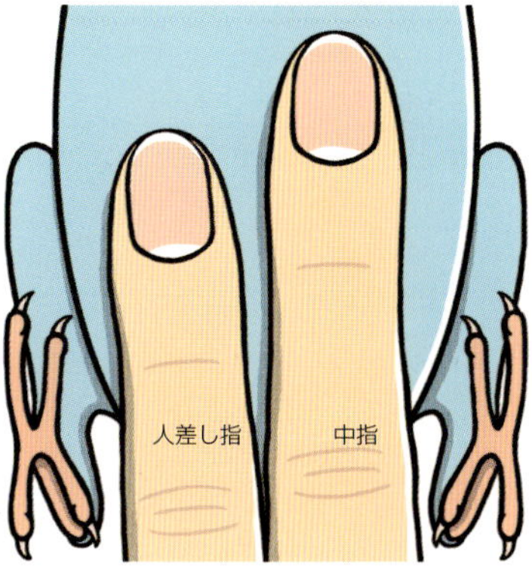

●体重測定のときに一緒に触りましょう！

●胸筋の6段階評価

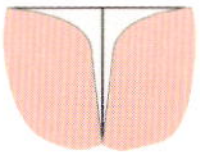

BC +1
「太りすぎ」
セキセイインコ：>40g

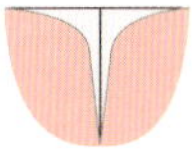

BC 0
「がっちり」
セキセイインコ：40〜35g

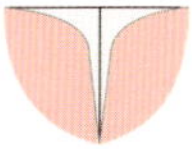

BC −1
「普通」
セキセイインコ：35〜30g

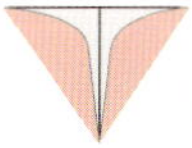

BC −2
「削痩《さくそう》」
セキセイインコ：30〜25g

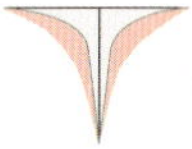

BC −3
「重度削痩」
セキセイインコ：25〜20g

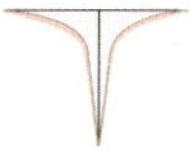

BC −4
「危篤」
セキセイインコ：<20g

体表腫瘤のチェックを！

●鳥は腫瘍が非常にできやすい生き物です。しかし、体表は羽毛に覆われているので外側から見ただけではなかなか腫瘍を発見することはできません。そのうえ犬猫のようにスキンシップを行う飼い主さんは稀なので、哺乳類に比較して腫瘍の発見が遅れがちです。触られるのが嫌いな仔も、少しずつ触っていくことで必ず慣れます。

●小さなストレスを恐れて病気の発見が遅れないように、常日頃から、触る癖をつけ、定期的に体表腫瘤のチェックを行いましょう。羽毛に隠れて見つけづらく、特に腫瘤ができやすい部位は、尾脂腺部、翼端部、腹部、頸部です。

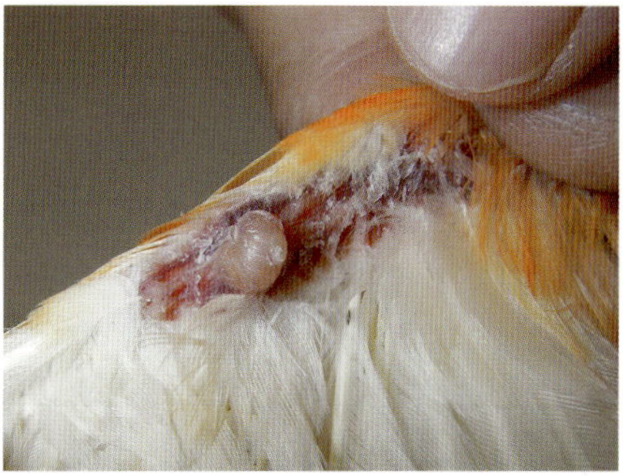

翼端部腫瘤

視てみよう!——外貌症状

●羽毛・体の各部を観察！

[羽の形・色・状態のチェック]

羽軸の変形や血斑：PBFD、BFD、栄養障害、打撲などで起きることがあります。図1

色素沈着：肝不全、栄養不良、脂質代謝異常などで起きます。PBFDでも起きることがあるため注意が必要です。図2

脱色：肝不全、栄養不良、PBFD、甲状腺機能低下などで起きます。

羽質の低下：羽の発育期にストレス（肝不全、栄養不良、感染など）が加わると羽質が低下します。障害があった時期に作られた部分の羽質は低下し、ストレスマークとなって表れます。羽の構造が弱く簡単に磨耗するため、羽の先が煤《すす》けたように黒くなります。図3

[くちばしと爪のチェック]

過長：主に肝不全によるタンパク合成不良によって過長します。くちばしの過長は不正咬合（副鼻腔炎、PBFD、疥癬《かいせん》、事故など）から、爪の過長は止まり木の不適合、藁《わら》巣の使用、疥癬などからも起きます。図4

血斑：肝不全による血液凝固因子の形成不全や、ビタミンK不足、BFDなどによる出血傾向などで見られます。単発であれば打撲による内出血の可能性もあります。

[顔のチェック]

ロウ膜褐色化：メスであれば発情、オスの場合は精巣腫瘍が疑われます。

皮膚の軽石様変化：疥癬による角化亢進《こうしん》で顔の表面がガサガサし、くちばしも変形します。

結膜発赤・鼻汁：結膜炎はまぶたが赤く腫れ、目の周りは涙で濡れます。鼻炎であれば鼻汁で鼻の穴周囲の羽が汚れます。

耳漏《じろう》：細菌性外耳炎であれば分泌液によって耳の周りが濡れます。図5

口角・口腔内のただれ：カンジダ、トリコモナス、細菌、ウイルス、中毒などが原因。図6

顔のベタベタ：嘔吐が疑われます。

[脚のチェック]

結節・痂皮《かひ》：白い結節は痛風、膿（アブセ

図1：羽軸の血斑（PBFD）

図2：色素沈着（肝不全）

図3：ストレスマーク

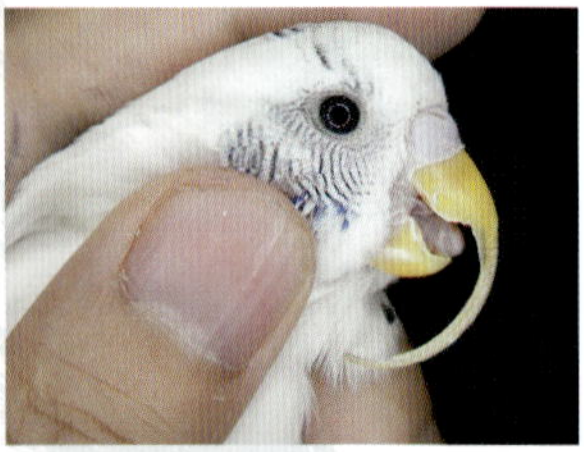

図4：くちばしの過長（肝不全）

図5：耳漏（細菌性外耳炎）

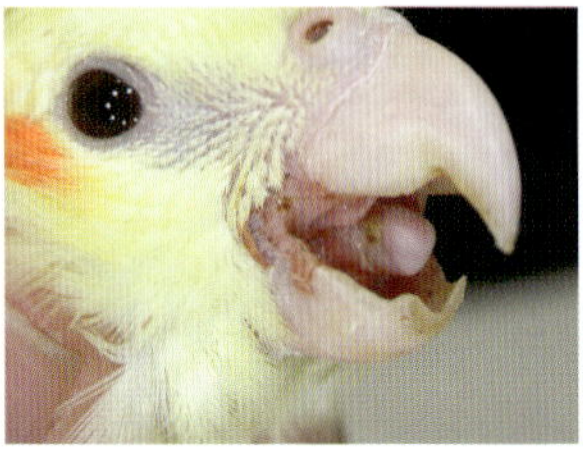

図6：口内炎（カンジダ性）

ス)、羽包嚢腫。黄色い痂皮は皮膚真菌症(黄癬)のことがあります。図7

糸絞扼：糸がからまり絞扼しています。すぐに糸を取らなければいけません。紐や布をケージに入れる場合注意が必要です。

[首のチェック]

首の腫瘤：ブンチョウは胸腺腫がよくできます。図8

[翼のチェック]

自咬：脇の部分を良く自咬します。隠れているので悪化するまで気づかれないことが多いです。

腫瘍：翼端部には腫瘍がよくできます。

ウモウダニ：翼にダニがよくいます。図9

[お腹のチェック]

腹部膨大：腹部膨大には肥満、黄色腫、ヘルニア、卵塞、卵管腫瘍、卵蓄、嚢胞性卵巣疾患、そのほか腫瘍、肝肥大、腹水、便秘などが含まれます。(P146写真参照)

[尾脂腺のチェック]

尾脂腺腫大：尾脂腺が腫れることが頻繁にあります。尾脂腺の腫瘍や膿瘍、角化亢進が原因です。図10

診てみよう!——排泄物

●排泄物の色をチェック

病気は早期発見、早期治療が大事です。鳥は消化器排泄物(便)と腎排泄物(尿、尿酸)を、一つの穴(排泄孔)から混ぜて排泄します。便の色は日々作り換えられる赤血球の廃棄物の影響を強く受けます。人では茶色ですが、鳥では緑色です。病気のときはこの色が変化することがよくあります。

下痢：「下痢をした!」と来院した場合、ほとんどが多尿です。鳥は体の水を大切にするため、下痢をしにくくできています(特に砂漠に住むセキセイインコやオカメインコ)。下痢の場合は便の形が崩れています。図11

多尿：尿が多く、便は筒状で形は崩れません。病的な原因(糖尿病、腎不全、肝不全、心因性多渇症など)と生理的な原因(換羽、産卵、発情、興奮、暑い、果物・野菜の過食など)に分かれ、前者は飲水量が体重の20%以上であることが多いです。図12

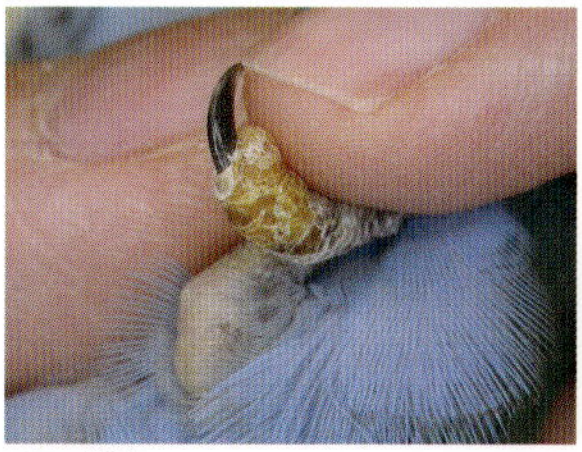

図7：黄癬

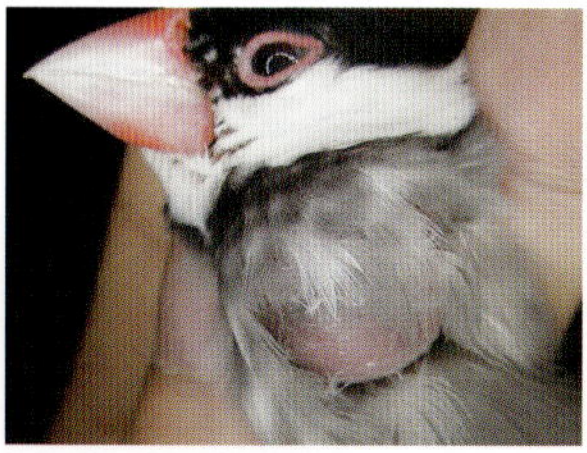

図8：首の腫瘤(胸腺腫)

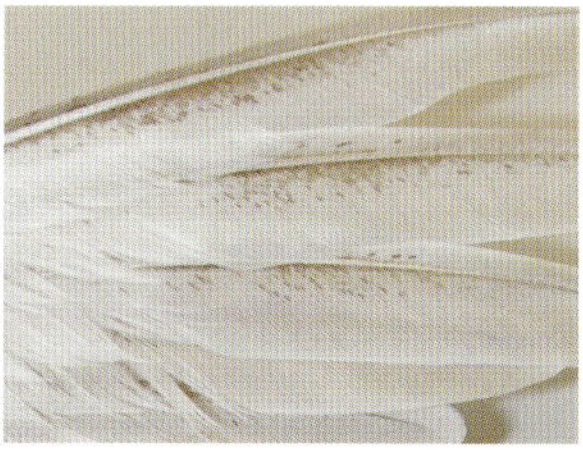

図9：ウモウダニ

図10：尾脂腺の腫大

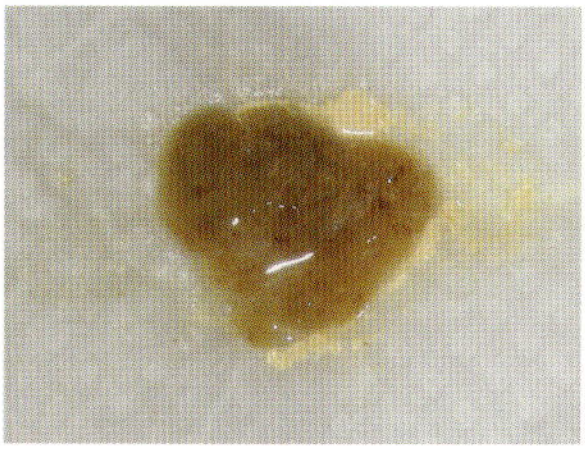

図11：下痢

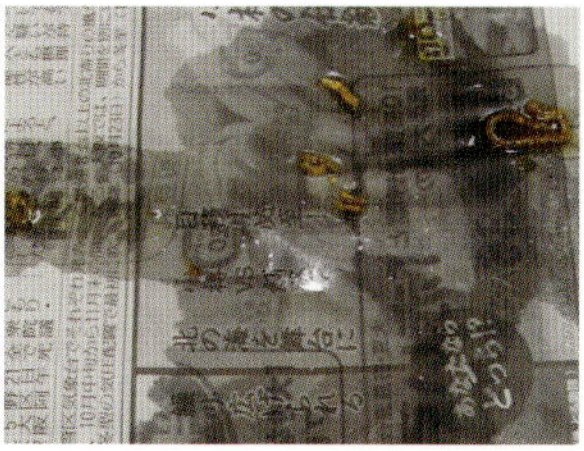

図12：多尿

◆排泄物でわかる いろいろな病気

●便の色でわかる異常

正常な便は、ビリベルジン（緑）と食渣《しょくさ》（褐色）により、緑褐色をしています。なんらかの不調や異常により、便の色は変わります。

緑色下痢便：絶食時に見られます（絶食便）。ビリベルジンと腸粘膜のみが排泄されるため、便は濃緑色となります。

濃緑色便：重度の溶血（鉛中毒など）により、大量に溶出したヘモグロビン（赤）からビリベルジンが生成されて便に排出され、濃緑色になります。

黒色便：胃出血が起きると、ヘモグロビンが胃酸によって塩酸ヘマチン（黒）へと酸化され便は黒くなります。

赤色便：通常、食餌の色（ニンジン、スイカ、赤いペレット）が原因です。

白色便：膵臓から消化酵素が分泌されなくなると（膵外分泌不全）、未消化の澱粉（白）や脂肪（白）が便中に排泄されるため、便は大きく白くなります。

血液の付着：便に血液が付着している場合、総排泄腔出血、排泄孔出血、生殖器出血、腎出血などが原因です。

●便の形でわかる異常

巨大便：発情時のメスの便は巨大になります。営巣時は巣内を汚さないよう排便回数が少なくなるため。総排泄腔の麻痺でも起きることがあります。

粒便：種は筋胃（スナギモ）ですり潰されます。便に粒が混ざる場合、筋胃の異常が考えられます。

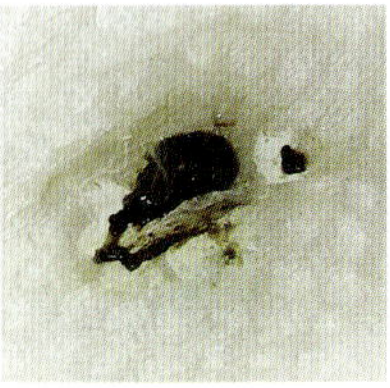
緑色下痢便（絶食便）

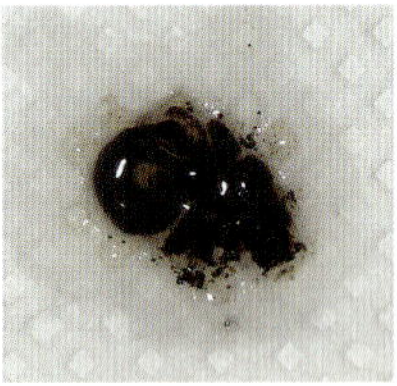
黒色便（胃出血）

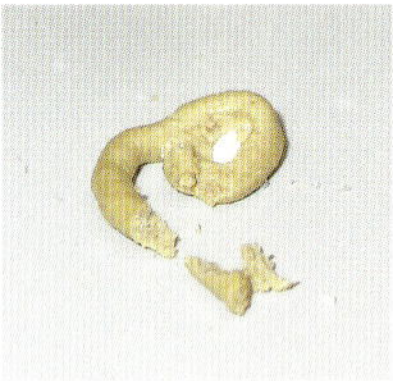
白色便（膵外分泌不全）

粒便（筋胃不全）

●尿酸の色でわかる異常

尿酸の色は通常は白色ですが、溶血（肝前性）や、肝不全（肝性）、胆管閉塞（肝後性）などで色が変化します。

肝前性の変化：溶血や内出血が起きると、ヘモグロビンからビリベルジンが大量に生成されて便中に排泄され、排出し切れなかったビリベルジンは尿酸に沈着して排泄されます。緩徐な場合は黄色、急激な場合は緑色になると考えられています。また、ビリベルジンへの変換能力を超えたヘモグロビンは直接尿酸に沈着して廃棄されるので、尿酸は赤くなります。

肝性・肝後性の変化：ビリベルジンを肝臓が処理し切れなかったり、排泄管である胆管に問題が起きると、ビリベルジンが便に排出できず、尿酸に沈着して排泄されます。緩徐な場合は黄色、急激な場合は緑色になると考えられています。※ヘモグロビンが増えるわけではないので赤くはなりません。

黄色尿酸（肝不全、溶血）

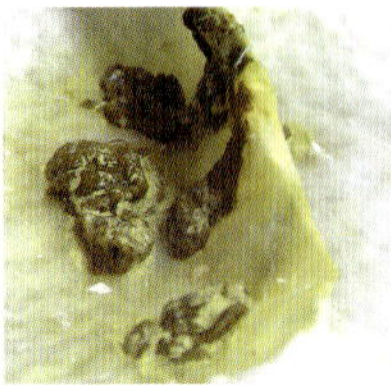
緑色尿酸（肝不全、溶血）

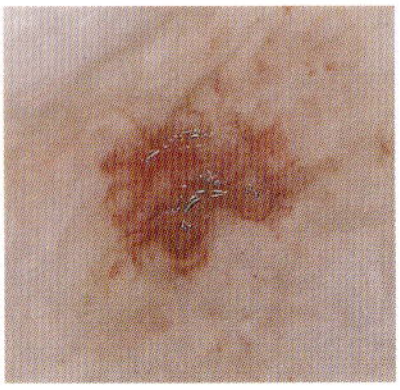
赤色尿酸（溶血）

観てみよう! ──────行動・音

鳥は寒いときや、体調が悪くなると羽を膨らませます(膨羽《ぼうう》)。これは体温の損失を防ごうとするためです。寒くても哺乳類のように震えることはほとんどありません。

反対に暑いときは、体温を逃がすために体を細くし、口を空けて呼吸し(開口呼吸)、脇を空けます(開翼姿勢)。

膨羽：羽を膨らませる→寒い・体調が悪い

開翼姿勢：脇を空ける→暑い

こんな様子にも要注意！

●元気がある？ ない？

鳥の場合、元気があっても病気でないとは言えません。それは病気を隠すからです。しかし、寝てばかりいる(傾眠《けいみん》、嗜《し》眠《みん》)場合には調子が悪いと考えたほうが良いです。

●ちゃんと食べてる？

しきりにエサをつついていても安心してはいけません。食べフリのことがあります。確実に食べているか知るためには、食餌量と体重を計らなければいけません。

●膨羽・傾眠してるけど…？

膨羽して、1日中同じ場所で寝ていても病気でないことがあります。女性ホルモンの影響で、卵を温める動作をしてしまう抱卵行動です。発情中のメスは、食餌中や放鳥時など、放卵場所以外では膨らまないのが特徴です。

●あくび？

首を伸ばしながら、あくびのように口を大きく開けることがあります。副鼻腔から喉にかけて炎症があったり(特に咽頭炎)、エサや鼻水が上顎《うわあご》に張りついているときにします。ただし眠いときにもします。

●嘔吐《おうと》？ 吐出《としゅつ》？

胃から吐き戻した場合を嘔吐、口腔内やそ嚢《のう》から吐き戻した場合を吐出と言います。まき散らしている場合は嘔吐、一箇所に吐き出す場合には吐出のことが多いとされます。何かに向かって吐き出す場合は、発情によるプレゼント行為(発情性吐出)で、問題がないことが多いです。

●くしゃみ？ 咳《せき》？

主に、くしゃみは上部気道の病徴で、咳は下部気道の病徴です。くしゃみは「クシュン」と単発したり、「クシュクシュ…」と口を閉じたまま連発します。1日に数回であれば正常です。飲水時もします。咳は、「ケッケッケッケッ」あるいは「ゲチョゲチョ…」と口を開けてします。むせただけでなければ、念のため病院へ行きましょう。

●脚をあげてる？

骨折、打撲、関節炎、外傷、精巣腫瘍、卵巣腫瘍、骨化過剰症、腎不全、痛風、中毒、発作など様々な原因が考えられます。健康でも体温保持のために脚を上げることがあります。

●呼吸が苦しい？

開口呼吸、全身呼吸、ボビング(尻尾が呼吸と一緒に揺れる)、星見様姿勢(息が苦しくて空を見上げる)などが見られたら呼吸が苦しいサインです。

●呼吸に音が混ざる？

甲状腺腫や気管炎による鳴管への問題が疑われます。

●神経症状？

首が傾く(斜頸《しゃけい》)、趾《ゆび》を握りこむ(ナックリング)、翼を震わせる(振戦《しんせん》)、首を後ろに反らす(後弓反張)、ガクガクする(間代性痙攣《けいれん》)、つっぱる(強直性痙攣)などが見られたら脳神経の異常が疑われます。

看護のポイント

どんなに注意していても病気になってしまうのは仕方がないこと。治療の効果を最大限に上げ、鳥たちを回復させるには、家庭での適切な看護が最大のポイントです

保温

「鳥の看護は保温に始まり、保温に終わる」と言われます。どんな病気でも、温度管理がうまく行かなければ治りません。

[空気を温める]

鳥の内臓は気嚢に包まれているため、吸った空気で温まります。このため、保温は空気を温めることが重要です。接触型の保温器具は羽毛で断熱されるため効果が低く、遠赤外線型も調節が難しくお勧めできません。

[看護の基本温度]

膨羽していたら、まず28～30℃に設定し、暑がっていたら下げていきます。暑がらず、寒がらない温度を見つけ固定します。そして温度と鳥の様子を定期的に観察してください。＊32℃以上は脱水の危険があるので家庭ではお勧めできません。

[看護室の準備]

看護室はプラスチックケースが便利です。アミカゴは空気の流通が良すぎて保温に向かず、暴れたときに羽や脚を痛めることもあります。大きさは、看護鳥の全長の約1.5倍ほどの長さ。大きすぎると動き回りすぎて消耗します。

① 床材（キッチンペーパー）を敷き、エサ入れ、水入れ（半月ボレー入れ）を設置。

＊金具を取り除き、紙テープでくっつけると倒れにくいです。

② エサを床にもまく（まき餌）。

[保温室の準備（サーモスタット使用）]

保温室は有害物質を含まず、熱に強く、観察が容易なガラス水槽がベストです（ガラスのフタも用意します）。

① サーモスタットは爬虫類用の空中用を用意し、センサーを熱源から最も遠いガラス面に、鳥の高さで設置します。最高最低温度計もセンサーの側に設置。

② ヒヨコ電球をブックエンドにかけます。

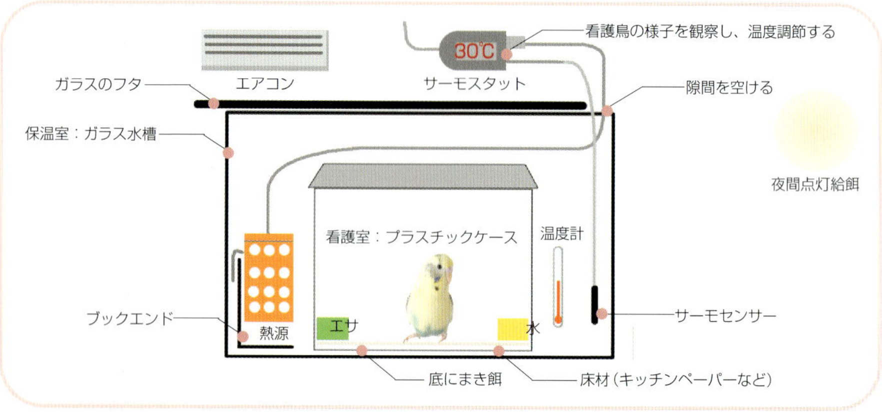

［保温の開始］

① エアコンで室温を一定にします。

② 保温室内に看護室を設置。熱源からプラケースや鳥、センサーはなるべく離し、赤外線が直接当たらないようにします。

③ 隙間を少し空けてフタをします。

④ サーモスタットの目標保温温度を設定し、電源を入れます。

＊ダイヤル式の場合、テープで固定。

⑤ 看護室内の温度が一定になるのを確認、変な臭いが出ていないか確認します。

⑥ 看護室内に鳥を入れ、様子を観察します。看護鳥の様子に従い、温度を調節します。

こんなときは、ちょっと工夫を

●サーモスタットがない…

保温室内に熱源を設置し、温度計を見ながら目標温度となるまでエアコンの温度設定を徐々に上げていきます。

●エアコンがない…

常に温度計を見ながら保温室のフタの隙間の幅を調節し、看護室内の温度を一定に保ちます。

安静

病気のときは安静が何よりの薬です。しかし、鳥は自分では安静にしません。飼い主さんが安心して眠れる環境を整えてあげる必要があります。

［狭い看護室に移す・放鳥はしない］

鳥は楽しそうでも、警戒するスペースが広いとそれだけで消耗します。狭いところに入れるとストレスになると思うかもしれませんが、決してそんなことはありません。

［じっと見たり、声を掛けない］

鳥は飼い主さんに見られると元気なフリをしてしまいます。大好きな仔を見たり、声を掛けたい気持ちもわかりますが、元気になるまで我慢するのも愛情です。

［夜間点灯給餌］

鳥は暗くなると鳥目のためエサがうまく食べられなくなります。そこで、少しでも食餌の時間を多くするため、あるいは夜間に調子が良くなったときにすぐに食べられるように、24時間エサが見えるように明るくします。鳥は明るいところでも熟睡できますので、寝不足にはなりません。

◆欲求不満はストレス？

●ストレスってなに？

体外から有害な因子（ストレッサー）が作用し、防御反応として副腎皮質ホルモン（ステロイド）などが分泌され、全身に一連の反応が起きることを言います。

ステロイドによる悪影響は様々で、胃潰瘍が代表的です。鳥のストレッサーは寒冷、酷暑、乾燥、高湿、疾病、換羽、産卵、低栄養、飢餓、酸欠、出血、外傷、薬剤などによる「身体的ストレス」と、環境変化、保定、輸送、同種間の対立、別離、死別など緊張や恐怖、不安がもたらす「精神的ストレス」があります。

●欲求を抑えるとストレスが溜まる？

欲求不満はストレスにほとんどなりません。たとえば、おもちゃを買ってもらえず泣きわめく子供の胃が痛くなるかと言うと、なりません。逆に、体調が悪いときにはしゃぎすぎると熱を出すことがあり、こちらの方が真のストレスと言えます。欲求不満とストレスを分けずに、「孫っかわいがり」をしていると、かえって鳥に害を及ぼしてしまうことがあるのです。

日々のケア

爪や羽などの体の定期的なケア、鳥たちに必要な水浴びや運動、日光浴などについてまとめます

爪の手入れ

健康状態が良く、止まり木が正常であれば爪は長くなりすぎません。しかし、伸びすぎてしまった場合や、放鳥しているときにカーテンに引っかかるような場合には爪を切りましょう！ 定期的に爪を手入れすることで病気の早期発見にも役立ちます。

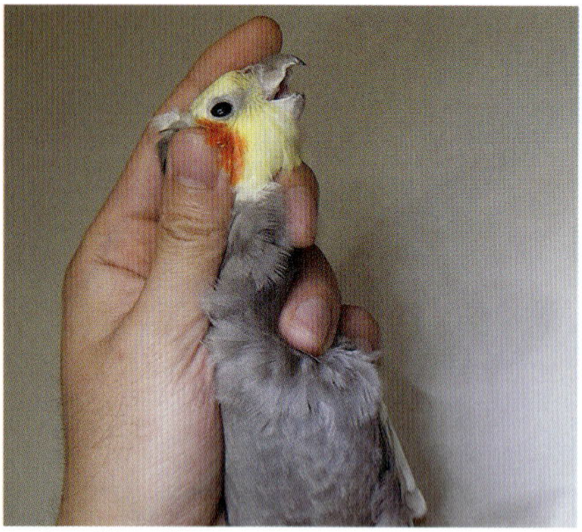

●鳥の持ち方：鳥は抑えてはいけません。手で小さなカゴを作るイメージです。首をしっかり伸ばすことで、脚も自然と伸びます。

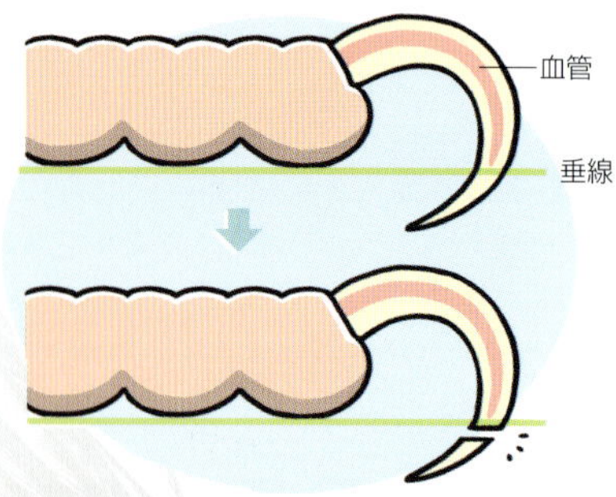

●爪の切り方：趾《ゆび》の垂線で切ります。血が出たらクイックストップ®（止血剤）で止めましょう。線香は危険です。

クリッピング

クリッピング（羽切り）は、原則としてお勧めしていません。なるべく運動してほしいのと、事故が多くなるからです。どうしても必要であれば、風切羽《かざきりばね》の初《しょ》列《れつ》を数枚雨覆《あまおおい》の下で切ります。鳥の種類や個体によって飛ぶ力は違うので、どの程度飛べるかを確認しながら1枚ずつ切り進んで行きましょう。

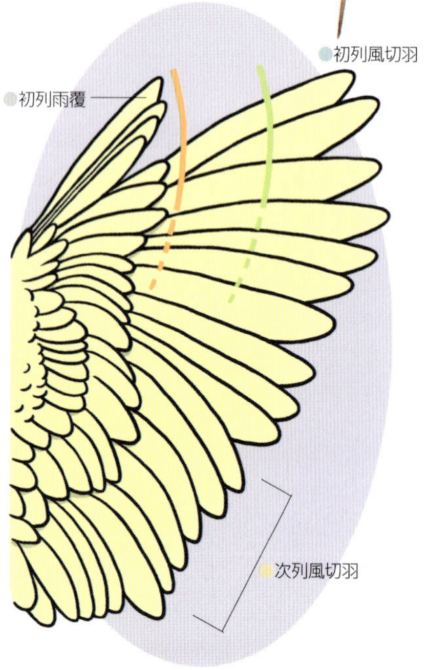

●羽の切り方：初列のみを雨覆の下で1枚ずつ切り落として行きます。

水浴び

水浴びは必ず必要と思われていますが、砂漠に住む種類ではあまり重要ではありません。熱帯雨林の鳥でも、水浴びをさせなくても羽繕《はづくろ》いがきちんとできれば羽のコンディションは整えられます。水浴びで虫が落ちる効果はあまりありません。

とはいえ、鳥にとっては楽しみの一つですから定期的にしてあげましょう。

[注意点]

① 体調の悪いときはさせない

体調が悪くてもしたがりますが、体にとって負担になることが少なからずあります。

② お湯ではしない

羽の脂が抜けるからと言われています。

③ 発情過多の仔では控える

砂漠に住む種類では水浴びできる雨季に発情するからです。

運動

運動不足は様々な問題を起こします。大きなカゴでの飼育や、適度な放鳥は医学的に見ても良いことです。

[注意点]

① 放鳥時は目を放さない

放鳥時、事故に気をつけないと健康増進どころか命取りになることがあります。

② 体調が悪いときは放鳥しない

鳥の筋肉は、運動しなくてもフライト可能な量まで自然に増えます。鳥が痩せるのは病気が原因で、体調が悪いのに運動をさせると、さらに痩せてしまいます。

③ 肥満の場合は注意！

肥満ですでに肝不全や動脈硬化に陥っている個体では、運動が命取りとなることもあります。食餌制限により体重を落としてから運動をさせましょう。

日光浴

日光に含まれるUVBを浴びることで、コレステロールからプロビタミンD_3が作られます。ビタミン剤からのビタミンD_3の摂取は中毒を起こしやすいため、最低必要量に留め、日光浴で体に害の少ないプロビタミンD_3を作ってもらいましょう。

[注意点]

① 1日に15分以上は実施する

② ガラス窓を開ける

UVBはガラスをほとんど通過できません。たとえ曇り空でもガラス窓さえ開けていれば、乱反射によって充分効果が得られます。

③ 室内で日光浴する

外にカゴを置くと、鳥や猫に襲われます。

④ 熱中症に注意！

日光浴中は必ず様子を見ていましょう。

⑤ トゥルーライトの使用

どうしても日光浴ができない場合には、トゥルーライトを使用します。※特定の紫外線が強化された爬虫類用のライトは使用しないでください。

くちばしのケア

●自分でケア

飼い鳥のくちばしは通常ケアする必要がありません（猛禽類は必要です）。咬耗《こうもう》と言って、自分ですり合わせてちょうど良い長さに整えています。神経や血管も通っていますので、咬まれて痛いからと安易に切ると、食欲を落としたり、傷からバイ菌が入ってくちばしが脱落する事故が起きるかもしれません。

●異常が見られた場合

まずは病院で相談を受けてください。くちばしの異常の多くは、内臓疾患によるものです。表面がガサガサしている程度の異常であれば、コンクリートパーチにこすりつけて自分で整えることができます。

鳥をお迎えするときの注意点

鳥をお迎えするときの注意点を獣医師の立場からまとめます

鳥の飼育は犬や猫より明らかに難しいです。我々哺乳類とまったく異なる生物「鳥類」であるため、我々の常識が通じないからです。正しい知識を持っていないと病気にさせたり、病気を見逃したりします。鳥を健康で長生きさせるためには、たくさん勉強しなければいけません。

お迎えの心構え

[弱い生き物であることを覚悟しよう]

鳥は犬猫に比べて安価なため、防疫や予防がほとんどされておらず、たくさん病気を持ったまま売られています。病気の少ない生き物を飼育したい場合、鳥はお勧めできません。弱い生き物であることを念頭に置いたうえで飼い始めましょう。

[良いショップを選ぼう]

①適切な食餌を使用している　②個別管理している　③毎日体重を計っている　④健康診断に積極的なショップは優良と言えます。

[責任をもって鳥を選ぼう]

自分で選び、選んだ責任を持ちましょう。鳥の看護の項を参考に、体重、体形、排泄物、羽、口の中、目、動き、食欲などを確認してください。

[健康診断をしよう]

もともと病気を持っている可能性を少しでも減らすために、ショップにいる間に健康診断を済ませましょう。家にお迎えするとき、大きなストレスが加わり発症することが多いからです。発症前であれば助かる可能性が高まります。最低でも、便、そ嚢、オウム病の検査、種類によっては、PBFD、BFD、PD、抗酸菌などの検査もお勧めします。

ただし、検査は絶対ではありません。病原体は隠れていると検査に引っかからないからです。ショップでの健康診断が直前に済んでいれば、お迎えから1週間くらいで再健診です。済んでいない仔はお迎えしたその足で健康診断をしましょう。

[2週間の検疫期間を設けて隔離する]

すでにほかに鳥を飼っている場合には、2週間を検疫期間として隔離しましょう。最も良い隔離場所は、消毒可能で、換気扇によって部屋が陰圧になる「お風呂場」です。

[新しい環境に少しずつ馴らす]

お迎え直後に体調を崩すのは、環境変化が原因です。まずは環境に慣れさせるのが先決です。知らない場所では、楽しそうに見えてもかなり緊張していて、免疫が下がっています。極力、遊んだり、声を掛けたり、触ったりしないようにしましょう。

そしてすぐにケージに移さないこと。鳥にとって初めてのケージは屋外にいるのとまったく同じです。まずは狭い看護室に入れて周りを覆《おお》い、正前から少し外が見えるようにして外界に少しずつ慣らしていきましょう。

[お迎え直後は安静に]

購入したばかりの鳥は、強いストレス下にあります。病鳥と同じように扱いましょう。保温、体重測定、安静が重要です。

(4章参照)

ヒナを育てるときの注意点

人工育雛についての注意点を獣医師の立場からまとめます

海外では、ひとり餌になっていないヒナの販売は自粛傾向にあるようです。ヒナは非常に弱く、育雛には高度な技術と経験を要するからです。もし、どうしてもヒナを育てたいならばたくさん勉強したうえで、経験者と共に育てましょう!

環境を整えよう

病鳥と同じ設備で、温度は30℃前後に設定します。床はペーパーを1枚敷くだけです。くしゃくしゃにする必要はありません。牧草やチップ、フイゴはやめましょう。アスペルギルスの温床となります。

挿し餌時以外は暗くして、なるべく寝かせます。ひとりでエサをついばみ始めたら少しずつ明るくしましょう。なかには遊ばないと食べない仔もいますが、原則として、挿し餌時期は遊びたがっても、遊ばせないようにします。遊ぶと疲れて体調を崩しがちになるからです。手乗りにするためには挿し餌の際に手に乗せるだけで充分です。

挿し餌

[作り方]

① パウダーフードを用意する

アワ玉は栄養バランスが悪く、カンジダ症にもなりやすいので、あまりお勧めできません。すでにアワ玉に馴れている場合には、アワ玉よりはカビにくいムキアワに変更し、パウダーフードを徐々に加えて馴らしていきます。

② 挿し餌に60℃以下のお湯を注ぐ

60℃以上の熱をかけると、デンプンが糖化して悪玉菌やカビの栄養源となります。

③ 硬さを調節する

幼いヒナほど、軟らかいエサを好みます。しかし、水分過多のエサを与え続けると水中毒になります。これを防ぐためには、硬めであげ始め、食べなければ少しずつ軟らかくして、食べられるギリギリの硬さで与えるようにします。食滞が起きるようであれば軟らかくします。

④ 60℃以下のお湯で湯煎する

湯煎をしながら15分から30分置きます。デンプンの加水分解が進み、消化しやすくなります。

挿し餌は42℃で

[与え方]

① 体重を計る

挿し餌の直前に体重を計ります。

② 42℃で挿し餌する

挿し餌は極力スプーンで与えましょう。与える量は体調と相談です。欲しがるからといって与えすぎると、食滞を起こします。逆に少量過ぎると頻繁にあげなくてはいけません。この辺は経験です。

③ 挿し餌が終わったら体重を計る

1回の挿し餌量をメモしておきましょう。

●挿し餌前の体重－挿し餌後の体重
＝1回の挿し餌量

④ 定期的にそ嚢を触診する

そ嚢内でエサが固まっていないかチェックします。固まっていたら温湯を飲ませて優しく揉みます。そ嚢が空になったら次の挿し餌の時間です。

体重が少ない仔の場合、すぐに挿し餌をしないと体重が落ちるので、夜中でも起こして与えましょう。逆にエサが入ってるのに次の挿し餌を入れると、そ嚢でバイ菌が繁殖します。そ嚢が空になるまでの時間を計っておけば、何g与えると何時間で空になるかわかります。

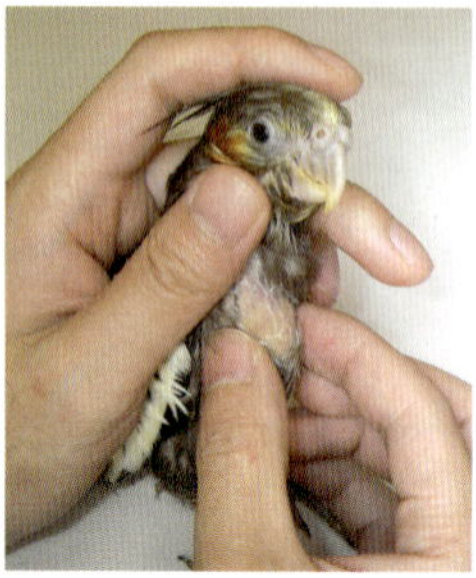

保定し、そ嚢を触診する

⑤ ①～④を繰り返す

1日の最後に、与えた挿し餌の総量を計算しておきましょう。

⑥ 翌朝、体重を計る

朝の体重が基本体重です。基本体重が落ちていなければ合格です。体重が減っている、あるいは目標体重まで増えていない場合には、挿し餌の総量が足りません。回数を増やすか、1回量を増やすか、エサの濃度を濃くしましょう。食滞が起きて思うように与えられない場合は、病院に相談するべきです。

ひとり餌への切り替え

大人の羽が生えきり、ひとり餌をついばみ始めたらひとり餌の訓練を始めましょう。まず、1日の挿し餌量を8～9割に減らします。それでも体重が減らなければさらに減らします。体重が減ったら体重が戻るまで挿し餌を増やします。戻ったらまた挿し餌を減らします。

挿し餌を与えないで体重が維持できたらひとり餌になった証拠です。かつては挿し餌がなかなか切れないと病気になると言われましたが、迷信です。適切な飼料を使えば何年も挿し餌を続けられます。ゆっくり切り替えましょう。

ケージに馴らしてから移す

ひとり餌になってからケージに移動しましょう。それも、最初はケージで短時間遊ばせる程度にして、育雛箱に戻します。数時間、半日、1日と徐々にケージで過ごす時間を長くして行きます。楽しそうにしていても、子供のうちは馴れないところで遊んでいると疲れてしまい、後で免疫が落ちてしまうからです。

第7章
人も鳥も幸せに暮らすための知恵

あなたはコンパニオンバードを迎えるとき、手放すことを考えたことはありますか？
「そんなこと絶対あり得ない」と思うでしょう。そして、誰もが誓います。「コンパニオンバードを迎える以上、どんなことがあっても、最後までお世話する覚悟がある」と。しかし、現実は違います。引き取って欲しいという相談や依頼が、後を絶ちません。
なぜ…??

松本　壮志
TSUBASA代表

鳥の習性と行動

コンパニオンバードの行動心理を理解できれば、問題行動を未然に防げる、
せめて、最小限に抑えられるはず

鳥を手放す最大原因は問題行動

コンパニオンバードは賢く、かわいいし、長生きです。しかもおしゃべりができる鳥も多くいます。伴侶として迎えるには最適だと考えても当然でしょう。しかし、一生お世話するつもりでお迎えしたのに、なぜ手放すことになるのでしょうか？

飼い主さんが悪い!? 鳥の性格が悪い!? 誰のせいでもありません。コンパニオンバードのことを、もっと理解することで、手放すような悲劇を避けることができるのです。

その悲劇となる原因は、いわゆる鳥の「問題行動」です。この「問題行動」も人間側からの言い分であり、鳥からすれば「自然な行動」なのです。

人にはそれぞれ個性があるように、鳥にも個性があります。今から解説することがすべて当てはまるとは断言できません。あくまでも一般論として受け止めて、その中から応用できることを実践していただければ幸いです。

さて、「問題行動」とはどんなことを言うのでしょうか？

- 無駄鳴き
- 噛み癖
- 毛引き

ほかにもいろいろありますが、以上が手放す理由のなかで非常に多い問題行動です。

性成熟の頃に起きやすい

コンパニオンバードを迎えるときに、最初から問題行動がある鳥を迎える方は稀でしょう。多くの方は、ヒナもしくは若い鳥をお迎えしていると思います。

それは、「ヒナから育てないと人に懐かない」という神話（？）が、今でも浸透しているからです。まだまだ多くのペットショップやブリーダーは、販売促進の切り札として、この言葉を使っているのが現実です。また、購入を悩んでいると、こういう囁きが聞こえます。「ヒナは一生のうち今だけ」と。この一言で背中を押され、ヒナを迎えてしまうのです。

たしかにヒナから育てれば懐きます。しかし、手放される鳥のほとんどが、これらヒナから育てられた鳥たちなのです。

とてもかわいいコンパニオンバードと楽しく暮らしているときは、問題行動など考えたことすらないでしょう。ところが、あるときから突然様子が変わってきます。

その時期は個体差がありますが、おおよそ鳥が性成熟した頃です。小型の鳥などは早くて生後1年以内。中、大型の鳥は生後1年から5年くらい。10年以上経ってからという報告もあります。

もちろんすべての鳥が、この性成熟を迎える頃に問題行動を起こすとは限りませ

ん。個体差がとてもあります。問題行動が始まる前に、未然に防いだり、最小限に抑えたりすることも充分可能です。

すでに問題行動が始まって、どうしていいかわからない方も、これから解説することがご参考になれば幸いです。

「対等」の意識で鳥と接する

コンパニオンバードと幸せに暮らすためには、「問題行動」がないほうがいいに決まっています。そのために、ヒナのうちから「しつけ」をしなければならないと、考える飼い主さんは多いと思います。

懐《なつ》き方が似ている犬を例にとると、「おすわり」、「お手」、「おあずけ」、「待て」や、トイレのしつけなどを子犬のうちに教え込みます。コンパニオンバードにも犬のような「しつけ」を試みる方がいます。

できると思いますか？

もちろんコンパニオンバードは賢いのでできるでしょう。しかし、犬に対するような「しつけ」が鳥には最適かというと疑問です。犬は飼い主さんに従うこと、飼い主さんのために働くことが喜びです。

鳥はどうでしょうか？　犬のように主従関係を喜ぶのであれば、犬のしつけの方法は役に立つでしょう。しかし、鳥には主従関係は通用しません。鳥はあくまでも「対等」です。野生の群れの中にボスの鳥がいると思いますか？　鳥同士で主従関係を結んでいると思いますか？

答えは否です。

ほとんどすべての鳥は「対等」です。

当然、人間がお世話していても、飼い主さんはボスでもリーダーでもありません。鳥を自分の配下として従わせようとすれば、たちまち嫌われてしまうでしょう。

鳥と幸せに暮らすには、常に「対等」ということを念頭においてください。そのうえで「しつけ」を教える必要があるのです。

※この章の掲載写真はすべて、2007年現在TSUBASAに保護されている飼い主さんの事情で飼えなくなった鳥、迷子の鳥たちです。

写真提供／TSUBASA

「上からのしつけ」ではなく、対等に教える・褒めて育てる

問題行動が起こってから解決するのではなく、未然に防ぐという意味では、若鳥のうちに教えることは重要です。そのときに気をつけることは「教え方」です。

- ・支配的な教え方
- ・「上から下に」という教え方
- ・ 懲罰を与える教え方

などは絶対してはいけません。

具体的な例として

- ・噛みついたので、大声で怒鳴った
- ・大きな声で鳴いたので、叩いた
- ・エサをばらまいたので、エサ箱を取り除いた etc.

こんなことをしたら、幸せに暮らせるどころか、懐かないし、常に怯え、性格も暗くなってきます。

鳥は基本的に明るい性格で平和主義です。そのすばらしい性格を引き出すことで、愉快で幸せな暮らしができるのではないでしょうか。

鳥と一緒に暮らしていると、いたずらをしたり、騒いだり、噛みついたりといろいろあると思います。「鳥は永遠の2歳児」と言った鳥学者がいます。人間の赤ちゃんだと思ってください。もしかしたら、それ以上の知能と感情が鳥にはあります。

人間の赤ちゃんがいたずらしたり、大声で泣いたりしたとき、叩きますか？ そんなことをしたら虐待ですね。

鳥を明るく、良い子に育てるには、叱ったりするようなマイナス（ネガティブ）なことをしてはいけません。鳥が良いことをしたときに、褒めてあげるようなプラス（ポジティブ）なことをしてください。

つまり、マイナス面（ネガティブ）を強化するのではなく、プラス面（ポジティブ）を強化することを行えば、明るく良い子になります。鳥が悪いことをしたりすると、つい叱ってしまう気持ちもよくわかりますが、まったく意味がないし、どちらかというと信頼関係をなくしてしまう危険があります。

それよりも、その場はじっと我慢して、鳥が良いことしたときに、オーバーアクションですぐ褒めてあげましょう。場合によっては、好物のおやつを使うことも良いでしょう（ただし、あげすぎないように）。ポイントは、良い行動と良い結果を鳥自身が結びつけて理解できるように、「すぐに褒める」ことです。

3大問題行動と言われるハードル

問題解決の糸口は、鳥語とボディランゲージの理解

コンパニオンバードと暮らすなかで大きな問題は、もう飼えなくなるかもしれないという「問題行動」です。

そうなると手放すことを真剣に考えなければなりません。長年、楽しく暮らしてきたのに、突然起こった問題行動のために、家族が悩み、苦しまなければなりません。手放してしまえば、一生心に重荷を背負うことになります。鳥も人も不幸になります。こんなことは絶対に避けたいですね。

どうしたらいいのでしょうか。

実は鳥はあなたをいつも見ているし、話しかけています。「そんなバカな…！？」と思われかもしれません。おしゃべりが得意不得意に関係なく、鳥は大好きな飼い主さんにメッセージを出しています。

それは、鳥語（オウム語）と、ボディランゲージです。鳴くことは、**鳥語で何かを訴えている**のです。

ケージをガタガタ鳴らしたり、体を揺らしたり、目（虹彩）を変化させたりすることは、**体で言葉を発している**のです。

あなたの愛する鳥が、「言葉」を発し、コミュニケーションをとろうとしているのです。

最初は何を意味するかわからないかもしれませんが、「聴く姿勢」を持っていれば、必ずコミュニケーションがとれるようになります。鳥語とボディランゲージを理解することで、多くの問題が解決するでしょう。

1. 無駄鳴き

コンパニオンバードのヒナは、たまらなくかわいい声で鳴きます。ところがヒナから若鳥、そして大人になるにつれて、かわいい声はうるさくなってきます（一部の鳥種を除いて）。

ヒヨコを例にとりましょう。お祭りの露天などで、販売されているヒヨコを見かけると、「ピヨピヨ」と愛らしい声で鳴いています。しかし、親鳥になれば「コケコッコー！！」と時報（？）を告げてくれます（露天で売られているヒヨコはほとんどオスなので）。

インコ、オウムもニワトリと同じような感じです。大人になれば、声も変わるし、大きく鳴きます。自然界ではつがい同士、仲間同士、鳥たちは呼び合って生きているのです。まず、このことを理解し、しっかり受け止めることが大事です。

お迎えする前に、どれくらいの声で鳴くのか、ペットショップや購入先で確認しましょう。バードパークや動物園などに足を運んで、生の鳴き声を体感してみることもお勧めします。インターネットなどで、実際にお世話している方に教えてもらったり、できるだけいろいろな人の話や実際の鳥の声を聞いたりしてから、お迎えしても大丈夫かどうかを検討してください。

もし、迎えてから大人になって、鳴き声が問題でお世話できなくなったら、鳥も飼い主さんも不幸です。**「鳥は大きな声で鳴く」。**これは大前提なのです。

ニワトリの話に戻りますが、オスのニワトリが早朝、「コケコッコー！！」と気持ちよく雄叫びをしているのを見て、微笑ましく思えるような環境はすばらしいと思いませんか？コンパニオンバードも「大きな声で鳴く」ことが、健康のバロメータかもしれません。気持ちよく鳴かせて、温かく見守れる環境作

りはとても重要だと思います。

「だったら鳥は飼えない！！」

そうかもしれません。でも、本当に鳥の幸せを考えるのでしたら、環境が整うまで待つことも大事です。しかし、もうすでに飼っている方は、これから述べることを理解し、実践してみてはいかがでしょうか。効果があるかどうかは、その鳥の個性などにもよりますが、私たちが実践したこと、ご相談があった飼い主さんに実践してもらった結果は、とても効果を上げています。

鳴くには理由《わけ》がある

まず、鳥が鳴くことは、必ず意味があります。鳥は無意味に鳴いたりはしません。「雄叫び」のような鳴き方もありますが、ほとんどが飼い主さんとの関係において鳴くことが多いのです。例えば、

飼い主さんが隣の部屋に行って、姿が見えなくなったときに鳴く。

これは飼い主さんがいることがわかっている場合です。出勤などで完全に家からいなくなると「呼び鳴き」はしません。飼い主さんが電話で親しそうに話しているときなども、自分に振り向いてほしくて鳴きます。鳴くことすべてが、飼い主さんとのコミュニケーションを図るための手段なのです。

つまり、鳥たちは「オウム語」で会話を試みています。それに対して飼い主さんがその「オウム語」を理解して行動しなければ、鳴き声の問題は解消しません。

鳴き声を小さくするために、防音のためのケージや部屋を用意しても逆効果です。たしかに人間側からすれば、鳴き声が小さくなりますが、鳥はいくら鳴いても、飼い主さんが反応しないので、さらに大きな声を出そうとします。

その場限りの対策は、かえって問題を大きくすることに繋がるでしょう。

では、どうしたらいいのでしょうか？

本当に理由があって呼ばれたらそれは問題ありません。そばに行って呼ばれた理由を解決してあげましょう。

しかし、飼い主さんに**そばにいてほしいだけで呼ばれたら**大変です（でも、自然界におけるペアの鳥は四六時中一緒です）。対処の方法は、難しいかもしれませんが、**できるだけ無視してください。**鳥も鳴き続けるかもしれません（そうなっても良いような環境づくりが大事です）。しかし、鳴き続けると必ずどこかで鳴き止みます。このときにすかさず鳥のそばに近寄って、オーバーアクションで褒めてください。

鳴きやんだら、すかさず褒める。

これを根気よく続けると、鳥は「おとなしくしていると、大好きな飼い主さんが来てくれる」ということを学びます。

また、「ギャアギャア」ではなく、人の言葉もしくは人の言葉に近いことをしゃべったら、同じように近寄って褒めてください。そのうち、人の言葉をしゃべると、大好きな飼い主さんが来てくれるということを学習し、おしゃべりが上達するかもしれません。

2. 噛み癖

ある日突然噛みついた。
しかも甘噛みではなく、本気噛みで。

飼い主さんからすれば、痛いのはもちろんのこと、本気で噛みつかれたことで大きなショックを受けてしまうでしょう。そして、また噛まれるのではないかと不安になる…。

こうなったら、ケージから出せない、触れない、遊ぶこともできなくなってしまいます。また、飼い主さん以外の人に対して、突然襲ってきて噛みつくということもあります。

ヒナのときに人間に育てられた鳥は、兄弟や仲間を知らないので、喧嘩や遊び方がわかりません。当然のことながら、噛まれたときの痛さを知る由もありません。

鳥は最初、大好きな飼い主さんに「何かの拍子で」噛みついてしまうのです。そのとき、人間のほうが痛さや驚きで大きなリアクションをとると、鳥は「ウケた」と思ってしまいます。鳥は飼い主さんが喜んでくれたと勘違いし、また、噛みついて「ウケ」ようと思い、行動がエスカレートしてしまうのです。

このような「ウケ」を狙った噛み方は、手に乗ってから一呼吸おいて「ガブッ」、というようなケースが多いです。

これに対して、「攻撃や防御による噛み方」は、ケージを開けた瞬間や、触ろうとしたときなどに瞬発的に起こります。

もうひとつ別のケースがあります。噛まれ

たときのことを冷静に思い出してください。もしかしたら、隣にいる人に声を掛けられて振り向いたときや、電話で友人と親しく話しているときなど、ほかのことに気をとられていたときではなかったでしょうか。

これは、あきらかに「自分だけを見て！」という嫉妬心の表れの噛み方です。鳥とコミュニケーションをとるときは、できるだけ鳥に集中してあげてください。

また、鳥はとてもヤキモチ焼きです。鳥にとってライバル関係にある人間（または鳥）にヤキモチを焼きます。たとえば、鳥が伴侶と思っているのが奥さんであれば、夫はライバルです。

その夫に対し、なんらかの拍子で噛みついたときに、前述のような反応を示してしまうと、この場合、鳥は自分のほうが強いと考えます。こうなると鳥のほうが有利なので、攻撃的になり、場合によっては、その夫のところまで追い掛け（飛びついて）、本気噛みすることも珍しくありません。

改善の秘訣はノーリアクション

まず、「ウケ」を狙った噛み癖を改善するには、飼い主さんのリアクションをなくすことが大事です。「そんなこと言ったって、噛まれたら痛いでしょ！？」

その通りです。痛いことをわざわざしたくないし、痛くない素振りなんてできないですね。

この場合、できれば革手袋をご用意ください。いろいろ試した結果、革手袋に

噛み癖のある鳥には「革手袋」着用を

対して鳥は人間の素手のように接してくれることがわかりました。軍手などは、「手」という認識から程遠く、怖がったり、さらに強く噛みついたりして効果がありませんでした。革手袋はホームセンターなどで簡単に入手できます。

早速、革手袋着用で接してみましょう。今まで噛みついていた鳥でしたら、最初は噛んでくるでしょう(もし、革手袋を怖がる場合は、そばに置いて「見る」ことから馴らしてください)。まだ痛いときは、軍手をしてから革手袋を着用すれば痛みは軽減します。痛みによるリアクションがないように準備することが重要です。

飼い主さんが痛がらなければ、**「噛んでもウケない」**ことを鳥は学習します。

それでも噛むようであれば、そっけなくケージに戻してください。そして、また次の日に出してあげる→また噛む→ケージに戻す――この繰り返しを事務的に行うことで、鳥は学習します。**「噛んでもつまんない」**と。

そして、噛まないときは、オーバーアクションで褒めてあげて、できるだけ長くケージの外へ出してあげてください。鳥は頭が良いです。このトレーニングで、噛まないほうが楽しいと覚えてくるのです。噛み方が甘噛みになったら、革手袋は卒業です！

嫉妬・独占欲への対処法

さて、次は突然襲ってきたりする「恐い鳥」の対策。こういう状態の鳥のほとんどが「大好きな飼い主さんを守る」あるいは「嫉妬」です。これは革手袋では解消できません。下手に手を出すと、「対決」することになります。まずは**「敵」ではないことをわかってもらう**ことです。

そもそも、どうして「敵」になってしまうのでしょうか？ よくある事例が、大好きな飼い主さんが専業主婦で、夫は朝出勤したら夜まで帰宅しないケースです。飼い主さんと鳥の二人だけの生活時間が長いと、遅い時間に帰宅する夫は、「侵入者」であり「敵」と思われてしまうのかもしれません。

この場合は、「敵」ではなく「味方」であることを認識してもらいましょう。

対策としては、

- 食餌や大好きなおやつは「敵」(この場合は夫)があげる
- 爪切りなどの嫌な役目は絶対しない
- 大好きな飼い主さんと仲良くしているところを見せる(夫婦喧嘩は犬も食わないですが、鳥は噛みつきます。ヤキモチをやかせない程度にさりげなく)
- 無理強いをしない

もちろん、鳥を「優しい眼差しで見守ること」が最大のポイントです。敵対心を持った鳥は、「敵」の態度を鋭く観察しています。**優しい眼差しや言葉**はとても重要です。時間がかかるかもしれませんが、気長に接してあげてください。

3. 毛引き

自ら「羽をかじる」「羽を抜く」などの行為を総称して「毛引き」と言います。

でも、この行為は病気ではありません。毛引きをしているからといって、悲観したり、愛鳥を隠したりすることは、かえって事態を悪化させる場合があります。

毛引きが進行すると、今度は自分の皮膚を噛み、血だらけになったりする鳥もいます。この行為を「自咬症《じこうしょう》」といいます。ここまでくると、しっかりした鳥専門の医療機関で治療をされることをお勧めします。

健康診断で原因を特定する

それでは毛引きはどうして起こるのでしょうか。考えられる主な原因は、**皮膚・内臓疾患、食餌、ストレス、発情**です。原因を探る場合、効果的な方法は「消去法」です。まずは、健康診断を受けましょう。

皮膚・内臓疾患は、専門の獣医さんに診察していただき、問題なければ、これら疾患の疑いはなくなります。

健康診断で違う病気が発見され、早期治療につながることもありますので、毛引きに関係なく、健康診断を定期的に受けましょう。

さて、次は食餌です。**栄養素が偏った食餌**は、毛引きの原因につながります。特に脂肪分の多い食餌は、運動量の少ない飼い鳥の体のあちこちに脂肪をつけます。太腿や胸、お腹まわりの羽を抜き始めたら、食餌が原因かもしれません。

まずは、今与えている食餌内容を見直しましょう。バラエティに富んだ、栄養バランスの良い食餌を与えましょう。ヒマワリの種などは大好物ですが、とても脂肪分が高いので、おやつ以外は控えた方が良いと思います。ほかにも、ナッツ類、カナリーシード、アサの実なども、できるだけ控えましょう。（これら高脂肪の食餌は、発情を促進するとも言われています）

ストレスがなければ毛引きしないと思わ

れているかもしれません。しかし、自然界において鳥たちは、生きるか死ぬかという危険に常に晒《さら》されています。ところが、これだけ大きなストレスがあるのに、自然界で毛引きの鳥は見たことがありません。

飼い鳥だからこそ起こるストレスが、毛引きの原因になってしまうのです。例えば

- 大好きな飼い主さんといる時間が少ない
- 遊んでもらえない（ケージから出してもらえない）
- 毎日が単調な繰り返し
- 嫌いな（恐い）人、鳥（動物）がいる
- 環境が悪い（騒音、臭い、日当たりなど）
- 不規則な生活

などです。

では、これらをすべて改善すれば毛引きが治るかというと、否です。

自然界を想像してみてください。あそこまで極端ではありませんが、飼い鳥にも多少の緊張感（良い意味でのストレス）が必要なのです。

日々の生活のなかで、この良い意味での緊張感を与える例をあげます。

- ケージ、食器の位置を変える
- おもちゃをこまめに交換する
- 愛鳥と外出する
- 水浴びさせる
- 音楽、TVを鑑賞させる

というように、緊張を与えつつも、鳥に合わせた規則的な生活（単調という意味ではありません）が必要ではないかと思います。

発情

発情が原因の毛引きも多いです。問題行動の多くの原因は性成熟における発情です。このことについては、次項で詳しくご説明します。

性成熟に伴う問題行動

発情は本能。けれど過剰な発情は、鳥にも飼い主にも不幸です

すべての問題行動と言われる原因の大半は「発情」です。鳥は成長すれば必ず発情します。それが自然です。しかし、その発情に伴う顕著な行動に対して、飼い主さんは驚いたり、困ったりするわけです。その顕著な行動とはどんなことでしょうか？

交尾行動

手のひらにお尻をこすりつける。これは、大好きな飼い主さんを相手に交尾、もしくはマスターベーションをしている行動です。

たぶん、飼い主さんは愛鳥を優しく手のひらで包んであげたり、撫でたりしていると思います。その手に対して交尾したいという衝動に駆られるのかもしれません。この行為をほうっておくと射精します。

飼い主さんは、このときどう対処するか。満足させるために射精まで見守るか、それとも途中で中断させるか…。

どちらも悩むところだと思います。いつも完結することを学ばせると、手に乗るとすぐ交尾行動を始めるようになり、その行為を止めさせることはたいへんです。

もし、止めさせたい、もしくは減らしたいときは、その行動を始めたら、速やかにケージに戻すか、手から降ろすなどしてください。

吐き戻し

大好きな飼い主さんに、自分が食べたおいしい食餌を、プレゼントしてくれる行為です。ありがたいですが、ちょっと困ってしまいますね。

吐き戻しをするときは、いきなり「ゲッー！！」と吐きません。観察していると、首や頭を揺らし、いかにもそ嚢から食餌を上にのぼらせている様子がわかります。

このような場合は間違いなく吐き戻しですので、そのような様子を始めたら、気をそらすためにケージに戻したり、別の遊びに誘うなどの違う行動をとってください。

産卵

これも自然な現象です。無事産卵したら、お赤飯でも出してあげたい気分です。しかし、産卵するということはたいへんな労力です。死と隣り合わせと言っても過言ではありません。産卵することはすばらしいことで

すが、最小限に抑えたいものです。万が一、卵詰まりにでもなったら、最悪死亡してしまいます。

過発情《かはつじょう》を抑える工夫

発情そのものは決して悪いことではありません。できるだけ頻繁に起こらないような工夫が必要です。

おもちゃ：ケージの中に、鳥の形をしたおもちゃや鏡などを入れると、それらが「恋人」になる可能性が高いです。そのおもちゃや物が、「遊び相手」なのか「恋人」なのかをよく観察してください。「こんな物が！？」という物に発情する場合もあります。「恋人」であれば、取り除きましょう。

温度、湿度：これらも発情を促進する原因になります。日本では通常、春と秋に発情する鳥が多いです。しかし、1年中、部屋の中がポカポカで春の陽気のような環境ですと、年中発情してしまうことがあります。

日照時間：睡眠時間が短いことも発情を促進すると言われています。もし、発情が始まったら、外が暗くなったら寝かせ、明るくなったら起こすというような、できるだけ自然界に近い生活を目指しましょう。

鳥にとって年中発情するということは、とても体力を消耗するし、健康上お勧めできません。（9章参照）

ヒナや若鳥、病鳥、老鳥でなければ、獣医さんと相談しながら、たくましく育ててあげるほうが望ましいでしょう。

撫ですぎない：発情すると鳥たちは、「恋人」と選んだ飼い主さんに、べったり甘えてきます。そうではない人には攻撃的になることが多いので、気をつけてください。

べったり甘えてこられればとてもかわいいので、つい撫でてしまいますね。これがメスの場合、交尾されていると勘違いしてしまうのです。オスは大好きな飼い主さんが撫でてくれる手に交尾しようとします。

もし、発情を抑えたいのでしたら、このような行動を鳥が始めたら、すぐ気をそらしたり、ケージに戻してください。

なお、発情期ではないから大丈夫といって、撫でたりすると、時期でなくても発情しますから、気をつけてください。

「鳥流」と「私流」の愛し方

もし、問題行動で悩んだら、「鳥たちは自然界ではどうなの？」と問うことが解決の第一歩に繋がります。

鳥はあなたのことが嫌いではありません。愛しているのです。

ただ、その愛し方が「鳥流」なのです。そして、時間がたてば鳥も本当の意味で「大人」になり、問題行動はなくなります。

それまでは、絶対手放さないでくださいね。あきらめず、愛情を持っていればきっと、お互いが理解し合い、幸せな暮らしが再びやってくると信じています！

TSUBASA

どの子も　かつて
どこかで　誰かの「愛鳥」でした
ここTSUBASAでは
いま　170羽の鳥たちが
暮らしています——

◆よくあるご質問

「この鳥は、どんな性格？」
「ヨウムは皆おしゃべり？」
「アケボノインコはおとなしいというのは、本当ですか？」

このような質問は相変わらず多いです。私が知っている鳥をご紹介します。

- 無口なヨウム
- ラテン系の「ノリ」がないボウシインコ
- 大人しいシロハラインコ
- 雄叫びをしない白色オウムのオス
- うるさいアケボノインコ

鳥種によっては、多少傾向はあるかもしれませんが、「この種類は○○だ」ということは断定できません。人間と同じように、鳥もそれぞれ性格が違います。

先入観を捨てて、その鳥の性格をよく観察しましょう。そして、その個性のなかですばらしいところを見つけ出し、褒めて伸ばしてあげましょう。

「1羽では寂しそうなので、お嫁（お婿）さんが欲しい」
「違う種類の鳥を迎えたい」

これらのご質問も多いですね。

たしかに、インコ、オウム類は自然界では集団で生活します。1羽だけでは心細く、家で留守番するのはかわいそうな感じがします。

しかし、新たにお嫁さんやお婿さん、または違う種類の鳥を迎えたからといって解決できるかと言えば、疑問です。

もちろん、うまくペアになり、仲睦まじく暮らすことができればすばらしいです。ところが今までいる鳥からすれば、変な生き物が隣に来た（自分が鳥だと認識していない）、もしくは、ライバルが増えたと思っているかもしれません。特にライバルと認識すると、嫉妬心から問題行動に発展することもあります。

1羽飼いが良いのか、多数羽飼いが良いのか、飼い主さんは悩むところだと思います。けれど、1羽飼いだから寂しい、多数羽飼いなら寂しくないとは、けして言いきれないのです。

人に育てられた鳥は、自分が人間の群れの一員として認識しています。1羽飼いでも、多数羽飼いでも、寂しくないような工夫をしてあげましょう。例として

- おもちゃ箱を用意し、いろいろなおもちゃを入れて、自分で好きに選べるようにしておく
- TVを見せたり、ラジオを聞かせる
- 鳥の映像を見せる　etc.

余談ですが、留守の間鳥がどんな行動をしているか、ビデオで録画したことがあります。隠し撮りです。食餌をしているわけでもなく、おもちゃで遊んでいるわけでもなく、じっとしていました。

もしかすると、寂しいのは鳥ではなくあなたなのでは??

仕事を一刻も早く終らせて、愛鳥の元へ帰ってあげましょう!!

第8章
栄養と食餌

鳥たちを飼育していくうえで、どのような食餌を与えたら良いのかと悩まれている方も多いと思います。医食同源とも言われ、食餌は病気や寿命に大きく関わってきます。ここでは、「栄養学の基礎」として、鳥たちの食餌の考え方、そしてどのような栄養が必要か、栄養の過不足があるとどのような病気が起こりうるのかについて説明していきたいと思います。

海老沢　和荘
横浜小鳥の病院院長

本章は「コンパニオンバード6号」（2006年10月発行）に収録された原稿に一部追加して掲載しています。

飼い鳥の食餌の考え方

野生での食性、既知データからの推測、栄養要求量の科学的算定、鳥種ごとの違い、経験則、嗜好性の6点を考慮して、飼い鳥たちのより良い食生活について考えます

飼育書や雑誌、インターネット、個人間の情報交換など、鳥の食餌についてのいろいろな情報が飛び交っています。ではどの情報が一番正しいのでしょうか？　誰が最も鳥の食餌についてわかっているのでしょうか？

その答えは、実はないのです。鳥たちは生き物です。足し算や引き算に明確な答えがあるのとは違います。いろいろな意味で、どの情報も、誰が言っていることも正しくもあり、また間違いもあるのです。

それは人の食事を見てもらえればわかると思います。国や地域どころか、各家庭によって食べている物が異なります。これは間違っているのでしょうか？　いいえ、正しくもあり、そして間違いもあるでしょう。私たちは、自らの責任において食事を取っているのです。

しかし鳥たちは違います。自らの責任において食餌を取るということはできません。鳥たちは、飼い主に与えられた物のなかからしか選ぶことができないのです。では鳥たちの食餌については、誰が責任を持つのでしょうか？ ペットショップの店員でしょうか？ 飼育書を書いた人でしょうか？ いいえ、違います。これは当然飼い主である皆さんです。インターネットに書いてあるからと鵜呑みにしたり、売っているから安心と思ったりしてはいけません。皆さんが得られた情報に対して、理論的に正しいのか、そうでないのかを区別する知識をつけ、鳥たちのより良い食餌を考えていかなければならないのです。

それではどのように鳥たちの食餌を考えていけば良いのでしょうか。

飼い鳥の食餌を考えるうえで基本となることが6つあります。飼い鳥と言っても多数の種類があり、すべて同じ食餌というわけではありません。それぞれの鳥種に対して、次の6つの事項を念頭におきながら考えなければなりません。

野生での食性を参考にする　1

鳥の食餌を考えるときの第1段階は、まず野生での食性を知ることです。飼い鳥のほとんどがオウム目かスズメ目であり、多くの種が飼育されています。この種の違いというのは、実はかなりの違いがあります。動物の分類学では、目、科、属、種（亜種）の順に分類されています。

たとえばセキセイインコであれば、「オウム目、インコ科、セキセイインコ属、セキセイインコ」となります。キバタンは、「オウム目、オウム科、オウム属、キバタン」となります。この2羽を比べてみると住んでいるところは同じでも、実は科から異なる違う種類の鳥ということになります。これは食肉目で言えば、イヌ科とネコ科があるのと同じくらい違うのです。

つまり鳥は、種によってそれぞれ異なった食性を持っており、これを踏まえたうえで食餌は何を与えれば良いのかを考えなければならないということです。鳥の食性の分類には次のようなものがあります。**（表1）**

飼い鳥の食性には、大きく分けて穀食性、果食性、蜜食性、雑食性の4つがあります。鳥種によっては、特定の物しか食べないものもいますが、なかには食物の利用状況によって2つ以上のカテゴリーから食物を採食するものもいます。たとえば、コンゴウインコやヤシオウムは、果物や種実類だけでなく種子類も常食しています。またルリコンゴウインコやアケボノインコモドキでは、種子類、種実類、果物、花、花蜜など多くの食物を常食しています。

では飼育下において、この野生で食べているものが一番良いのでしょうか？ 実は必ずしもそうではないのです。まず当然ながら野生で食べている物をすべてそろえることは不可能です。また、もしそろえられたとしても、飼い鳥は野生とは環境や運動量、発情の程度も異なるので、エネルギー量やタンパク質量などが適切かどうかがわかりません。そのため食性は鳥の食餌の根本ではありますが、野生のものが一番良いというわけではありません。

ではどのように食性を参考にすれば良いかというと、たとえばセキセイインコに果物

写真：TSUBASA

表1：種によって異なる鳥の食性

穀食性 granivore
種子類を主食とする鳥
セキセイインコ、オカメインコ
カナリヤ

果食性 frugivore
果物や種実類を主食とする鳥
ベニコンゴウインコ
キソデボウシインコ

コンゴウインコ
ヤシオウム

ルリコンゴウインコ
アケボノインコモドキ

雑食性 omnivore
植物性の食物、虫も捕食する鳥
ナナクサインコ、クルマサカインコ
キバタン、ブンチョウ

蜜食性 nectarivore
花粉や花蜜を主食とする鳥
ゴシキセイガイインコ
オトメズグロインコ

が必要かというと実はそんなに必要性はありません。逆に消化管が果物に含まれる多量の果糖に慣れていないため、過食をすると腸内細菌のバランスが狂ったり、水っぽい便をすることになります。また、ゴシキセイガイインコに種子類を与えると、筋胃が種子を磨《す》り潰《つぶ》す構造になっていないため、消化管に負担をかけることになります。

このように「与えてはいけないもの、与えた方が良いもの」を考えるときに、野生での食性を参考にすると良いでしょう。

既知データから推測する

鳥類のなかで、栄養要求量がすでにわかっている鳥は、家禽です。家禽とは、ニワトリやウズラなどの産業動物のことです。家禽は最も古くから栄養要求量が研究され、農林水産省農林水産技術会議事務局が日本飼料標準として栄養要求量をまとめています。特にニワトリにおいては、成長期と産卵期、さらに採卵用、食肉用で栄養要求量が異なるため、企業レベルでも研究が進んでいます。

この既知のデータを飼い鳥の食餌構成に外挿《がいそう》することは、飼い鳥の栄養要求量を考える上で、最も有効な方法です。外挿とは、もともとわかっているデータを、わかっていない部分へ当てはめることです。特に必須アミノ酸やビタミン、ミネラルの要求量を推測するのに使われます。

しかし、家禽の栄養要求量を利用するときに注意しなければならないことがあります。それは、飼い鳥と家禽では根本的に飼養目的が異なっていることです。家禽の飼料は産業動物であるため、いかに早く成長させるか、いかに多くの卵を産ませるか、いかに栄養のある卵を生ませるかといった成長率や生産率の向上を目的としています。つまり飼い鳥の目的であるいかに病気にせず、いかに長生きさせるかという点についてはあまり考えられていません。もちろん家禽は、飼い鳥と食性や体格も異なるため、維持要求量がわかっていたとしても、すべて外挿するわけにはいきません。

栄養要求量の科学的な算定

鳥の食餌を考えるうえで最も参考にしたいのが、飼い鳥それぞれの栄養要求量です。現在アメリカではセキセイインコとオカメインコを用いて研究がなされていますが、いくつかの要求栄養素がわかっているだけで、まだしばらくは正確な栄養要求量を得ることはできないでしょう。ましてや各飼い鳥の要求量など、まだまだ先の話です。今後の研究に期待しましょう。

飼い鳥の栄養要求量の推奨量が発表されていますので、現在はこのデータを参考にすると良いでしょう。**(表2)**

鳥種ごとの違いを考慮する

鳥種によって消化管の解剖学的構造と生理機能が異なっており、これも食餌を構成する際に考慮しなければなりません。

たとえば穀食性の鳥は、大きな筋肉質の筋胃を持っており、内部にグリット(砂)を停留させ、硬い食物を磨り潰すことができます。しかし果食性や蜜食性の鳥の筋胃は小さく、筋肉が穀食性の鳥ほど発達しておらず、食物を磨り潰す力が弱いのです。よって果食性や蜜食性の鳥に硬い物を多く与えたりすると、胃の機能に障害をきたす可能性があります。

また消化管の吸収率も鳥種によって異なっています。特に蜜食性の鳥では長い腸絨《ちょうじゅう》毛《もう》を持っており、食物中の糖を効率よく吸収しています。この特徴から鉄の吸収が促進され、ローリーやキュウカンチョウにヘモクロマトーシスが多くなる原因と言われています。

飼鳥家、獣医師の経験を生かす

鳥に限らず、ほとんどの人に飼われている動物の食餌は、最初は経験によって見出されてきました。しかし現在では、多くの動物の科学的な栄養要求量の算定がなされ、総合栄養食が作り出され与えられています。

現在多くの飼い鳥、特に小型インコ類やフィンチ類に使用されている穀類や種子類も、最初は経験や食性によってのみ与えられてきました。飼い鳥の栄養要求量が研究されている現在では、これら穀類は必須アミノ酸やビタミン、ミネラルの含有量を除けば鳥の栄養要求量に近く、ある意味適切な食餌とも言えます。

またボレー粉やカットルボーン、塩土といった経験から見出されたものも今でも使用されており、これも穀類の欠点を補う良い補助食品であることがわかっています。経験だけで見出された食餌は科学的な根拠はありませんが、それなりの歴史があり、これを食餌の構成に取り入れるのは意外に重要なことと言えます。

味・色・食感への嗜好性

もし栄養的に完全な食餌があったとしても、鳥がこれを食べなければ何の意味もありません。鳥の舌には味蕾《みらい》が少なく、味覚は人ほど感じることはできないと考えられていますが、実際にはかなり味に対して敏感であり、はっきりとした好みを示します。食餌の構成にはやはりこの嗜好性も重要となってきます。また採食行動は鳥の楽しみの一つとも考えられ、多くの種類の食物や味、色彩なども考えた方がより良いと言えるでしょう。

以上の6つが飼い鳥の食餌を考えるうえでの必須条件となります。これらの条件を踏まえて、私たちは鳥たちの食餌を考えて

表2　オウム目、スズメ目の飼い鳥に推奨される飼料100gあたりの栄養含有量（成鳥の維持量）

タンパク質 (%)	12
脂肪 (%)	4
エネルギー (kcal)	300

必須アミノ酸	
リジン (mg)	600
メチオニン (mg)	250
トリプトファン(mg)	120
アルギニン(mg)	600
スレオニン (mg)	400

ミネラル	
カルシウム (mg)	500
リン (mg)	250
ナトリウム (mg)	150
クロール (mg)	150
カリウム (mg)	400
マグネシウム (mg)	60
マンガン (mg)	7.5
鉄 (mg)	8,0
亜鉛 (mg)	5.0
銅 (mg)	0.08
ヨード (mg)	0.03
セレン (mg)	0.01

ビタミン	
ビタミンA (IU)	500
ビタミンD_3 (IU)	100
ビタミンE (mg)	1
ビタミンK (mg)	0.1
ビタミンB_1 (mg)	0.5
ビタミンB_2 (mg)	0.1
ナイアシン (mg)	7.5
ビタミンB_6 (mg)	1.0
パントテン酸 (mg)	1.5
ビオチン (mg)	0.02
葉酸 (mg)	0.2
ビタミンB_{12} (μg)	1.0
コリン (mg)	100
ビタミンC	−

AVIAN MEDICINE(1994)より一部改変して引用

いかなければなりません。

しかし、多くの方がそんな難しい話はいいから、何を与えればよいかだけ教えてほしいと思うかもしれません。しかしこれらの基本的な考え方を持っていれば、間違った食餌を与えることを防ぐことができるのです。たとえば、なぜ種実類を常食させてはいけないのかは、脂肪分の要求量は4％程度だからだということからわかりますし、なぜビタミン剤を与えなければならないのかは、種子類にはほとんどビタミンが入っていないからだということがわかるのです。**(表3)**

つまり、なぜ与えなければならないのか、なぜ与えてはならないのかということ知ることで、鳥たちの食餌をより良いものすることができるのです。

表3　種子・種実類の栄養成分／食品100g中

栄養成分表	種子類						種実類		
	アワ 精白粒	ヒエ 精白粒	キビ 精白粒	エンバク オートミール	ソバ 全層粉	カナリーシード	ヒマワリ種 フライ、味付	アサの実 乾	エゴマ 乾
エネルギー (kcal)	364	367	356	380	361	377	611	463	544
水分 (g)	12.5	13.1	14.0	10.0	13.5	12.9	2.6	5.9	5.6
タンパク質 (g)	10.5	9.7	10.6	13.7	12.0	21.3	20.1	29.5	17.7
脂質 (g)	2.7	3.7	1.7	5.7	3.1	7.4	56.3	27.9	43.4
炭水化物 (g)	73.1	72.4	73.1	69.1	69.6	56.4	17.2	31.3	29.4
食物繊維 (g)	3.4	4.3	1.7	9.4	4.3	21.3	6.9	22.7	20.8
β-カロテン (mcg)	0	0	0	0	0		9	20	16
レチノール当量 (mcg)	0	0	0	0	0		9	3	3
ビタミンD (mcg)	0	0	0	0	0		0	0	0
ビタミンE (mg)	0.8	0.3	0.1	0.7	0.9		12.6	4.0	3.8
ビタミンK (mcg)	0	0	0	0	0		0	50	1
ビタミンB_1 (mg)	0.20	0.05	0.15	0.20	0.46		1.72	0.35	0.54
ビタミンB_2 (mg)	0.07	0.03	0.05	0.08	0.11		0.25	0.19	0.29
ナイアシン (mg)	1.7	2.0	2.0	1.1	4.5		6.7	2.3	7.6
ビタミンB_6 (mg)	0.18	0.17	0.20	0.11	0.30		1.18	0.39	0.55
ビタミンB_{12} (mcg)	0	0	0	0	0		0	0	0
葉酸 (mcg)	29	14	13	30	51		280	81	59
パントテン酸 (mg)	1.84	1.50	0.94	1.29	1.56		1.66	0.56	1.65
ビタミンC (mg)	0	0	0	0	0	0	0	0	0
ナトリウム (mg)	1	3	2	3	2	1	250	2	2
カリウム (mg)	280	240	170	260	410		750	340	590
カルシウム (mg)	14	7	9	47	17	20	81	130	390
マグネシウム (mg)	110	95	84	100	190	1300	390	390	230
リン (mg)	280	0	0	0	400	500	830	1100	550
鉄 (mg)	4.8	0	0	0	2.8	5.0	3.6	13.1	16.4
亜鉛 (mg)	2.7	0	0	0	2.4	5.0	5.0	6.0	3.8
銅 (mg)	0.45	0	0	0	0.54		1.81	1.30	1.93
マンガン (mg)	0.89	0	0	0	1.09		2.33	0	3.09
リノール酸 (mg)	0	0	0	0	950		60200	15000	5100
α-リノレン酸 (mg)	0	0	0	0	61		200	4600	24000
	ビタミン、ミネラルを補う必要がある						高脂肪のため常食はいけないが、必須脂肪酸を補う目的で、適量を与えると良い		

五訂食品成分表（科学技術庁資源調査会）より　＊カナリーシードの数値は2004年本誌No.1での13の成分のみの分析数値

栄養素とそれらの過不足による病気

動物に必要な5大栄養素の役割を知り、それら栄養素の過不足がない食餌を与えることが飼い鳥の健康につながります

動物に必要な栄養素には、タンパク質、脂肪、炭水化物、ビタミン、ミネラルの5つがあり、5大栄養素と呼ばれています。この5つの栄養素をバランスよく摂らなければならないというのは、皆さんご存知だと思います。ではこれら5大栄養素とはどんなものなのでしょうか。そして多く摂り過ぎたり、不足したりするとどうなるのでしょうか？

この項では、栄養素がそれぞれどのような役割を果たし、そして過不足があるとどのような病気になってしまうのかを説明していきます。

タンパク質

タンパク質は、筋肉、皮膚、内臓、血液、羽毛、嘴《くちばし》、爪など体を構成しているほとんどの部分を構成する成分であり、体はタンパク質でできていると言えます。タンパク質は、アミノ酸から構成されています。アミノ酸には多数の種類があり、なかでも体内で合成できず、必ず食物から摂らなければならないものを「必須アミノ酸」といいます。鳥の必須アミノ酸は、一般的にアルギニン、イソロイシン、ロイシン、リジン、メチオニン、フェニルアラニン、バリン、トリプトファン、スレオニンと言われています。またグリシン、ヒスチジン、プロリンも体内で充分に合成ができないため、必須と言われています。

動物性、植物性を問わず食物には、タンパク質が含まれています。私たち人間は、主に肉類、魚介類、卵、大豆製品、乳製品からタンパク質を摂取しています。では鳥はというと、普段食べている種子類に含まれるタンパク質しか摂取していません。種子類には10%前後のタンパク質が含まれています。この量は、鳥の要求量を満たしてはいます。しかし、換羽期や成長期には食物中に約20%のタンパク質が必要であると言われており、種子だけではこの量を満たすことはできません。また、必須アミノ酸の量はどうかというと、実はこれも種子類だけでは普段の要求量さえ満たすことができていません。

写真：TSUBASA

［タンパク質や必須アミノ酸の不足］タンパク質の不足は主に成長期、つまりヒナ鳥の

ときに起こります。成長期には、食物中に約20％のタンパク質が必要です。不適切なアワ玉のみで育てたり、あるいは1日の摂取量が足りないと、成長の遅延や自立の遅れがみられるようになります。必須アミノ酸の不足は種子食のみで飼育していると起こります。不足すると代謝の低下によって肥満が起こりやすくなります。また鳥種によっては羽毛、嘴、爪の形成不全を起こすことがあります。

[タンパク質の摂取過剰]　これはペレットが主食になっている場合に、普段からタンパク質の多いタイプ（ブリーダー、ハイポテンシイなど）を常食させることによって起こります。タンパク質の過剰は、肝疾患、腎疾患、腫瘍の発生率を上昇させる可能性があります。

脂肪

脂肪も体内の構成成分としても大切な働きをしています。体内では、コレステロールやリン脂質が生体膜の主要構成成分として使われたり、リポ蛋白《タンパク》という形で、脂肪の体内での運搬体として重要な働きをしています。また、脂溶性ビタミンであるビタミンA・D・E・Kの吸収にも必要とされます。

脂肪は摂りすぎると体内に脂肪として貯えられ、肥満の原因となりますので、摂取させる際にはその量と質が問題となってきます。量はもちろん過剰摂取を避けるために含有量を知るということですが、質というのは含有する脂肪酸の種類ということです。

脂肪は腸から吸収される際に中性脂肪という形で体内に取り込まれます。中性脂肪がエネルギーとして使われる場合には、分解されてグリセリンと脂肪酸になります。この脂肪酸は、飽和脂肪酸、不飽和脂肪酸、多価不飽和脂肪酸の3つに分けられます。これらはそれぞれ性質や作用が異なりますが、質として注目したいところは、不飽和脂肪酸のなかでも「必須脂肪酸」と呼ばれるリノール酸、α－リノレン酸、アラキドン酸の含有量です。必須脂肪酸は体内で合成できないため、これが多く含まれる食物を知る必要があります。

脂肪は、ほとんどの食物に含まれていますが、食物の種類によってかなり含有量が異なります。私たち人間は、豚や牛の脂、バター、サラダ油など日常的に多くの脂肪を摂取しています。では鳥はというと、種子類や種実類に含まれている脂肪を摂取しています。種子類の脂肪含有量は2～5％程度で、これは要求量をちょうど満たす量となっています。しかし、種実類には30～50％程度の脂肪が含まれており、常食した場合、多量に脂肪を摂取することになります。

種子類

アワ、ヒエ、キビ、カナリーシードの混合餌

高脂肪の種実類

ヒマワリ　サフラワー　アサの実　エゴマ

ここで問題となるのが質と量です。種子類には適量の脂肪が含まれていますが、必須脂肪酸の含有量が少ないです。逆に種実類は、多量の脂肪が含まれていますが、その分必須脂肪酸も多く含まれています。このことから「種実類は常食させてはいけないが、必須脂肪酸を補う目的で、適量を与えると良い」ということがわかります。

［脂肪の摂取過剰］ 第1に肥満と高脂血症を引き起こされ、このことから2次的に脂肪肝が引き起こされます。脂肪肝によって肝機能障害が引き起こされると、羽毛の変色（黄色化や白色化）、羽毛の変形、ダウンフェザーの伸長、嘴・爪の過長と出血斑などがみられるようになります。このほか、心疾患や動脈硬化、脂肪沈着部位の毛引きや自咬などがみられることもあります。(図1.2.3)

［必須脂肪酸の不足］ 皮膚炎、腎障害、小腸絨毛の形成障害などを引き起こすことがあります。特に皮膚状態の悪化は、毛引き症や自咬症に発展する可能性もあります。

炭水化物

炭水化物は、最も大切なエネルギー源です。炭水化物は、消化によってブドウ糖やガラクトースなどの単糖類に分解され、小腸から吸収されて肝臓に入り、多くはグリコーゲン（エネルギーの貯蔵庫）として肝臓に貯えられ、一部はブドウ糖として血液中に入ります。空腹時や運動時には、血液中のブドウ糖だけではエネルギー源として不足するので、肝臓に貯えられたグリコーゲンが分解されて、血糖値を一定に保ちます。

血糖値や体温の高い鳥は、ブドウ糖の消費が激しいため、常に食物を摂取しています。ただし、糖質は摂り過ぎると脂肪として体内に貯えられるため、肥満の原因になるため食べ過ぎはよくありません。

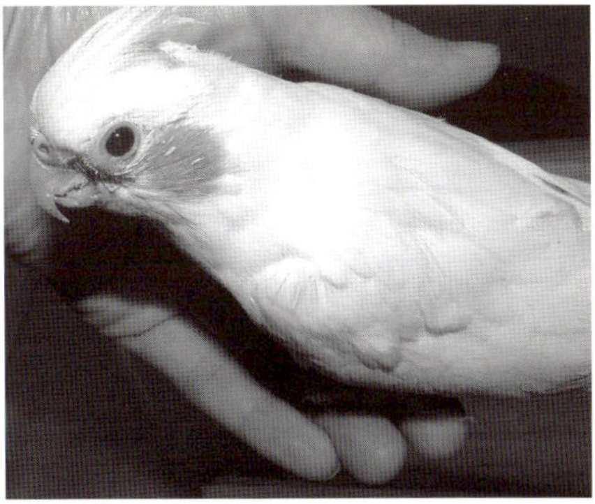

図1 肝疾患により羽毛が黄色に変色したオカメインコ
脂肪の過剰　コリンの不足

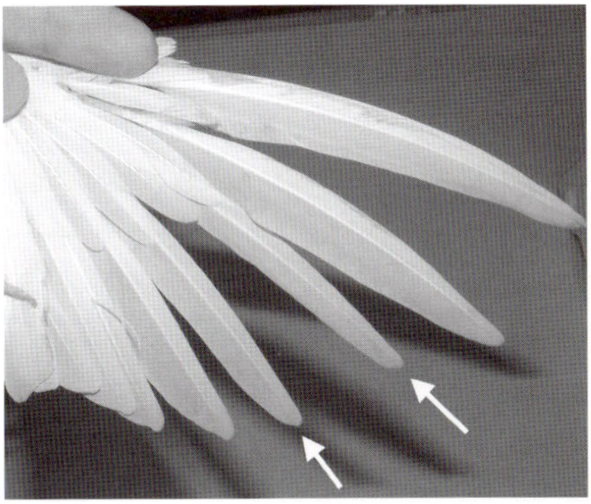

図2 肝疾患により変形したオカメインコの風切羽
脂肪の過剰　コリンの不足

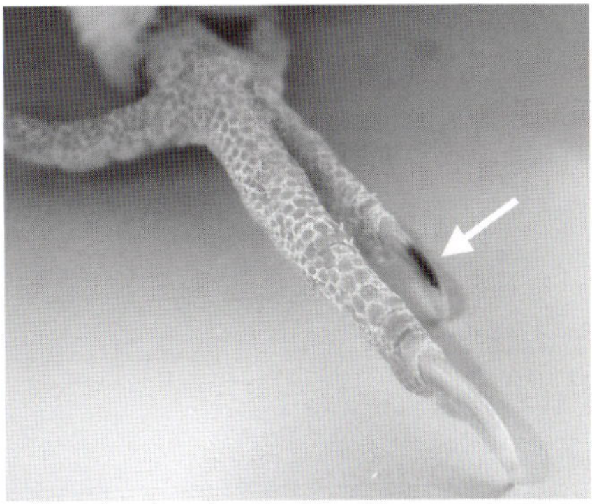

図3 肝疾患によりみられた爪の出血斑
脂肪の過剰　コリンの不足

ビタミン

ビタミンは、生体の機能を正常に維持するためにタンパク質、脂質、糖質の栄養素の体内における代謝を円滑に行うために必要な栄養素であり、体の調子を整えるなど、体内の潤滑油のような働きをしています。

ビタミンには、大きく分けて「脂溶性ビタミン」と「水溶性ビタミン」の2つがあります。脂溶性ビタミンは、脂質に溶けて吸収されるのですが、脂質の摂りすぎは、余分な脂質が吸収されず、排泄されるとともに脂溶性ビタミンも排泄されるため、逆に吸収が悪くなります。また脂溶性ビタミンは、過剰に与えると中毒症を引き起こすことがありますので注意が必要です。

●脂溶性ビタミン

1. ビタミンA

ビタミンAには、動物性食品に含まれるレチノールと緑黄色野菜に含まれ体内でビタミンAに変わるβ－カロチンがあります。ビタミンAは皮膚や粘膜を正常に保ち、夜盲症、視力の低下を防ぎます。またガンの予防にも効果があると言われます。種子類、種実類にはほとんど含まれていません。

不足すると皮膚、口腔粘膜、呼吸器、泌尿器などの障害を起こし、細菌感染に対する抵抗力が低下します。長期的な欠乏は、腎尿細管粘膜の障害を起こし、痛風の原因となります。**(図4)**

過剰になると元気食欲の低下、嘔吐、骨障害、脂肪肝を起こすことが知られています。ビタミン剤の過剰投与には注意が必要です。

2. ビタミンD

ビタミンDは、カルシウムの働きを調節するビタミンです。カルシウムやリンの腸管吸収を促し、骨形成を促進する働きをします。紫外線を浴びることによりビタミンDは、体内で7-デヒドロコレステリンから合成することができますが、多くの家庭で日光浴は充分にできていないため、不足しがちになります。

不足すると、幼若鳥では骨の成長障害を起こし、クル病を起こします。また、不足した状態での過産卵は骨軟化症を引き起こします。**(図5)**

過剰になると、血中のカルシウム濃度が高くなるために、腎臓にカルシウム沈着が起こり、腎不全を引き起こします。また動脈にカルシウム沈着が起こり動脈硬化を起こすこともあります。

3. ビタミンE

ビタミンEは、老化の原因と考えられている過酸化脂質がつくられるのを妨げる働きを持つビタミンです。また血行を促進し、生殖腺の発達を促進します。種子・種実類には要求量に必要なビタミンEが含まれていますので、不足することはまれです。

欠乏すると、白筋症＊による筋萎縮によって歩行異常が起こると言われています。過剰症は、臨床上認められていません。

＊白筋症：骨格筋、心筋が変性する疾病。セレニウムとビタミンEの欠乏が主原因となって起こる。

4. ビタミンK

ビタミンKは、血液凝固因子の合成に働くビタミンで、緑黄色野菜に含まれるK_1と微生物による合成から作られるK_2があります。種子・種実類には含まれており、また腸内細菌が合成していますので、通常不足することはありません。

しかし、脂肪の過剰摂取、消化不良による脂肪吸収不全、抗生物質投与による正常腸内細菌叢の減少が起こると欠乏症が起こります。欠乏すると、血液が固まりにくくなり、出血しやすくなります。また打撲によって内出血を起こしやすくなります。

●水溶性ビタミン

1. ビタミンB_1

ビタミンB_1は、糖質が分解されエネルギーに変換される際に働く酵素の補酵素としての役割を持っています。種子類には含まれており、また腸内細菌が合成していますので、通常不足することはありません。

しかし幼鳥期にビタミンB_1が不足した状態で、炭水化物に偏った挿し餌を与えると欠乏症が起こります。欠乏症は、多発性神経炎（脚気）を引き起こします。

2. ビタミンB_2

ビタミンB_2は、脂質代謝および糖質代謝に関わっています。 脂肪摂取量が多くなると必要量が多くなります。不足すると口内炎・口角炎になりやすく、また幼鳥期の不足は、趾《ゆび》曲がりを引き起こします。**（図6）**

3. ナイアシン

ナイアシンは、糖質・脂質・タンパク質の代謝に不可欠なビタミンです。不足すると、舌の炎症や食欲不振などの症状がでることがあります。

4. ビタミンB_6

ビタミンB_6は、水溶性ビタミンであり、タンパク質の代謝と関係するビタミンです。タンパク質は体内でアミノ酸に分解され、必要なタンパク質に再合成されますが、このとき働くのがビタミンB_6です。 また脂質代謝にも関係し、リノール酸やリノレン酸を細胞膜に必要なアラキドン酸に変える働きをしています。 それ以外にも赤血球のヘモグロビンの合成、免疫機能を正常にするためなどにも働いています。

5. ビタミンB_{12}

ビタミンB_{12}は、葉酸と協力して赤血球の

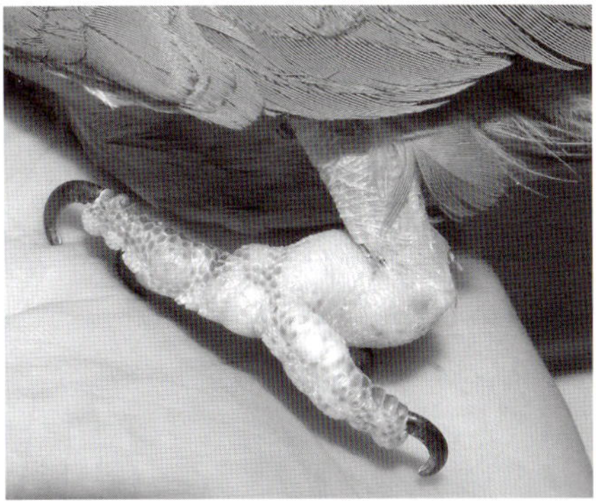

図4 ナナイロメキシコインコの足にみられた痛風結節
ビタミンAの不足

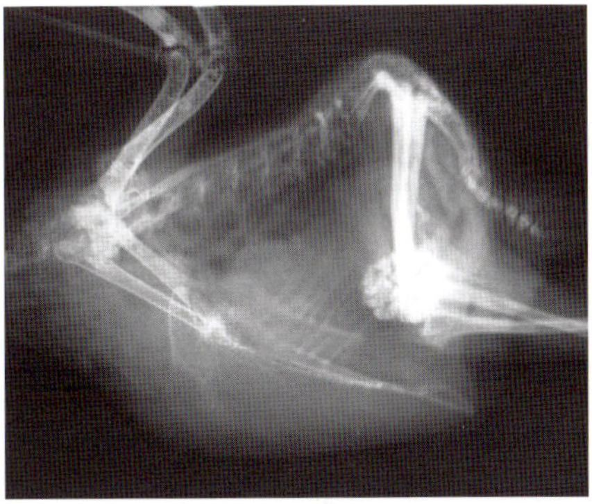

図5 過産卵による骨軟化症により脊椎が変形したコザクラインコのX線写真（横から見たところ、左側が頭）
ビタミンDの不足

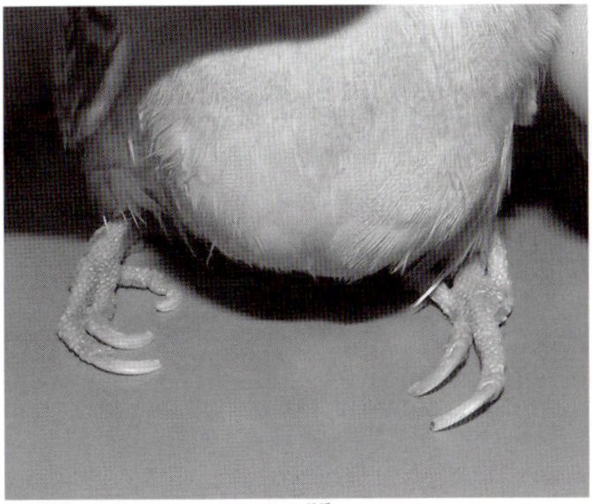

図6 セキセイインコにみられた趾《ゆび》曲がり
幼鳥期のビタミンB_2の不足

ヘモグロビンの合成を助けます。不足すると悪性貧血を起こします。また、不足は正常な細胞分裂の障害または遅延を起こし、タンパク質合成の障害を起こします。その結果、成長の遅延、神経障害、羽毛形成不全、体脂肪蓄積などを起こします。

6. 葉酸

ビタミンB_{12}と協力して、造血に働くビタミンです。葉酸が不足すると赤血球や白血球の産性が悪くなり、その結果悪性貧血が起こります。

7. パントテン酸

パントテン酸は、コレステロールとの関係が深く、善玉コレステロールを増やし心臓や血管の病気の予防に役立ちます。不足すると脂質代謝異常やペローシスを起こします。

8. ビオチン

ビオチンは、パントテン酸と一緒に酵素を作り、糖質のエネルギー代謝に関与しています。また、脂肪酸やコレステロールの代謝、タンパク質の代謝にも関与しています。

9. コリン

コリンは、血管を拡張させ血圧を下げるアセチルコリンの材料となっています。また細胞膜を作るレシチンは不飽和脂肪酸とリン脂質とコリンが一緒になって作られています。コリンは脂肪肝を防ぎ、肝臓の働きを高める働きもあります。不足により、高血圧、脂肪肝を起こします。(図1.2.3)

10. ビタミンC

ビタミンCは、コラーゲンの生成に不可欠なビタミンです。コラーゲンは細胞の接着剤として働き、血管、各種器官、筋肉を作ります。また抗酸化作用を持ち、ビタミンEとともに活性酸素を除去する働きをしています。そのほかにも鉄や銅の吸収を助けたり、ヘモグロビンの合成を助けることで、貧血予防にも働きます。

ミネラル

ミネラルは、体の構成部分になったり、機能維持や調子を整える重要な働きを持っています。

1. カルシウム

カルシウムは骨の構成成分のほか、体液の構成成分、筋肉の収縮、神経の伝達などの重要な役割を持っています。種子・種実類にはほとんど含まれていないため、ボレー粉やカットルボーンなどの鉱物飼料を摂取させる必要があります。

カルシウムの利用は、リンの摂取量と関係があり、カルシウム：リンが、1～2：1が最も効率よく利用されます。よってカルシウム摂取過剰にも注意が必要です。過剰は、ほかのミネラル、ビタミンの吸収を阻害し、ペローシスの原因になることがあります。(図7)
不足すると、幼鳥期ではクル病、成鳥では過産卵のメスに骨軟化症や骨折がみられます。

2. リン

リンは、リン酸カルシウムとして、骨の構成成分となります。またリン脂質として、羽毛や嘴の構成成分となります。また血液中ではリン酸塩として血液の酸やアルカリを中和する働きをします。そのほか、ATP＊などの高エネルギーリン酸化合物を作り、エネルギーを貯える働きをします。飼い鳥の食物には充分なリンが含まれており、不足することはありません。

＊ATP ：アデノシン三リン酸。核酸や多くの補酵素の構成成分で、生命活動のエネルギー源。筋肉の収縮や生物発光などいろいろな生体機能に用いられる。

3. マグネシウム

マグネシウムは、リン酸マグネシウムとしてカルシウムとともに骨に存在します。それ以外にも筋肉、脳、神経に存在しています。

不足すると、骨軟化症、高血圧、動脈硬化などが起こりやすくなります。

4. ナトリウム

ナトリウムは、塩化ナトリウム（いわゆる塩）、重炭酸ナトリウム、リン酸ナトリウムとして体液中に存在します。細胞の外液の浸透圧を一定に保つために調整する働きをします。種子・種実類、野菜類にはほとんど含まれていません。飼い鳥のナトリウム源としては、塩土があります。しかし過剰摂取する場合は、塩分過剰となるため注意が必要です。

不足すると精神的不安定となり、毛引き症の原因となります。過剰になると、胃炎、高血圧、動脈硬化を引き起こします。

5. カリウム

血球や細胞の内液に多く存在しています。ナトリウムとともに細胞内の浸透圧の保持、酸アルカリ平衡の保持に重要な働きをしています。食物中に多く含まれており、不足することはありません。

6. 鉄

鉄は、赤血球のヘモグロビンの材料となります。食物中に含まれる量で、不足することはありません。ローリー類やキュウカンチョウ、オオハシなどの一部の鳥種は、過剰になるとヘモクロマトーシスを起こします。

7. 亜鉛

亜鉛は、DNAやタンパク質の合成、免疫機能、生殖器機能に関与しています。また血糖値を調整するインシュリンの合成にも必要なミネラルです。不足はみられませんが、古い亜鉛メッキケージの使用により、過剰症が起こることがあります。過剰になると、性格が攻撃的になり、毛引き症の原因となります。

8. マンガン

マンガンは、カルシウムやリンと同様に骨の石灰化に必要なミネラルです。また関節を丈夫にする結合組織の補酵素としての働きもあります。食物中に不足することはないのですが、カルシウム過剰摂取による吸収不全で欠乏症になることがあります。欠乏により、ペローシスを起こします。**(図7)**

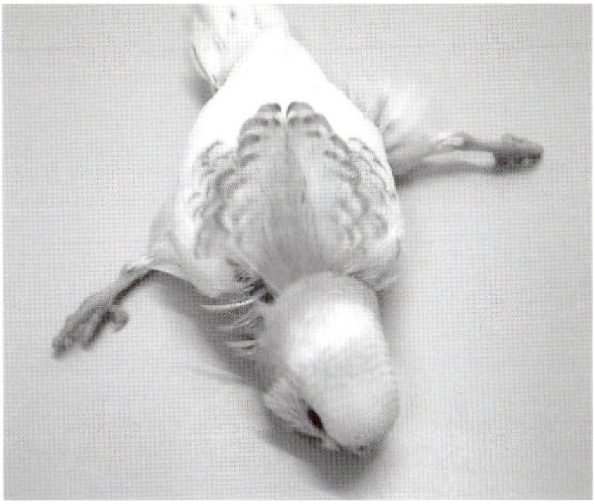

図7　セキセイインコにみられたペローシス
カルシウムの過剰　マンガンの不足

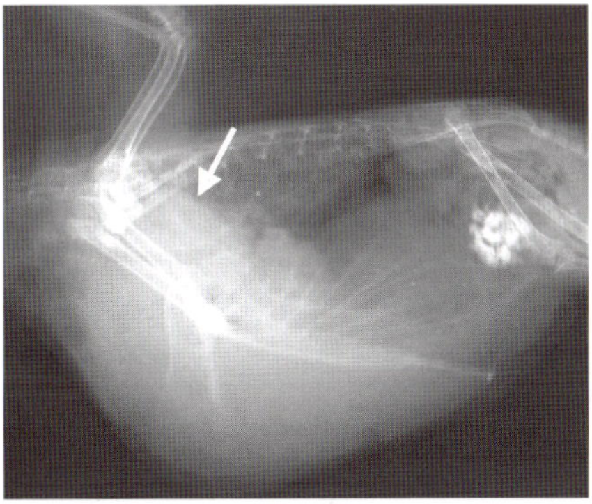

図8　甲状腺肥大がみられるセキセイインコのX線写真（横から見たところ、左側が頭）
ヨードの不足

9. ヨード

ヨードは、甲状腺ホルモンの成分となるミネラルです。種子・種実類、野菜類では必要量を補うことができないため、主食がペレットでない場合には、必ず補わなければならない栄養素です。不足すると、甲状腺腫や甲状腺機能低下症を起こし、呼吸困難や肥満、羽毛形成不全、換羽不全などを起こします。**(図8)**　過剰に与えると、逆に甲状腺への取り込みが悪くなりますので、過剰に補わないよう注意する必要があります。

さいごに

食餌の考え方、そして栄養素の重要性についてご理解いただけましたでしょうか。いろいろと難しいお話ばかりで、わかりにくかったかもしれません。でもそれだけ栄養とは難しく複雑なものなのです。

今回説明しただけでも、まだ全然足りないくらいなのです。皆さんが鳥たちの食餌に対して少しでも認識を改めていただければ幸いです。**(表4)**

写真：TSUBASA

表4　主な野菜の栄養成分／食品100g中

食品100g中の成分表	小松菜 葉、生	チンゲンサイ 葉、生	ホウレンソウ 葉、生	京菜 葉、生	トウミョウ 茎葉、生	キャベツ 結球葉、生	レタス 結球葉、生	サラダ菜 葉、生
エネルギー(kcal)	14	9	20	23	31	23	12	14
水分 (g)	94.1	96.0	92.4	91.4	89.7	92.7	95.9	94.9
タンパク質 (g)	1.5	0.6	2.2	2.2	4.8	1.3	0.6	1.7
脂質 (g)	0.2	0.1	0.4	0.1	0.5	0.2	0.1	0.2
炭水化物 (g)	2.4	2.0	3.1	4.8	4.3	5.2	2.8	2.2
β-カロテン(mcg)	3100	2000	4200	1300	4700	50	240	2200
レチノール当量(mcg)	520	340	700	220	780	8	40	360
ビタミンD (mcg)	0	0	0	0	0	0	0	0
ビタミンE (mg)	0.9	0.7	2.1	1.8	2.8	0.1	0.3	1.4
ビタミンK (mcg)	210	84	270	120	320	78	29	110
ビタミンB^{1} (mg)	0.09	0.03	0.11	0.08	0.24	0.04	0.05	0.06
ビタミンB^{2} (mg)	0.13	0.07	0.20	0.15	0.30	0.03	0.03	0.13
ナイアシン (mg)	1.0	0.3	0.6	0.7	1.0	0.2	0.2	0.3
ビタミンB^{6} (mg)	0.12	0.08	0.14	0.18	0.21	0.11	0.05	0.06
ビタミンB^{12}(mcg)	0	0	0	0	0	0	0	0
葉酸 (mcg)	110	66	210	140	150	78	73	71
パントテン酸(mg)	0.32	0.17	0.20	0.50	0.70	0.22	0.20	0.25
ビタミンC (mg)	39	24	35	55	74	41	5	14
ナトリウム (mg)	15	32	16	36	3	5	2	6
カリウム (mg)	500	260	690	480	210	200	200	410
カルシウム (mg)	170	100	49	210	18	43	19	56
マグネシウム (mg)	12	16	69	31	18	14	8	14
リン (mg)	45	27	47	64	57	27	22	49
鉄 (mg)	2.8	1.1	2.0	2.1	1.0	0.3	0.3	2.4
亜鉛 (mg)	0.2	0.3	0.7	0.5	0.6	0.2	0.2	0.2
銅 (mg)	0.06	0.07	0.11	0.07	0.11	0.02	0.04	0.04
マンガン (mg)	0.13	0.12	0.32	0.41	0.58	0.15	0.13	0
リノール酸 (mg)	8	-	34	-	-	13	12	16
α-リノレン酸 (mg)	56	-	120	-	-	9	14	48

五訂食品成分表（科学技術庁資源調査会）より

第9章
鳥の健康百科

大好きな鳥たちも、病気になってしまうことがあります。そうなったときに慌てないために、病気の知識を深めることは大切です。また、病気を予防したり、必要以上に怖がらないためにも正確な知識を身につけることは重要です。ここでは、著者が比較的目にすることの多い疾患についてまとめてみました。鳥類の疾患はわかっていないことが多く、今後大きく情報が変わってくるかもしれませんが、現時点での参考にしていただければと思います。

＊危険度、発生は著者の経験に基づくものです

小嶋　篤史
鳥と小動物の病院「リトル・バード」院長

◆感染による病気

オウム類のくちばし・羽毛病（PBFD）、セキセイインコのヒナ病（BFD）、パチェコのウイルス病（PD）、腺胃拡張症（PDD）、グラム陰性菌症、ラセン菌、ロックジョウ症候群、猫咬傷による敗血症、グラム陽性菌、芽胞菌症、抗酸菌、マイコプラズマ（MYC）症、鳥のオウム病（CHL）、人のオウム病、カンジダ（CAN）症、マクロラブダス（AGY）症、アスペルギルス（ASP）症

◆寄生虫による病気

ジアルジア症、ヘキサミタ症、ハトトリコモナス症、コクシジウム症、回虫症、ブンチョウの条虫症、トリヒゼンダニ（疥癬）症、ワクモ・トリサシダニ、キノウダニ、ウモウダニ、ハジラミ

◆繁殖に関わる病気

腹部ヘルニア、腹部黄色腫（キサントーマ）、卵塞（卵づまり、卵秘）、過産卵、産褥麻痺、異形卵、異所性卵材症、総排泄腔（クロアカ）脱・卵管脱、卵管蓄卵材症（卵蓄）、卵管腫瘍、卵管炎、多骨性骨化過剰症、嚢胞性卵巣疾患、精巣腫瘍

◆栄養に関わる病気

ヨード欠乏症（甲状腺腫）、チアミン欠乏症（脚気）、ビタミンD・Ca欠乏症、ビタミンA欠乏症

◆中毒による病気

鉛中毒症、亜鉛中毒症、鉄貯蔵病（ヘモクロマトーシス）、テフロン中毒症、アボカド中毒症

◆消化器の病気

肝不全、肝リピドーシス（脂肪肝症候群）、膵外分泌不全、胃炎・胃潰瘍、胃癌、そ嚢炎、肺炎性後部食道閉塞

◆泌尿器の病気

腎不全、痛風

◆呼吸器の病気

上部気道疾患（URTD）、下部気道疾患（LRTD）、Lovebird Eye Disease

◆内分泌の病気

糖尿病、綿羽症

◆神経の病気

てんかん、前庭疾患（上見病）

◆精神の病気・問題行動

オカメパニック、ブンチョウの失神、心因性多飲症
自咬症、羽咬症、毛引き症

◆事故

骨折、新生羽出血（筆毛出血）、熱傷

【危険度】	☆	体に害を及ぼすことがめったにありません
	★	体に害を及ぼすことが稀にあります
	★★	体に害を及ぼすが死に至ることはほとんどありません
	★★★	体に害を及ぼし、死に至ることがあります
	★★★★	死に至ることがしばしばです
	★★★★★	死に至ることが多い

【発生】	☆	見たことがありません
	★	稀です
	★★	たまに見ます
	★★★	そこそこ見ます
	★★★★	よく見ます
	★★★★★	頻繁に見ます

【消毒略記号】	V. ビルコン®S	P. ポビドンヨード
	N. 次亜塩素酸ナトリウム	S. 日光消毒
	A. アルコール	B. 熱湯消毒

感染による病気

[ウイルス]

オウム類のくちばし・羽毛病（PBFD）

【危険度】★★★★★

［原因］ PBFDウイルス（サーコウイルス科、サーコウイルス属）。多数の変異株がある。

［発生］ オウム目のみに感染（セキセイ★★、白色オウム★★、ヨウム★★、ラブバード★★、南米種★、オカメインコ☆）。通常3歳未満ですが、30歳以上での発症例もあります。国内での発生率は15～20%です。

［感染と発病］ 感染経路は、親からヒナへの育雛給餌、羽毛・糞便の摂食・吸引、垂直感染など。免疫が高ければ簡単に感染しません。潜伏期間は、最短で21～25日、最長はおそらく数ヶ月から数年。免疫低下で発症します。

［疾病の進行］ 初生雛に見られる突然死を起こす甚急性型、幼鳥に見られる羽毛異常、消化器症状、貧血などを起こす急性型、若鳥～成鳥に見られる換羽ごとに進行する羽毛異常および、くちばし・爪の異常が見られ免疫不全で死亡する慢性型、未発症のキャリア型の4つに分けられます。

［症状］ **短羽脱落型**：短羽（頭、体幹羽）の変形・脱落から始まり、末期でくちばし異常と免疫低下が起きます。白色オウムに多く、治癒率は低いです。

長羽脱落型：長羽（風切、尾羽）の変形・脱落から始まり、くちばし異常は稀。セキセイに多く、治癒率は高いです。

変色型：羽の異常な着色、脱色が初期症状として見られ、ヨウムでは灰色域に赤色羽が発育します。

長羽脱落型：飛べなくなり走り回り、転がるためランナーあるいはコロと呼ばれます

突然死型：急激に発症し死亡する甚急性型。白色オウム、ヨウムのヒナに頻発します。

消化器型：食滞、食欲不振、嘔吐、下痢などが見られ死亡する急性型。白色オウム、ラブバードに見られます。

貧血型：骨髄抑制により白血球減少と共に著しい再生不良性貧血が見られます。ヨウムに多く見られます。

キャリア型：未発症あるいは病気から回復した個体で、ウイルスを体内に所持しながら症状を呈さない状態にある個体。ウイルスを排泄し、環境汚染の原因となります。白色系では発症率が著しく高いのですが、ヨウムでは陰転する例も多くあります。

[診断] 血液あるいは異常羽毛のPCR検査。検出率は著しく高い（短羽脱落型の一部検査機関では検出できません）。PCR検査が無効な変異型は異常羽毛の病理検査が有効です。

[治療] インターフェロン療法などが試されています。長羽脱落型で高い陰転率を示し、ほかの型でも発症前で効果を持つ可能性があります。

[予防] 未検査鳥との接触を避けること。ワクチンはありません。

[消毒] 通常の消毒剤は効果がなく、V.のみが有効と考えられます。

セキセイインコのヒナ病（BFD）

【危険度】★★★★★

[原因] BFDウイルス（パポバウイルス科、ポリオーマウイルス属）。

[発生] 主にオウム目（セキセイインコ★★、ラブバード★★、オカメインコ★、その他★）ですが、スズメ目などにも感染。発生率不明。

[感染と発病] 羽毛や排泄物を吸引すると、ほとんどが感染します。免疫の低いヒナ〜幼鳥に限定して10〜14日で発症します。＊1

[臨床症状] **セキセイインコ**：症状を呈さず突然死する甚急性型、羽毛異常、皮下出血、肝肥大、消化器症状、神経症状を呈して死亡する急性型、長羽異常のみを示す慢性型の3つに分かれます。＊2

白色オウム：呼吸障害を起こし死亡。一般的なBFD症状を起こすこともあります。

その他：健康なヒナがわずかな予兆（衰弱、食滞、出血斑、貧血、黄色尿酸）で急死。

キャリア：症状を示しません。セキセイインコは6ヶ月以上、大型種は6〜16週間ウイルスを排泄。排泄しないこともあります。

[診断] 血液および、口腔とクロアカスワブのPCR検査。検出率はやや低いです。異常羽毛がある場合は病理検査が有効です。

[治療] 止血剤、強肝剤。インターフェロンが試されます。

[予防] 海外のワクチン済み個体＊3を購入。未検査鳥との接触を避けます。

[消毒] V.が有効です。

くちばしに見られた出血斑（急性型）

＊1 ラブバードは1歳以上の場合もあります。＊2 慢性型は数ヶ月内に自然治癒することがあります。
＊3 本邦ではワクチンは利用できません。

パチェコのウイルス病(PD)

【危険度】★★★★

[原因] パチェコウイルス(ヘルペスウイルス科、属未定)。

[発生] オウム目のみに発生。☆

[感染と発病] 糞便および分泌物を介して水平感染します。潜伏期間は3〜7日。あらゆる年齢に見られます。

[臨床症状] 嗜眠《しみん》、昏睡、食欲不振、粗雑な羽、下痢、多飲多尿、副鼻腔炎、血便、結膜炎、痙攣、振戦、突然死など。

[診断] 血液および、口腔とクロアカスワブのPCR検査。検出率はやや低いです。

[治療] 抗ヘルペスウイルス薬。

[予防] 海外でワクチン済みの個体を購入(本邦ではワクチンは利用できません)。未検査鳥との接触を避けます。

[消毒] V.が有効です。

腺胃《せんい》拡張症病 (PDD)＊

【危険度】★★★★★

[原因] 病原不明(ウイルス説が有力)。

[発生] 主としてオウム目に発生。★

[感染と発病] 3〜4歳に多く発生しますが全年齢にわたります。感染力は低く、潜伏期は長いとされています。

[臨床症状] 吐出、食欲不振、粒便、体重減少、削痩《さくそう》などが見られます。

[診断] そ嚢を一部切り取り病理検査。

[治療] 完治は困難です。神経炎を抑え(NSAIDs)、専用の流動食で管理します。

[予防] 簡単な検査法がないため困難です。

[消毒] 不明。

＊腺胃が拡張する疾患は多数あります。PDDはこの未知の病原体による神経炎性の腺胃拡張症のみを言います。

[細菌]

鳥は高体温であるため細菌が繁殖しにくいと言われますが、細菌性の疾患は多数あります。感染が成立すると増殖し毒素を産生、毒素は炎症や中毒を起こします。細菌が全身に広がると敗血症となり、ショック死を起こします。すべての細菌が悪さをするわけではなく、体に良い働きをする善玉菌、悪さをする悪玉菌、状況に応じてどちらにでも成り得る日和見菌に分かれます。たとえ悪玉菌であっても、宿主の免疫力が高ければ問題は起きません。
グラム染色により、赤く染まるグラム陰性菌、青く染まるグラム陽性菌、染まらない抗酸菌に分かれます。

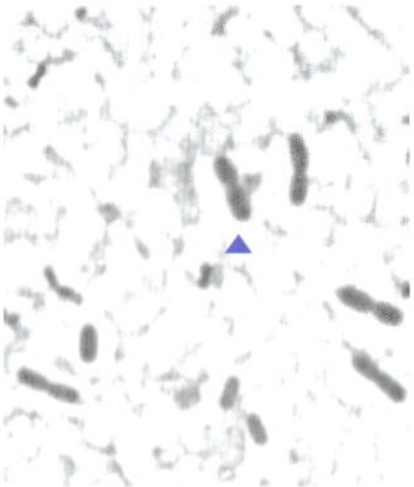
グラム陰性菌

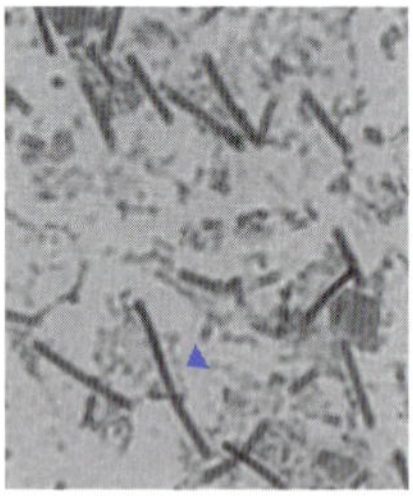
グラム陽性菌

グラム陰性菌症

【危険度】★★★

[概要] グラム陰性菌は人でも悪玉菌のことが多いのですが、鳥ではほとんどが悪玉です。鳥のグラム陰性菌症として有名なのは、大腸菌、サルモネラ菌、緑膿菌、ボルデテラ菌、パスツレラ菌などです。健康診断でよく見つかるラセン菌もグラム陰性菌です。

[原因と症状] **大腸菌**：哺乳類の腸管常在菌ですが、鳥には常在しません(バタンは除く)。大腸菌には様々な型がありますが(人では多くが日和見《ひよりみ》菌)、鳥ではほとんどが悪玉菌です。人や人の生活環境から感染し、様々な病害を起こします。

サルモネラ菌：人獣共通感染症として重要。野生下の鳥に多く飼育鳥類には稀です。

緑膿菌《りょくのうきん》：水生環境に広く分布し、水入れ、湿ったエサの中で繁殖します。上部呼吸器で問題を起こすことが多いです。

[診断] 便、口腔ぬぐい液の培養検査。

[消毒] 感受性試験に従った抗生物質。

[予防] 環境の消毒。口移しでのエサやりをせず、鳥に触れる前後の手洗いを。

[消毒] V.N.A.P.S.B.が有効。

ラセン菌

【危険度】★

[原因] *Helicobacter sp.*（グラム陰性菌、ピロリ菌の仲間）

[発生] セキセイ★、ラブバード★★★、オカメインコ★★★★、ブンチョウ★★★★

[感染と発病] 主に親からの育雛給餌、同居鳥からの飲水感染もあり得ます。上部気道に常在する日和見菌で、免疫低下で発症します。咽頭炎《いんとうえん》・喉頭炎《こうとうえん》が顕著で悪化すると気管炎を起こします。

[臨床症状] 口を開ける（あくびのように見える）、頭を振る、悪化するとくしゃみ、鼻水、咳、呼吸音が見られます。

[診断] そ嚢検査、口腔内ぬぐい液の検査。

[治療] ある種の抗生物質。

[予防] 健康診断で駆除。

[消毒] V.N.A.P.S.が有効。

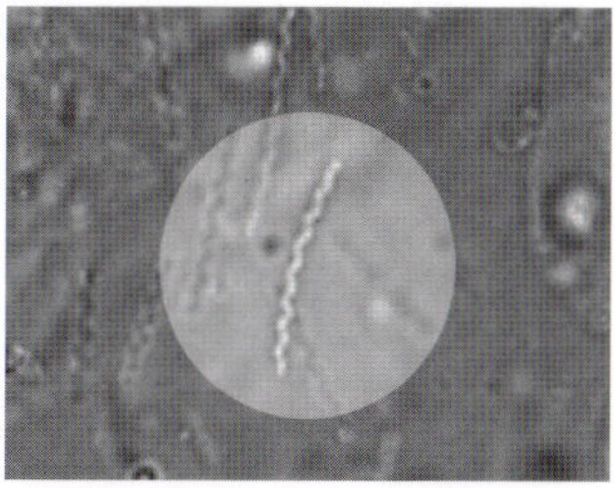

Helicobacter sp. らせん状の菌体をしているためラセン菌と呼ばれる

ロックジョウ症候群

【危険度】★★★★★

[原因] *Bordetella avium*などの病原体が副鼻腔から、咬筋《こうきん》や、顎関節《がくかんせつ》、神経に広がり、顎《ジョウ》が動かな《ロック》くなります。

[発生] オカメインコ★★★

[感染と発病] *B.avium*はオカメの80%が感染しているとも言われます。2〜10週齢のヒナが免疫低下で発症し、成鳥は発症しません。

[臨床症状] 上部呼吸器症状に始まり、顎《あご》やくちばしが青くなり口が開きづらくなります。最終的には開口できなくなり、餓死や誤嚥《ごえん》で死亡します。

[診断] 特徴的な症状とPCR、培養検査。

[治療] 抗生剤、消炎剤、ネブライザーなど。

[予防] 上部呼吸器症状のうちに治療。キャリアの摘発隔離。免疫低下の防除。

[消毒] V.N.A.P.S.B.が有効。

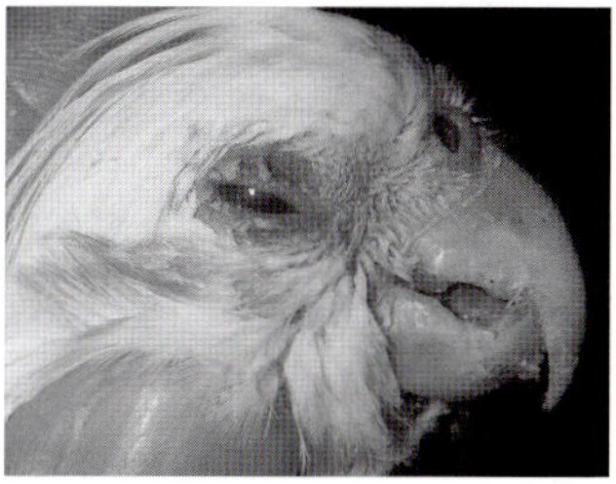

ロックジョウにより顎が閉じたままになったオカメインコ

猫咬傷による敗血症

【危険度】★★★★

[原因と症状] 咬傷《こうしょう》後、猫の口腔内常在菌*Pasturella multocida*などが侵入し、半日で敗血症により死に至ることがあります。

[発生] ★★

[診断] 問診、培養検査。

[治療] 感受性試験に従った抗生物質。

[予防] 猫の侵入を防ぐ、日光浴時は見張る。

グラム陽性菌
【危険度】☆～★★★

[概要] グラム陽性菌の多くは善玉菌、日和見菌ですが一部、問題を起こす菌もあります。鳥に問題を起こすグラム陽性菌として有名なのは、ブドウ球菌、連鎖球菌、芽胞《がほう》菌の仲間などがあげられます。ブドウ球菌や連鎖球菌は体内、体表に常在しますが、免疫低下によって増殖し、体に害をもたらします。重大な免疫低下時には、敗血症を起こし、死に至ることもあります。

芽胞菌症
【危険度】★★★

[原因] 芽胞とは、極めて耐久性の高い細胞構造で、環境の悪化（消毒など）で細菌が死滅しても生き残り、環境が良くなると発芽して通常の菌体に戻ります。これを持つ細菌の仲間を芽胞菌と呼び、バチルス属やクロストリジウム属の菌が含まれます。

[発生] ★★

[感染と発病] エサや環境中の芽胞を摂食し感染、免疫低下で発症します。

[臨床症状] 菌の種類によって病害は様々。鳥によく見られるセレウス菌は、便臭、下痢、血便、嘔吐、食欲元気低下、膨羽《ぼうう》を起こし、神経症状や突然死を起こすこともあります。

[診断] 検便、培養検査。

[治療] 芽胞菌に効果の高い抗生物質投与。

[予防] 拾い食いさせない。野菜はよく洗う。

[消毒] V.のみ有効。

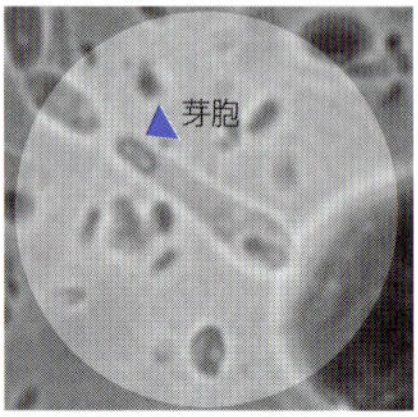

芽胞菌（*Bacillus cereus*）

抗酸菌
【危険度】★★★★★

[原因] Mycobacterium属の細菌を抗酸菌と言い、結核菌（4種）、非結核菌（約50種）、ハンセン病の原因菌が含まれます。鳥には *M. avium* が重大な病害を起こします。

[発生] すべての鳥種★　本邦では発生しないと言われていましたが、近年輸入鳥を中心に増加しています。海外では頻繁に発生。

[感染と発病] エサや環境、排泄物を摂食・吸引し感染。免疫低下で発症します。

[臨床症状] 症状なく突然死、食欲あるが体重減少、再発性の下痢など曖昧。病巣の部位によって、肝肥大や、関節の結節、呼吸器症状、皮膚の結節などが生じます。

[診断] 便や結節のPCR、特殊培養、特殊染色。生前診断は非常に難しいとされます。

[治療] ある種の抗生物質。効果は乏しい。人獣共通伝染病であるため安楽死を進める臨床家もいます。ただし、*M. avium*は鳥から人へ感染した報告はありません。

[予防] 輸入鳥の検査。

[消毒] V.A.P.S.B.が有効。

[マイコプラズマ]

マイコプラズマ（MYC）症
【危険度】★★★

[原因] *Mycoplasma sp.*

[発生] ★★★★　すべての鳥類、幼鳥を中心に全年齢で発生。オカメインコでは一般的。

[感染と発病] 接触、飛沫《ひまつ》感染、汚染糞便の吸引・摂食による水平感染、介卵感染を含めた垂直感染もあり、免疫低下で発症します。MYC単独では通常発症せず、ほかの病原体と合わさって発病します。*

[臨床症状] **上部呼吸器**：鼻炎（くしゃみ、鼻

*ほかの病原体を感染部位で増殖させやすくする性質（易感染性）を持つ。

水)、副鼻腔炎、結膜炎を慢性化させます。

下部呼吸器疾患：肺炎、気嚢炎により咳、呼吸困難(開口、ボビング)、変声、元気食欲低下、膨羽などを起こします。

[診断] 咽頭・気管スワブ、鼻汁のPCR検査。

[治療] MYCに感受性のある抗生剤。

[予防] 適切な栄養の摂取(ビタミンA)、ストレスの軽減、ほかの疾病の治療。

[消毒] V.N.A.P.S.B.が有効。

[クラミジア]

鳥のオウム病(CHL)

【危険度】★★★★

[原因] *Chlamydophila psittaci*

[発生] すべての鳥類に発生する可能性があります(セキセイインコ★★、オカメインコ★★★、ラブバード★★、ブンチョウ★)。本邦の飼育鳥のクラミジア保有率は10%前後と推測されます。

[感染と発病] 感染経路は、キャリア親からヒナへの育雛給餌、糞便の摂食・吸引、飛沫の吸引、垂直感染など。免疫が高ければ簡単に感染しません。潜伏期間は、3日〜数週間。ただし、キャリア個体は感染の数年後に免疫低下で発病することもあります。

[症状] 特徴的な症状が現れず、食欲不振、傾眠、膨羽、下痢などの一般症状しか見られないことがあります。やや特徴的な症状としては、鼻炎症状(くしゃみ、鼻水)、結膜炎症状(結膜発赤、目脂)、肺炎・気嚢炎症状(咳《せき》、呼吸困難)などの呼吸器症状や肝炎症状(尿酸の黄〜緑色化など)があります。

[診断] 血液、便、クロアカや咽頭の拭い液のPCR検査。クラミジアは常に排泄されないため、必ず検出できるわけではありません。特に抗生剤が使用されているときはクラミジアの排泄が止まるため、検査の前に抗生剤は使わない方が良いです。

[治療] クラミジアに効果のある抗生剤を使用。ただし副作用もそれなりにある抗生剤もあるため使用には注意が必要。検査で陰性になるまで投薬は続けられるが、教科書的には45日間の投与が推奨されています。

[予防] 健康診断でオウム病検査を定期的に行う(1回の検査では検出されないことがあるため)。親鳥のオウム病検査のほか、未検査鳥との接触を避け、ストレスの回避に努めます。

[消毒] V.N.A.P.S.B.が有効。

鳥から人に感染する代表的な人獣共通感染症 —— 人のオウム病

●**発生**：発生年齢は50歳前後を中心に、30歳以上の人が9割。本邦では毎年40人前後報告されています。本邦の飼育鳥が約1600万羽と推定され、飼育鳥のオウム病保有率が10%前後とされていることを考えると、40人という数字はかなり少なく、潜在例を考えても移りやすい病原体とは言えません。

●**症状**：潜伏期間は1〜2週間。高熱と咳が特徴的。高齢者や治療の遅れは重症化し、致死的となることもあります。適切な治療をすれば致死率は1%未満とされます。

●**感染と発症**：糞便に排泄された病原体を吸い込んで感染するのが主。乾燥便の中で数ヶ月間感染力を保有。口移しでのエサやり、くしゃみや咳などのエアロゾルなどからの感染もあり得ます。免疫低下(疾病、睡眠不足、栄養不良、高齢者等)で感染・発症します。

●**予防**：飼育鳥の定期オウム病検査。濃厚な接触を避け、触ったら手を洗う・排泄物はまめに廃棄・ケージの定期消毒に努めます。免疫低下者は鳥と接触せず、マスクを着用します。

●**対応**：鳥に病状がある場合はすぐ動物病院へ。また、飼育者に風邪のような症状があった場合、必ず病院に行き、人医に鳥を飼育していてオウム病が心配であることを伝えなければなりません。

[真菌]

カンジダ(CAN)症

【危険度】☆〜★★★

[原因] 主に*Candida albicans*(不完全菌類)。酵母と菌糸(仮性菌糸)2つの形態を持つ。

[発生] 鳥類すべて(セキセイインコ★★、ラブバード★★★、オカメインコ★★★、ブンチョウ★★★、中大型オウム★)。幼鳥を中心に全年齢で発生。

[感染と発病] 環境・消化管内の常在菌。少数の酵母は問題なく、多数あるいは仮性菌糸形成で発症します。ストレス、糖・加熱炭水化物多給、抗生剤・ステロイド使用などで増殖します。

[臨床症状] **消化管**:口腔、そ嚢、胃腸粘膜に潰瘍《かいよう》やアブセスを作り、嘔吐、食欲不振、食滞、下痢の原因となる。**外被**:皮膚・くちばしに病変を作る。**その他臓器**:稀に呼吸器、消化器、心臓、泌尿器、血液など全身で問題を起こすことがあります。

[診断] 検査材料の鏡検。

[治療] 抗真菌剤。耐性菌もあります。

[予防] 適切な栄養(ビタミンA、非加熱炭水化物)、ストレス軽減、他の疾病の治療。

[消毒] V.N.A.P.S.B.が有効。

マクロラブダス(AGY)症

【危険度】☆〜★★★★

[原因] *Macrorhabdus ornithogaster*(子嚢菌類)。かつてメガバクテリアと言われましたが、細菌《バクテリア》ではありません。

[発生] オウム目を中心とした様々な鳥類(セキセイインコ★★★★、オカメインコ・カナリア・キンカチョウ・パラキート★★、ラブバード・ブンチョウ★、中大型オウム★)。多くのセキセイインコが保有しています。幼若鳥を中心に全年齢で発生。

[感染と発病] 感染経路は、親からヒナへの育雛給餌が主で、糞便・吐物の摂食による水平感染もあります。発症は免疫の低下した感受性種に限られます(オカメはヒナのみ)。

[種別危険度] セキセイインコ★★★★、カナリア・キンカチョウ★★★、オカメインコ・パラキート★★、ラブバード★、ブンチョウ・中大型オウム☆)。感受性種では免疫低下により発症。オカメはヒナのみが発症。

[臨床症状] **キャリア**:発症せず汚染源となります。免疫低下で発症します。

急性胃炎:嘔吐、食欲不振、膨羽、下痢、胃潰瘍からの出血による黒色便。早期発見であれば治癒率は高くなります。

慢性胃障害:削痩、間欠的な嘔吐、粒便が見られます。胃閉塞でそ嚢内に液体貯留を起こすこともあります。AGY消失後も長期治療が必要です。不可逆性胃障害、胃癌へ進行した例では予後は不良です。

[診断] 検便で容易に検出可能ですが、一般獣医師の認知は低く、見逃されることが多くあります。

[治療] 抗真菌剤。多剤耐性ですが、現在は特効薬によりAGYは完全な駆除が可能です。胃薬も併用します。

[予防] 健診で検出し、発症前に治療することが望ましい。親鳥の検査や、未検査鳥と隔離も重要。駆除後に再発することがあるため定期健診が必要です。

[消毒] V.N.A.P.S.B.が有効。

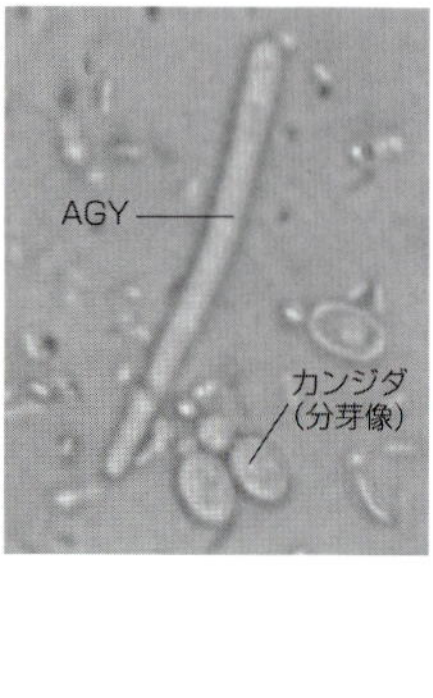

*Macrorhabdus ornithogaster*と*Candida albicans*

アスペルギルス(ASP)症

【危険度】★★★★★

[原因] 主に*Aspergillus fumigatus*（不完全菌類）。いわゆる糸状菌（コウジカビの仲間）。

[発生] 鳥類すべて（セキセイインコ★、ラブバード★、オカメインコ★★★、ブンチョウ★、中大型オウム★★★）。全年齢で発生します。

[感染と発病] 環境の常在菌で、どこにでもいます。大量の胞子を吸引、あるいは免疫低下個体では少量吸引でも感染・発病します。感染部位に結節（真菌球）を作ります。また、鳥種によって感受性が異なります（ヨウム、ピオナスは高感受性、など）。

[臨床症状] **気管**：呼吸困難、咳、変声、無声、呼吸音などを起こし、重度では気管内に真菌球がつまり窒息死します。

肺・気嚢：初期では無症状のため、治療が間に合わないことが多くあります。

[診断] PCR、血清学検査、検査材料の鏡検・培養、硬性内視鏡など複数の検査で診断します。

[治療] 抗真菌剤を内服、注射、ネブライザーで使用。真菌球は外科摘出になります。

[予防] 巣箱、牧草、藁《わら》巣などカビの温床を除去し、エアコンフィルターの消毒など環境の定期的なカビ取りをします。カビ除去機能つき空気清浄機の使用や、低湿度に保つことも有効です。

[消毒] V.N.A.P.S.B.が有効。

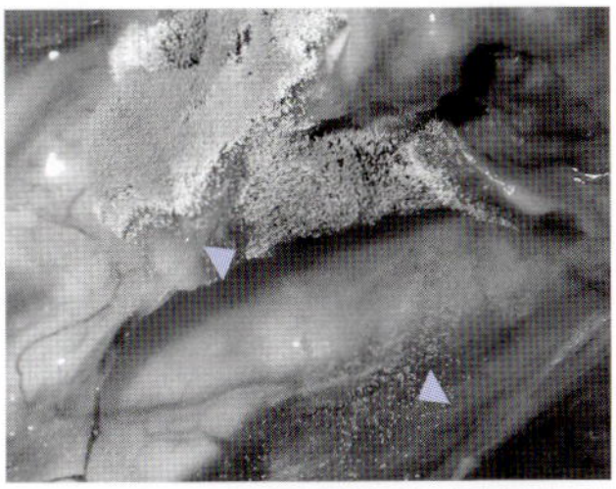

アスペルギルスが大量に繁殖した後胸気嚢（剖検写真）

寄生虫による病気

ジアルジア症

【危険度】★★

[原因] *Giardia psittaci*（原虫、鞭毛虫《べんもうちゅう》）。栄養型とシストの2つの形態を持ちます。

[宿主] セキセイインコ★★、オカメインコ★、ブンチョウ☆、ラブバード★、中大型オウム☆

[感染と症状] 感染鳥から便に排泄されたシストを摂食して感染、免疫低下で発症します。多くの個体が無症状ですが、難治性の下痢を起こす個体もいます。

[診断] 検便。

[治療] 抗鞭毛虫薬。

[予防] 親鳥の駆虫、発症前の駆虫。[消毒] シストは消毒剤に抵抗性。B.が有効。

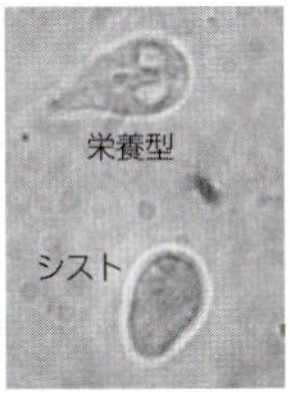

ジアルジアの栄養型（上）とシスト（下）

ヘキサミタ症

【危険度】★

[原因] *Spironucleus [Hexamita] sp.*（原虫、鞭毛虫）。栄養型とシストの2つの形態。

[宿主] セキセイインコ☆、オカメインコ★★★★、ブンチョウ☆、ラブバード★、中大型オウム★

[感染と症状] 感染鳥から便に排泄されたシストを摂食して感染。免疫低下で発症。ほとんどの個体は無症状ですが、稀に下痢が見られます。毛引きとの関連が疑われていますが疑問です。

[診断] 検便。

[治療] 抗鞭毛虫薬。

[予防] 完全駆虫ができないため予防は困難です。

[消毒] シストは消毒剤に抵抗性。B.が有効。

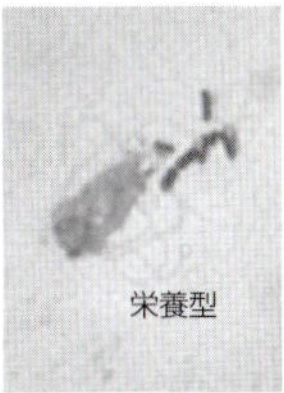

栄養型は、楕円形から瓢箪型で素早い

ハトトリコモナス症

【危険度】★★★★

[原因] *Trichomonas gallinae*（原虫、鞭毛虫）。

[宿主] セキセイインコ★、オカメインコ★★、ブンチョウ★★★、ラブバード☆、中大型オウム☆

[感染と症状] 育雛給餌や、求愛給餌、飲水、挿し餌器具を介して伝播し、口腔内～そ嚢に寄生、免疫低下で発症します。口腔内、食道、そ嚢、上部気道に炎症を起こし、口のネバネバ、あくび、食欲不振、くしゃみ、鼻水、結膜炎などが見られます。細菌感染によるアブセスによって食道が狭窄されると、嚥下困難、吐き気、吐出、嘔吐を起こします。

[診断] そ嚢検査。

[治療] 抗鞭毛虫薬。

[予防] 親鳥の駆虫、発症前の治療。

[消毒] V.N.A.P.S.B.が有効。

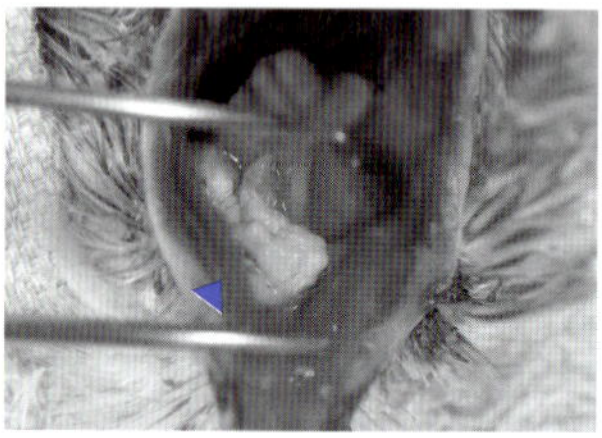

舌下のアブセス

コクシジウム症

【危険度】★★

[原因] 主に*Eimeria sp.*（原虫、胞子虫）。

[宿主] ブンチョウ★★★★

[感染と症状] 便から排泄されたオーシストを摂食し感染し、免疫低下で発症。腸炎から下痢を稀に起こします。

[診断] 検便。

[治療] 抗コクシジウム薬。

[予防] 親鳥の治療、発症前の治療。

[消毒] B.が有効。1日2回ケージローテーション。*

回虫症

【危険度】★★

[原因] 主に*Ascaridia spp.*（蠕虫《ぜんちゅう》、線虫）。

[宿主] オカメインコ、パラキート、コニュア★★

[感染と症状] 便に排泄された虫卵を摂食して感染します。幼若鳥では、腸炎を起こし、下痢や血便が見られることがあります。大量寄生で腸閉塞が稀に起きます。

[診断] 検便。

[治療] パモ酸ピランテルなど。

[予防] 親鳥の駆虫、発症前の治療。

[消毒] B.が有効。ケージ・ローテーションを1日1回行うこと。*

ブンチョウの条虫症

【危険度】☆

[原因] 詳細な分類不明（蠕虫、条虫）

[宿主] ブンチョウ★★

[感染と症状] 条虫は片節が連なったテープ状で、片節が便に排泄され、中間宿主に食べられ、中間宿主が鳥に食べられると感染が成立します。通常は無症状です。

[診断] 片節を見つけることが第一です。

[治療] 抗条虫薬。[予防] 親鳥の駆虫

[消毒] 中間宿主の駆除。

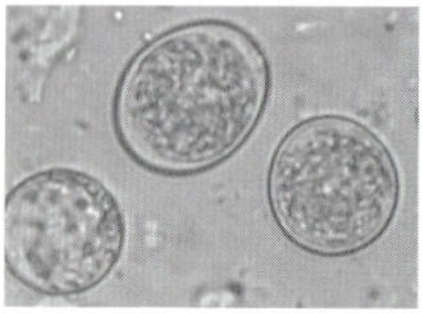

コクシジウム：オーシスト

回虫：血便と共に排泄された虫体

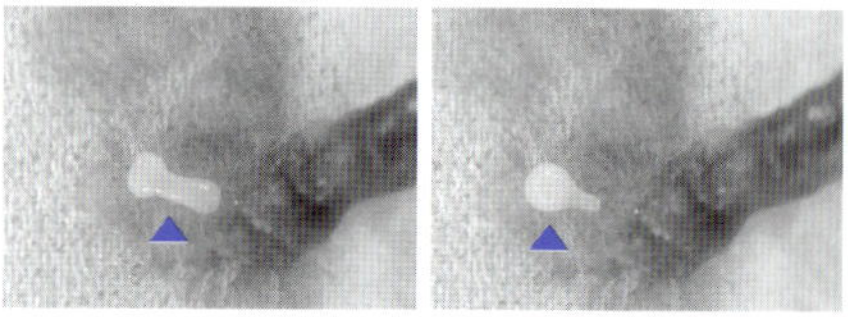

条虫の片節：後端からちぎれて便に排泄され動き回ります

＊ケージを２つ用意し、片方を使用している間に片方を消毒する。

トリヒゼンダニ（疥癬《かいせん》）症
【危険度】★★★

[原因] *Cnemidocoptes pilae*（ダニ）。

[宿主] セキセイインコ★★★、オカメインコ☆、ブンチョウ★、ラブバード★、中大型オウム☆

[感染と発病] 鳥同士の接触で伝播し、免疫低下で発症、増殖します。

[症状] 皮膚に穴をあけて生息。口角、脚鱗、くちばし、ロウ膜、顎下、顔、脚などの表面が軽石様になり盛り上がり、くちばしや爪は変形して長くなります。掻痒《そうよう》、元気食欲低下が見られることもあります。

[検査] 掻爬検査。

[治療] avermectin系駆虫薬を1～2週間隔で投薬。重症例では5回以上繰り返します。[消毒] 重要ではありません。

疥癬による皮膚の角化亢進（軽石様変化）

ワクモ・トリサシダニ
【危険度】★★★

[原因] ワクモ*Dermanyssus gallinae*、トリサシダニ*Ornithonyssus sylviarum*（ダニ）。

[宿主] ほとんどの鳥種★

[症状] ワクモは昼間、隠れ家で生活し、夜に吸血します。トリサシダニは羽毛で生活し、たまに皮膚に降りて吸血します。吸血により貧血、衰弱、暴れるなどが見られます。

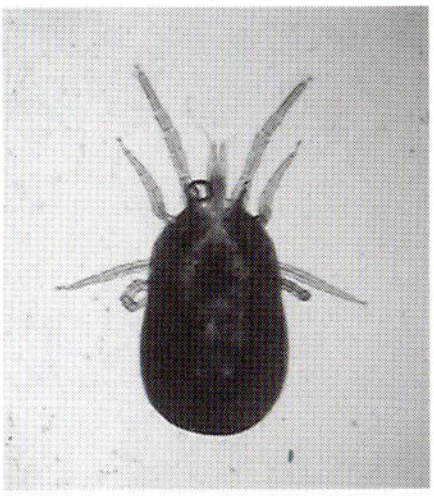
1mmほどの大きさ

[検査] 視診。

[治療] 噴霧殺虫剤とavermectin系駆虫薬。

[環境消毒] 隠れ家を熱湯消毒（ワクモ）。

キノウダニ
【危険度】★★★

[原因] *Cytodite nudus*（ダニ）。

[宿主] カナリア、コキンチョウ★★

[症状] 気管や気嚢、肺などの呼吸器で生活し、呼吸器に炎症を起こします。呼吸音、無声、変声、開口、ボビングなどの呼吸器症状が見られ、著しいと肺炎やダニの栓塞で亡くなります。

[検査] 気管透過法。

[治療] avermectin系駆虫薬。投薬後にダニ塞栓《そくせん》症によって容態を崩すことがあります。

[環境消毒] 重要ではありません。

ウモウダニ
【危険度】☆

[原因] Analgesoideaの仲間（ダニ）。

[宿主] すべての鳥種★★★

[症状] 主に長羽の羽軸に沿って群生し、羽に付着したゴミなどを食べて生活します。病害を起すことはないと考えられています。

[検査] セロテープ法。*

[治療] 噴霧系殺虫剤。

[環境消毒] 重要ではありません。

ハジラミ
【危険度】☆

[原因] Mallophagaの仲間（昆虫）。

[宿主] すべての鳥種★★★

[症状] 羽で一生を過ごし、付着したフケなどを食べます。稀に痒みを生じて皮膚を掻き崩したり、羽づくろいが過剰になる鳥がいます。

[検査] セロテープ法。

[治療] 噴霧系殺虫剤。

[環境消毒] 重要ではありません。

*ダニをテープに貼りつけて鏡検する方法。

繁殖に関わる病気

メス

腹部ヘルニア

【危険度】★★★

[概要]腹筋に穴が開き(ヘルニア輪)、腸や卵管などが体外に飛び出た状態。主に腹部中央、排泄孔の後ろ、側腹部に起きます。

[原因]過剰な女性ホルモンによって腹筋が伸びて弱くなり、卵や腹腔内腫瘤の圧迫や産卵のイキミで筋肉が裂けて穴が開きます。*

[発生]セキセイインコ★★★★、ラブバード★★、オカメインコ★★、ブンチョウ★、中大型オウム★

[症状]腹部の一部が膨らむ。発情によって大きさは変化し、自咬・掻傷・擦過により皮膚に傷が見られたり、腹壁に穴が開いて腸が飛び出すこともあります。ヘルニアに腸やクロアカが落ち込むと便秘が起きやすく、溜まった便中で悪玉菌が繁殖して異臭を放つ。ヘルニア輪で腸が締めつけられたり(絞扼《こうやく》)、腸が捻じれる(腸念転《ちょうねんてん》)状態を嵌頓《がんとん》ヘルニアと言い、腸は血行が止まり壊死します。排便停止、嘔吐、膨羽、腹部疼痛(お腹を蹴る)などの症状で急死します。

[診断]触診、X線検査(造影)。

[治療]ヘルニア手術。嵌頓しなさそうであれば、発情抑制剤で経過観察します。

[予防]発情抑制。

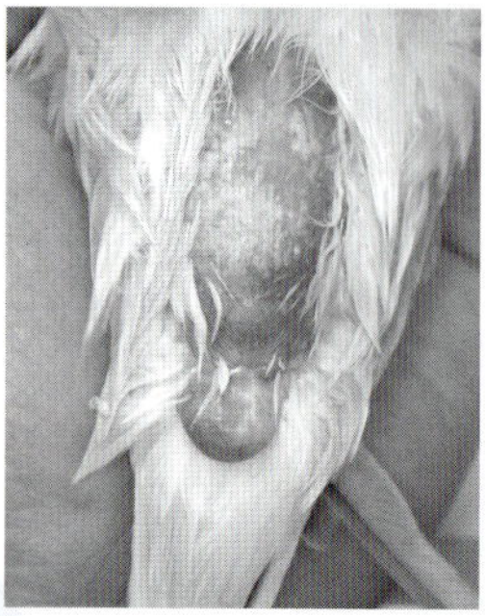

排泄孔尾部に形成されたヘルニア。皮膚は黄色腫化して黄色い

＊女性ホルモンの過剰単独でも起きます。

腹部黄色腫(キサントーマ)

【危険度】★

[概要]皮膚に血液中の脂質が浸み出し、脂質に対して炎症が起きた状態。

[原因]女性ホルモンによる血中脂質の上昇、放卵斑形成、ヘルニアなどが関連します。

[発生]セキセイインコ★★★★、ラブバード★★、オカメインコ★、ブンチョウ☆、中大型オウム★

[症状]皮膚が分厚く黄色くなり、炎症により痒がり自咬・出血が見られることもあります。

[診断]視診、生検(病理検査)。

[治療]無治療、発情抑制剤、抗高脂血症薬、黄色腫摘出術。

[予防]発情抑制。

卵塞《らんそく》(卵づまり、卵秘)

【危険度】★★★★

[概要]卵が膣部あるいは子宮部から、一定時間以上産出されない状態。排卵後24時間以内に産卵が行われるため、腹部に卵が触知されてから24時間以内に産卵されない場合、卵塞と言えます。

[原因]様々な原因で起きますが、主な原因は低カルシウム血症による子宮収縮不全と卵形成異常、環境ストレスによる産卵機構の急停止、卵管口の閉鎖。過発情と過産卵です。

[発生]セキセイインコ★★★★、ラブバード★★★、オカメインコ★★、ブンチョウ★★★、中大型オウム★　冬に多く発生し、初産卵、過産卵の個体で多く見られます。

[症状]卵塞が発生してもすべての個体に症状が見られるわけではありません。卵が正常で、腹部の伸展も充分で、イキミも終了していれば腹部膨大以外の症状は見られません。ただし、これらの個体も突然発症し

死に至ることがあります。症状の発現には、卵による内臓や神経の圧迫、卵管の痛みなどが関係します。低カルシウム血症による脚麻痺や総排泄腔脱を併発することもよくあります。典型的な症状は、床でうずくまる、沈うつ、膨羽、食欲不振、呼吸促迫、イキミによる声漏れなどで、痛みからショック状態に陥いる例も少なくありません。

[診断] 触診、X線検査、超音波検査。

[治療] カルシウム注射、圧迫卵排出、卵管摘出術。[予防] 発情抑制、卵管摘出術、ビタミンD・カルシウム給与。

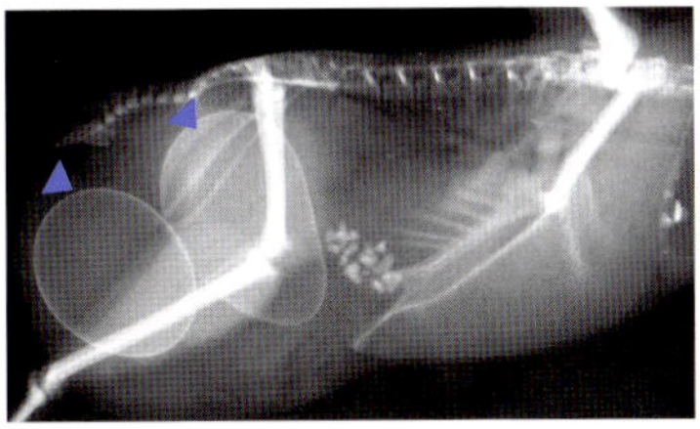

卵づまりのレントゲン写真。二つ詰まっている

過産卵

【危険度】★★★

[概要] 主な飼育鳥は年に1クラッチ(4～7個)から2クラッチですが＊、過剰に産卵する個体があり、頻繁に産卵する慢性産卵と産卵数の多い過剰産卵に分けられます。

[原因] 過発情と持続発情が原因。遺伝、環境、食餌、ある種の疾病などの要因が関与します。(第6章参照)

[発生] セキセイインコ★★★★、ラブバード★★、オカメインコ★★、ブンチョウ★、中大型オウム★

[症状] 慢性的な産卵は、低カルシウム血症、卵塞、卵管疾患、卵巣疾患、ヘルニアなどの繁殖関連疾患を招きます。

[治療と予防] 発情抑制、卵管摘出術。

＊クラッチとは連続産卵のことで、1回のクラッチで産む卵の数をクラッチサイズと言います。

産褥麻痺《さんじょくまひ》

【危険度】★★★★

[概要] 産卵に関連した低血症による麻痺。

[原因] カルシウムやビタミンDの摂取不足や吸収不良、過産卵によるカルシウム不足の個体が卵を作成すると、急激にカルシウムが消費され、神経細胞に必要な量が不足して神経に異常を起こします。

[発生] セキセイインコ★★、ラブバード★★、オカメインコ★★、ブンチョウ★★、中大型オウム★　産卵後に起こります。

[症状] 足に麻痺が見られることが多く、著しいと痙攣を起こし、死亡します。

[診断] 血液検査。

[治療] カルシウム注射。

[予防] 適切な食餌と日光浴、発情抑制。

異形卵《いけいらん》

【危険度】★★★

[概要] 形態に異常を起した卵。表面粗雑卵、薄殼卵、変形卵、無殼卵、無形卵、小型卵などがあります。

[原因] 卵へのカルシウム沈着不足、あるいは卵管の異常により起こります。

[発生] セキセイインコ★★、ラブバード★★、オカメインコ★★、ブンチョウ★★、中大型オウム★★

[症状] 変形した卵が産卵され、卵塞を招きやすくなります。

[治療] カルシウム剤、ビタミンD剤。

[予防] 発情抑制、卵管摘出術。

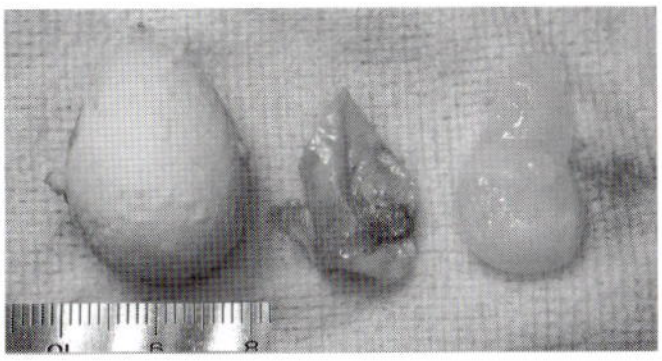

1羽から生まれた異形卵

異所性卵材症

【危険度】★★★

[概要] 卵材が腹腔内に落ちて起きた状態。

[原因] 卵巣から直接体腔内に卵黄が落ちることを異所性排卵（卵墜《らんつい》）、これによって生じる腹膜炎を卵黄性腹膜炎と言います。卵巣異常あるいは過剰な発情が原因です。

また、卵管から逆流して腹腔内に落ちた卵材を逆行性異所性卵材、卵管が破裂して落ちた卵材を破裂性異所性卵材と言います。卵管の異常が原因です。卵材により生じる腹膜炎を卵材性腹膜炎と言います。

[発生] セキセイインコ★★★、ラブバード★★★、オカメインコ★★★、ブンチョウ★、中大型オウム★★

[症状] 卵材による炎症により、慢性的な食欲不振、元気消失、腹部膨大などが見られることがありますが、症状を起こさないこともあります。急激な炎症により稀に突然死したり、腹膜炎から膵炎《すいえん》を起こし糖尿病になることもあります。

[診断] X線検査、超音波検査。

[治療] 消炎剤、発情抑制剤、外科的摘出。

[予防] 発情抑制。

異所性卵材症の図

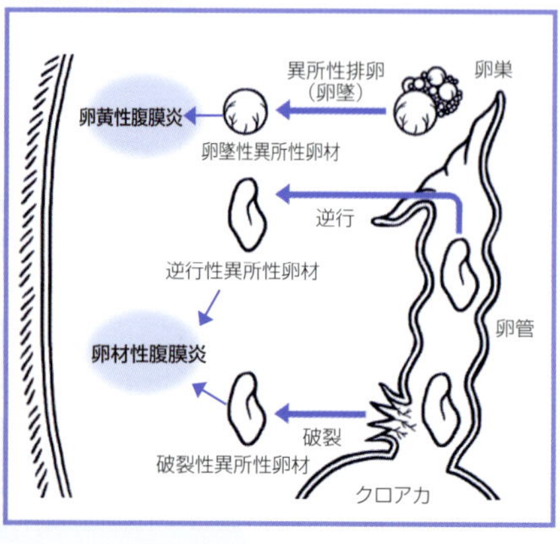

総排泄腔（クロアカ）脱・卵管脱

【危険度】★★★★

[概要] 総排泄腔脱は、総排泄腔が外転して排泄孔から脱出した状態。卵管脱は、卵管が外転し、排泄孔から脱出した状態。

[原因] **産卵中の総排泄腔脱**：産卵時に卵管口が開口せずイキミが強いと、卵ごと総排泄腔が脱出します。

産卵後の総排泄腔脱・卵管脱：産卵後に総排泄腔あるいは卵管に炎症や腫脹が残ると、イキミが持続して脱出が起きます。

産卵に関係ない場合：腹部内の腫瘤による圧迫や、全身状態の悪化から総排泄腔脱や卵管脱が起きることもあります。

[発生] セキセイインコ★★★★、ラブバード★★、オカメインコ★★、ブンチョウ★、中大型オウム★　産卵中、産卵後、あるいは産卵と関係なく発生します。

[症状] 脱出した卵管や総排泄腔は、乾燥と自咬により、腫脹・出血・壊死を起こします。激痛からショックを招き、急死することもあります。卵管の壊死は卵管摘出により改善できますが、総排泄腔が壊死した場合には助からないことが多いです。

[診断] 視診。

[治療] 綿棒で押し入れ、消炎剤・抗生剤・発情抑制剤を投与。それでも脱出する場合は排泄孔を縫合し再脱出を防ぎます。卵管の損傷がひどい場合には卵管を摘出。

[予防] 発情抑制。

総排泄腔脱

卵管脱

卵管蓄卵材症（卵蓄）
【危険度】★★★

[概要] 卵管内に卵材料（卵黄、卵白、卵殻膜、卵殻）や変形卵が蓄積した状態。

[原因] ホルモン異常や卵管内異物による刺激によって異常に分泌された卵材が、卵管の異常（卵塞、嚢胞性卵管、卵管腫瘍、卵管炎、卵管の蠕動《ぜんどう》異常など）によって、排出されずに卵管内に蓄積して形成されます。

[発生] セキセイインコ★★★、ラブバード★★、オカメインコ★★、ブンチョウ★、中大型オウム★

[症状] 卵材が蓄積するに従って腹部が膨大します。初期は症状が見られませんが、卵管炎、異所性卵材症、卵管腫瘍などを招き、それぞれの症状が現れます。

[診断] X線検査、超音波検査。

[治療] 卵管摘出術。

[予防] 発情抑制。

卵管腫瘍
【危険度】★★★★★

[概要] 腺腫、腺癌（悪性）、平滑筋腫、平滑筋肉腫（悪性）、リンパ腫などが報告されており、悪性であることが多いです。

[原因] 他の卵管疾患や遺伝が影響している可能性がありますが、根本は慢性的な発情が原因と著者は考えています。

[発生] セキセイインコ★★★、ラブバード★★、オカメインコ★★、ブンチョウ★、中大型オウム★★

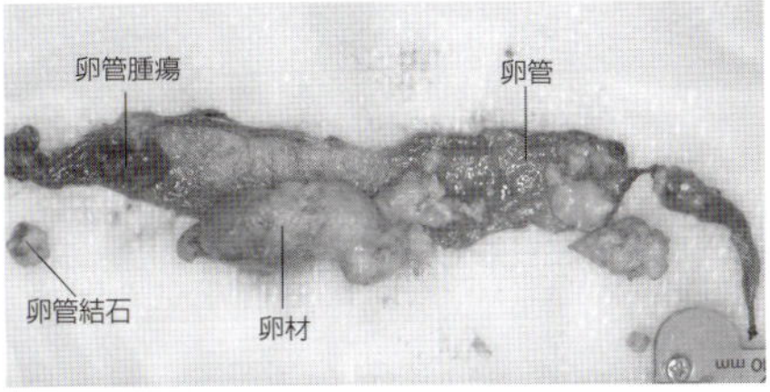

卵管蓄卵材症と卵管腫瘍

4歳前後が中心ですが、若い個体にも多く発生します。

[症状] 卵蓄になって摘出されて初めてわかることが多いです。

[診断] 病理検査。

[治療] 卵管摘出術。

[予防] 発情抑制。

卵管炎
【危険度】★

[原因と症状] 卵管蓄卵材症、卵管腫瘍、卵塞などに付随して起きる卵管炎がほとんどで、感染性の卵管炎は稀です。特徴的な症状は少なく、食欲元気の低下、体重減少などが見られます。

[診断] 病理検査。

[治療] 消炎剤、卵管摘出術。

[予防] 発情抑制。

多骨性骨化過剰症
【危険度】★★

[概要] 鳥は発情すると、卵殻用のカルシウムを骨に蓄積し始めます。この作用が過剰になり、骨に著しいカルシウム沈着が生じた状態です。

[原因] 発情の過剰と持続。

[発生] セキセイインコ★★★、ラブバード★★、オカメインコ★、ブンチョウ☆、中大型オウム★　高齢の個体に多く発症します。

[症状] 飛べなくなったり、足が動かなくなったりします。

[診断] X線検査。

[治療と予防] 発情抑制。

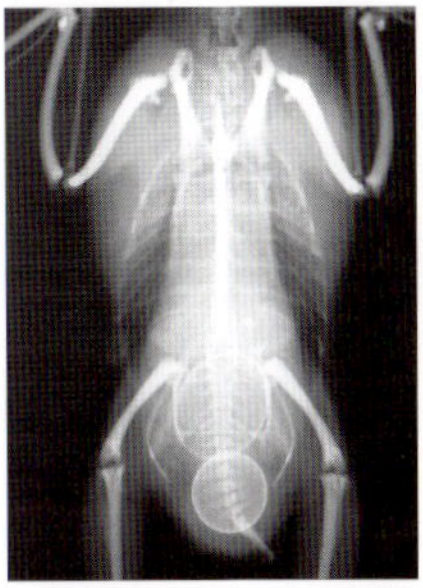
多骨性骨化過剰症により骨が真っ白になっている

嚢胞《のうほう》性卵巣疾患

【危険度】★★★★

[概要] 卵巣に液体の溜まった袋（嚢胞）ができる病気。腫瘍ではない「卵巣嚢胞」と、「嚢胞性卵巣腫瘍」に分けられます。著者の調べでは嚢胞性卵巣疾患のうち、約半分が悪性の腫瘍、良性の腫瘍が約1/4、卵巣嚢胞が約1/4の割合でした。

[原因] 遺伝性あるいは女性ホルモンの過剰が原因と考えらます。

[発生] セキセイインコ★★★、ラブバード★★、オカメインコ★★、ブンチョウ☆、中大型オウム★　2～8歳に多く、悪性の卵巣腫瘍は5歳前後に集中しています。

[症状] 腹部が膨大する。貯留物は液体であるため、光を当てると透過します。著しく溜まると呼吸困難の症状が見られ、液体が気嚢に侵入すると咳や湿った呼吸音（プチプチ、グチュグチュ）が見られます。嚢胞が破裂するなどして気嚢や肺に液体が急激に侵入すると、呼吸困難を起こし死亡します。

[診断] 光透過検査、X線検査、超音波検査、病理検査。

[治療] 発情抑制剤、穿刺吸引、卵巣摘出術。

[予防] 発情抑制。

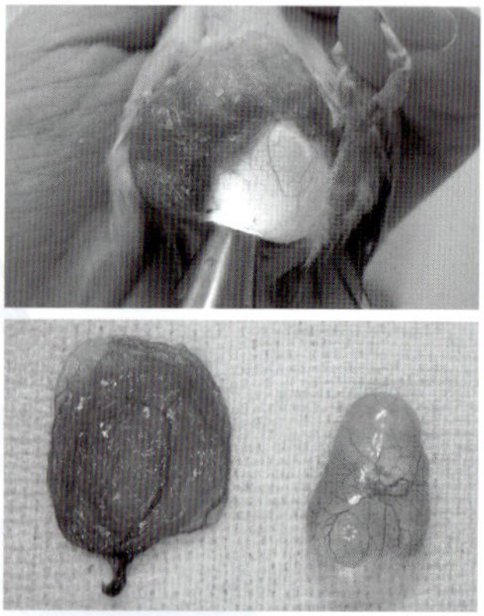

上：透明な液体を貯留した嚢胞は光を透過する
下：手術により摘出した嚢胞

精巣腫瘍

オス

【危険度】★★★★★

[概要] 飼い鳥の精巣腫瘍はセルトリ細胞腫が主で、精上皮腫、間細胞腫、リンパ肉腫などがあります。良性が多く、転移は稀ですが、転移する精巣腫瘍も報告されています。

[原因] 非発情期の精巣は小さく気嚢に包まれ冷やされていますが、発情期の精巣は肥大し、内臓と接触し温められます。持続的に温められると腫瘍化しやすいと考えられ、発情が精巣腫瘍を誘発している可能性があると考えられています。

[発生] セキセイインコ★★★★、ラブバード★、オカメインコ★、ブンチョウ★、中大型オウム★　4歳前後から多くなります。

[症状] **初期**：セルトリ細胞腫からは女性ホルモンが分泌され、メス化が起きます。セキセイインコではロウ膜が褐色化し、交尾許容姿勢、抱卵行動などメスの行動が見られます。

中期：精巣が大きくなり始めます。

後期：腫瘍が肥大し、腹部も大きくなり始めます。足への神経の圧迫による脚麻痺、胃腸の圧迫による消化器症状、呼吸器の圧迫による呼吸困難などが見られます。

末期：腹水や血液が腹腔に溜まり始めます。

[診断] 視診、X線検査、超音波検査。

[治療] 発情抑制剤、精巣摘出術（現在、まだ数例しか成功例がありません）。

[予防] 発情抑制。

ロウ膜の褐色化

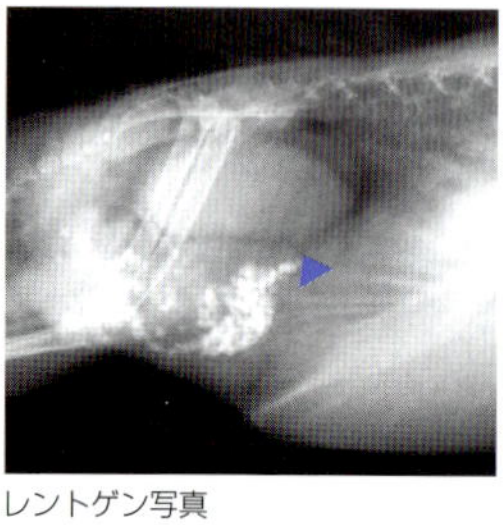

レントゲン写真

栄養に関わる病気

ヨード欠乏症（甲状腺腫）

【危険度】★★★

[原因] 食餌中のヨードの欠乏によって、ヨードを原材料とする甲状腺ホルモンの産生が減少します。これを察知した脳の視床下部が甲状腺刺激ホルモンを分泌し、甲状腺に甲状腺ホルモンの分泌を促します。しかし、原材料であるヨードが足りないため、甲状腺ホルモンは産生できず、甲状腺刺激ホルモンは放出され続けます。甲状腺刺激ホルモンには甲状腺を肥大化させる作用があるため、甲状腺は肥大し甲状腺腫となります。アブラナ科の植物に含まれるゴイトロゲンやヨードの過給なども甲状腺腫誘発物質として働きます。

[発生] セキセイインコ★★★、ラブバード★、オカメインコ★、ブンチョウ★★★、中大型オウム★（コンゴウ★★★） 甲状腺は暗くなると肥大する傾向があります。

[症状] 甲状腺腫によって声を出す鳴管が圧迫されると、呼吸時に勝手にヒューヒューと声が出るようになります。気管が圧迫されて呼吸困難が起きると、開口呼吸、チアノーゼが見られます。食道が圧迫されると、エサが飲み込めず吐出したり、飲み込む際に咳が出ることもあります。甲状腺機能低下から心不全を起こしたり、出血性甲状腺炎や甲状腺癌に発展して甲状腺破裂を起こし、急死することもあります。

肥大した甲状腺が鳴管、気管を圧迫している模式図

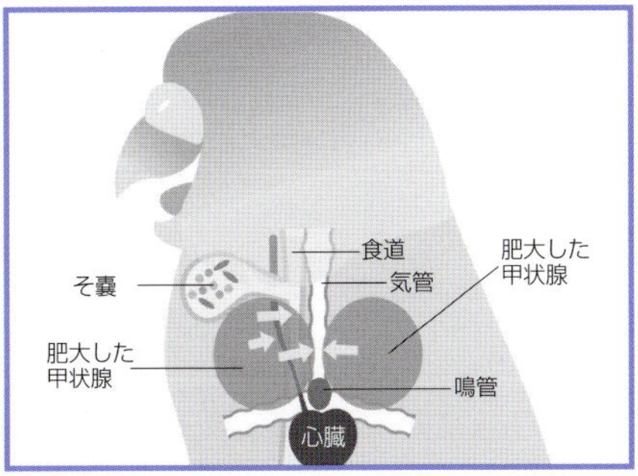

イラスト：コンパニオンバード6号より転載

[診断] 特徴的な症状、X線検査。

[治療] ヨード剤、甲状腺ホルモン剤、消炎剤。

[予防] ヨードの適切な投与。アブラナ科のゴイトロゲンの一部はヨード給与で中和可能。

チアミン欠乏症（脚気《かっけ》）

【危険度】★★★

[概要] チアミン（ビタミンB_1）が欠乏すると、神経細胞が障害されます。初期は脚の神経の障害により脚麻痺が起きるため、脚気と呼ばれます。障害は全身の神経に及び、脳の神経が障害されるとウェルニケ脳症となります。

[原因] アワ玉のみの育雛。アワ玉のチアミン含有量は非常に少なく、お湯でふやかしてお湯を捨てると水溶性ビタミンであるチアミンはお湯と共に流れ出てしまいます。

[発生] セキセイインコ★★★、ラブバード★★、オカメインコ★★、ブンチョウ★★、中大型オウム★　ひとり餌になる頃、過量な炭水化物の燃焼や活発な運動にチアミンが使われるため多く見られます。成鳥ではほとんど見られません。

[症状] 最初に片足の麻痺が起きます。ぶつけた、落ちたなど事故を契機に発生することも多く、進行すると麻痺は両足、両翼に広がります。暑がったり、食欲が減退することもあります。ウェルニケ脳症になると痙攣を起こし、死亡します。

[診断] 問診と症状から類推。

[治療] チアミン注射・内服。

[予防] ヒナ期の適切な食餌（パウダーフード）。

ビタミンD・Ca欠乏症

【危険度】★★★

[原因] カルシウム（Ca）の欠乏は、Caの給餌不足、摂取不足、過剰放出（産卵）、吸収不良などによって起きます。Ca吸収にはビタミンD_3が必要であり、これはビタミン剤あるいはペレットから摂取するか、日光浴によって自己合成するしかありません。高脂食もCa吸収を阻害します。

[発生] ★★（ヨウム★★★★）

[症状] 初期はふるえ、脚弱などが見られ、悪化すると産褥麻痺、骨折などを起こします。

[診断] 血液検査、X線検査。

[治療] Ca剤、ビタミンD。

[予防] ペレット食。種子が主食の場合はボレー粉＋ビタミン剤＋日光浴が必須です。

ビタミンA欠乏症

【危険度】★★

[原因] ビタミンAはペレットには含まれますが、種子には含まれません。種子が主食の場合は、緑黄色野菜などから摂取する必要があります。しかし緑黄色野菜に含まれるプロビタミンA（β-カロチン）は必要量を摂取させるのが難しく、また、体調不良時はビタミンAへの合成力が弱まるため、ビタミン剤も併用する必要があります。

[発生] ★★★★

[症状] 皮膚は乾燥し、粘膜は角化して弱まるため、呼吸器感染が起きやすくなります。腎不全も起きやすくなり、免疫が低下するため、すべての疾患の根本原因となり得ます。

[診断] 問診、視診、そ嚢検査。

[治療] ビタミンA剤。

[予防] ペレット。種子が主食の場合、緑黄色野菜＋ビタミン剤の併用。

中毒による病気

鉛中毒症

【危険度】★★★★

[概要] 鉛は毒性の強い重金属で、摂取されると体のすべての細胞を障害します。特に血液、神経、消化器、腎臓、肝臓での障害が強く出ます。

[原因] 家庭内の鉛としては、カーテンウエイト、おもちゃの重し、ハンダ、つりの錘《おもり》、ワインの蓋、鏡の裏などがあげられますが、何を食べたかがわからないことも多くあります。

[発生] セキセイインコ★★★、ラブバード★★★、オカメインコ★★★、ブンチョウ☆、中大型オウム★★

[症状] 赤血球の破壊（溶血）によって起きる濃緑色便、尿酸の変色（白→黄→緑→赤）が特徴的です。食欲不振、排便停止、食滞、嘔吐などの消化器症状、ふるえ（振戦）、翼が下がる（翼垂れ）、脚麻痺などの神経症状も一般的です。著しい場合には痙攣を起こし、死亡します。

[診断] X線写真、血中鉛濃度検査。

[治療] キレート剤、解毒強肝剤など。キレート剤の効果は激烈で、早期発見により著しく治癒率が上がります。

[予防] 放鳥時は目を離さないこと。

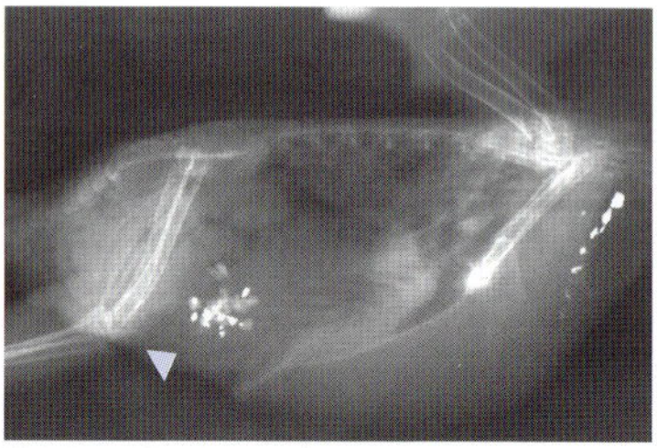

鉛中毒のX線写真。筋胃の中にX線不透過物（白）が写っています

亜鉛中毒症
【危険度】★★★

［概要］亜鉛は体に必要なミネラルですが、摂取し過ぎると中毒を起こします。

［原因］亜鉛は様々なものに使用されており、特に亜鉛メッキとしてケージや食器、おもちゃ、ワイヤーなどにも使用されており、錆びたものは特に毒性が強くなります。

［発生］オウム類★、フィンチ類☆

［症状］多飲多尿、下痢、元気食欲低下、貧血などのほか、毛引きの可能性もあります。痙攣を起こし、死亡することもあります。

［診断］X線写真、血中亜鉛濃度検査。

［治療］キレート剤、解毒強肝剤など。

［予防］放鳥中は目を離さない。亜鉛メッキの飼育用品は2〜3年に1回交換するか、ステンレスやアルミ製に換えます。

鉄貯蔵病（ヘモクロマトーシス）
【危険度】★★★★

［概要］通常、鉄は必要以上に摂取されないよう調節されていますが、鉄貯蔵病感受性種では過剰に蓄積されることがあります。

［原因］遺伝的要因、食餌中の鉄分過剰、ビタミンCの摂取過剰、ストレスの増大などで引き起こされると言われています。

［発生］セキセイインコ、ラブバード、オカメインコ、ブンチョウ☆、中大型オウム★、ローリー★★、九官鳥★★★、オオハシ★★★

［症状］九官鳥では肝肥大や腹水がよく見られ、腹水が呼吸器に侵入して咳やくしゃみをするためカゼと間違われます。九官鳥以外の種類では症状に乏しく、突然死することがあります。

［診断］X線写真、血中亜鉛濃度検査。

［治療］キレート剤、解毒強肝剤など。

［予防］感受性種では食餌中の鉄分を100ppm以下とし、ビタミンCを制限します。感受性種専用のペレット食があります。

テフロン中毒症
【危険度】★★★★★

［概要］テフロンは138℃以上の加熱によりヒュームとなって飛散するとされ、ヒュームとなったテフロンを鳥が吸引すると肺に浮腫、出血、うっ血などを起こし、急死します。

［原因］テフロンコートは、フライパンが有名ですが、現在、加熱される器具の多くに使用されています。

［発生］★★

［症状］咳、開口呼吸、呼吸音（キューキュー）、チアノーゼを起こし、急死します。

［治療］ステロイド剤、酸素吸入（治療が間に合うことは稀です）。

［予防］テフロン加工製品を使用する部屋、特にキッチンには鳥を入れないことです。

アボカド中毒症
【危険度】★★★

［原因］アボカドの果肉、仁《じん》、種、葉、樹脂にはpersinと呼ばれる物質が存在し、鳥に中毒症状を起こさせます。

［発生］★

［症状］呼吸困難、全身性のうっ血、心膜水腫、浮腫などが摂取の約12時間後に起き、重篤な場合1〜2日で死亡します。小型鳥でとくに問題が大きくなります。

［診断］問診と症状から類推。

［治療］そ嚢洗浄、活性炭、解毒強肝剤、利尿剤、強心剤。

［予防］アボカドを与えないこと。放鳥中は目を離さないこと。

消化器の病気

肝不全

【危険度】 ★★★

[概要] 広範な肝細胞壊死、重篤な肝機能障害により出現する症候群。

[原因] 肝炎、脂肪肝、ヘモクロマトーシス、肝癌、肝硬変など。肝炎の原因としては感染性（ウイルス、細菌、真菌、寄生虫など）、中毒性（カビ毒、鉛など）、自己免疫性、脂肪肝性などがあります。肝炎は肝硬変や肝癌へと進行します。

[発生] ★★★★

[症状] **黄疸《おうだん》様症状**：尿酸色の変化（白→黄～緑）、羽の黄色化（Yellow Feather）。

タンパク質の形成不全：くちばし・爪の過長・質の低下、羽色の変化（黒、脱色）、羽質の低下。

肝肥大：腹部膨大、腹水。

出血傾向：血が止まりにくい。くちばし、爪の血斑。

神経症状：肝臓でのアンモニアを尿酸に代謝する機能が損なわれると、猛毒であるアンモニアが脳を障害し、嘔吐、意識低下、痙攣を起こし（肝性脳症）、死亡します。

[診断] 症状、血液検査、X線写真から類推。確定診断には肝生検が必要です。

[治療] 原因治療と強肝剤。

[予防] 適切な栄養、肥満の予防。

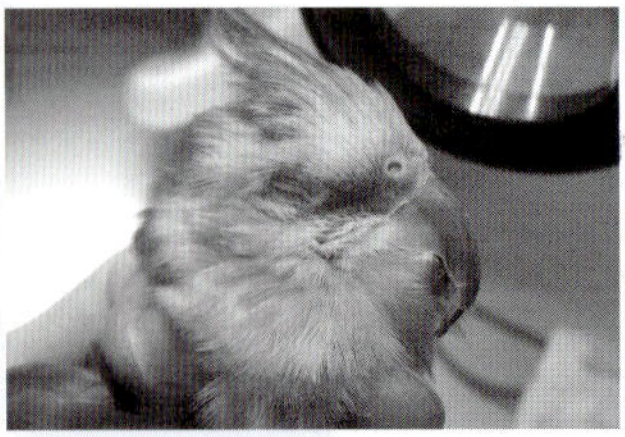

肝不全によりYellow Featerとくちばしの過長が起きている

肝リピドーシス（脂肪肝症候群）

【危険度】 ★★★★

[原因] 肝臓は脂肪を貯蔵する臓器ですが、その収支のバランスが崩れると、肝細胞に過剰な脂肪が溜まり、肝機能を障害します（脂肪肝）。特に肥満の個体が絶食状態に陥ると、もともと脂肪肝となっている肝臓に急激に脂肪が蓄積し、急性肝不全を起します。鳥が絶食するとすぐに死亡すると言われる原因の一つに、この肝リピドーシスによる肝性脳症があります。

[発生] ★★★★　換羽ストレスによる食欲低下が引き金となることが多くあります（特に肝障害を持つ個体）。

[症状] 急激な食欲元気低下、膨羽、嘔吐、濃緑色便、尿酸色の変化（白→黄～緑）、痙攣。

[診断] 症状と血液検査から類推、確定診断には肝生検が必要です。

[治療] 強制給餌、輸液、強肝剤（特に高アンモニア血症用薬）。

[予防] 肥満が基礎要因であるため、体重管理、栄養管理、換羽時の体調管理が重要。

膵《すい》外分泌不全

【危険度】 ★★★★

[概要] 膵臓から消化管への消化液の分泌（外分泌）が悪くなり、消化不良が起きます。

[原因] 不明。

[発生] ★★

[症状] 炭水化物や油が消化されず排泄されるため、便が白く大きくなり（白色便）、食欲があるにも関わらず体重が減少します。

[診断] 便検査で消化不良を確認。

[治療] 消化剤。

[予防] 肥満や栄養不良が原因となることもあるため食餌を整えることが大事です。

胃炎・胃潰瘍

【危険度】★★★

[原因と症状] 感染性（AGY、細菌）、ストレス（疼痛、換羽）、薬剤（ステロイド、NSAIDs）などにより胃の粘膜に炎症が起きた状態。悪化すると胃潰瘍となります。食欲元気不振、嘔吐、吐き気を起こし体重が減少します。胃出血が起きると黒色便、貧血が起きます。

[発生] ★★★★

[診断] 症状から類推。

[治療] 胃粘膜保護剤、胃酸を抑える薬。

[予防] 病原体の駆除。ストレスの軽減。

胃癌

【危険度】★★★★★

[原因] 不明。慢性胃炎からの移行、遺伝、感染（AGYなど）、性ホルモン、食餌などが疑われます。

[発生] セキセイインコ★★★★、その他★★

[症状] 胃炎症状。特に胃出血（黒色便）が著しく、胃炎治療により一時的に症状は軽くなりますが、再発します。

[診断] 死後の病理検査までは診断できませんが、繰り返す症状とX線検査像から類推。

[治療] 胃潰瘍の治療。

[予防] AGYの駆除、適切な栄養。

そ嚢《のう》炎

【危険度】★★

[概要] 日本では鳥の病気と言えばそ嚢炎と言われてきましたが、実際には発生は稀です。かつては確かにそ嚢炎は多く発生していましたが、それはトリコモナスが多かったことと、アワ玉飼育によるカンジダ症が多かったことに由来します。現在、トリコモナスはほとんど見られなくなり、挿し餌もパウダーフードに変わったことで、そ嚢炎の発生は激減しました。しかし、現在も鳥の病気というと、そ嚢炎という認識は飼育者・獣医師双方に根強く残っています。

[原因] 熱い挿し餌による火傷、フィーディングチューブでの損傷、トリコモナス、カンジダ、細菌など。根本にビタミンA欠乏。

[発生] ★

[症状] 吐出、食欲不振、そ嚢の肥厚・発赤。そ嚢の疼痛《とうつう》から首を伸ばした姿勢をとります。

[診断] そ嚢の視診・触診、そ嚢検査。

[治療] 抗生剤、抗真菌剤。

[予防] 適切な育雛管理、適切な栄養、トリコモナスの駆除。

肺炎性後部食道閉塞

【危険度】★★★★★

[原因と症状] 後部食道は肺のすぐ下を通過しているため肺炎によって閉塞しやすく、閉塞するとエサや水が胃に行かなくなり、そ嚢に大量に貯留します。

[発生] オカメインコ★

[診断] 造影X線検査。

[治療] 抗生剤、抗真菌剤、消炎剤。通過しない場合は外科手術を行いますが、予後は良くありません。

[予防] 呼吸器疾患の早期治療。

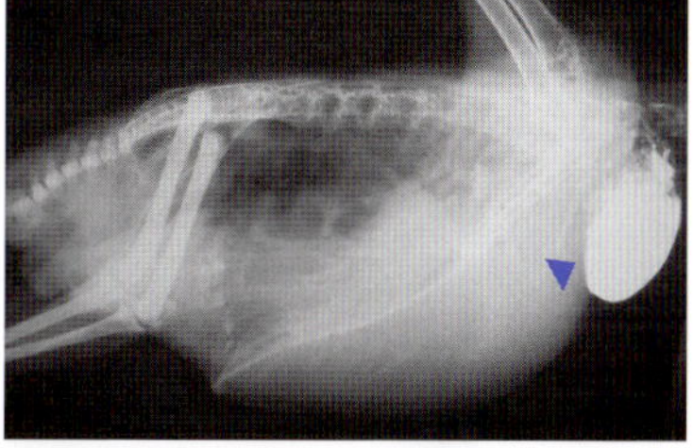

後部食道閉塞のX線写真。バリウムがそ嚢に溜まったまま

泌尿器の病気

腎不全

【危険度】★★★★★

[概要]腎機能が50%を割った状態。進行速度により、比較的治癒しやすい急性腎不全と治癒困難な慢性腎不全、原因により腎前性、腎性、腎後性に分かれます。

[原因]**腎前性**:脱水、高タンパク食、循環不全などにより起こります。

腎性:先天性、腎前性から移行、感染(ウイルス、細菌、真菌など)、中毒(重金属、ビタミンD_3、薬剤、カビ毒、塩など)、腫瘍(とくにセキセイインコに多い)、ビタミンA欠乏、リピドーシス、アミロイドーシスなどにより起こります。

腎後性:腎通風、尿酸結石や総排泄腔脱などによる尿管閉塞などにより起こります。

[発生]セキセイインコ★★★★、ラブバード★★、オカメインコ★★★★、ブンチョウ★★、中大型オウム★★★

[症状]一般に、腎機能が70%以上障害されないと症状は現れないと言われています。食欲元気低下、膨羽、体重減少などの一般症状に加え、特徴的な症状として多飲多尿、脚の麻痺、通風、脱水などが見られることがあります。

[診断]血液検査、X線写真、腎生検。

[治療]原因に対する治療、高尿酸血症治療薬、輸液療法、食餌改善(処方食)など。

[予防]適切な食餌(高カルシウム、高ビタミンD、高ナトリウム、低ビタミンA、高タンパクなどは腎臓に負担)、感染症の発症前検査と治療、中毒(誤食)の予防などが挙げられます。

痛風

【危険度】★★★★

[概要]血液中の尿酸濃度が高まり(高尿酸血症)、関節などに析出した状態を通風と言います。人では核酸などプリン体の最終代謝産物が尿酸であり、核酸の代謝異常によって通風が起きます。鳥では核酸だけでなく、タンパク質の最終代謝産物が尿酸であるため、主に腎不全による尿酸の排泄障害によって通風が起きます。つまり鳥の通風は、腎不全の症状のひとつです。鳥の通風は、内臓に尿酸が析出する内臓痛風と、関節に蓄積する関節通風に分かれます。

[原因]通風は高尿酸血症が原因であり、高尿酸血症は主に腎不全によって起きます。内臓痛風は急性の腎不全、関節通風は慢性腎不全によって起きることが多いとされます。

[発生]**関節通風**:セキセイインコ★★★、ラブバード★★、オカメインコ★★、ブンチョウ☆、中大型オウム★

内臓痛風:★★

[症状]**関節通風**:趾や踵の関節付近に白色の結節ができ、強い痛みを伴うため脚を挙げます。

内臓痛風:腎不全症状、突然死。

[診断]血液検査、通風結節の鏡検。

[治療]高尿酸血症治療薬、輸液療法、食餌改善(処方食)。

[予防]腎不全の予防。

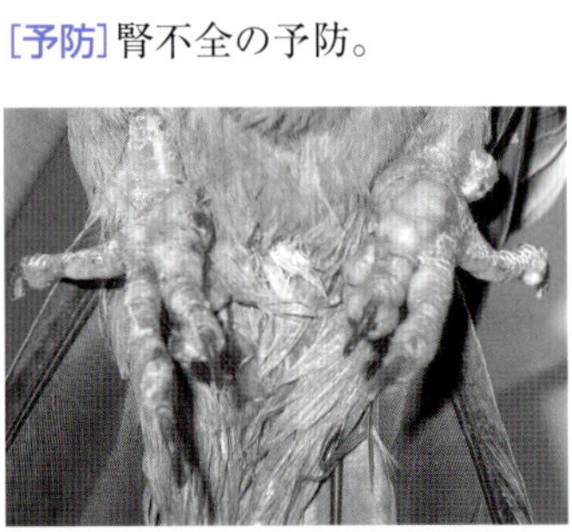

関節通風

呼吸器の病気

上部気道疾患（URTD）

【危険度】★★

[概要]上部気道(URT)には鼻孔、鼻道、鼻腔、眼窩下洞、喉頭などが含まれます。URTDはURTの粘膜に病原体が付着、侵入し病状を起こした状態（発症）で、通常、URT周囲の咽頭や結膜にも症状は波及します。

[原因]細菌、CHL《クラミジア》、MYC《マイコプラズマ》が主な原因です。

細菌：主に悪玉のグラム陰性菌。免疫低下により日和見菌が悪さをすることもあります。

CHL：URTはクラミジアの好発部位。

MYC：もともと持っている個体が非常に多く、ほかの病原体を感染しやすくします。

真菌：CAN《カンジダ》、ASP《アスペルギルス》など。

ウイルス：ポックス、ヘルペスなど。

寄生虫：トリコモナスなど。

[発生]★★★★★

[症状]くしゃみ、鼻水、頭振、あくび、鼻音、鼻孔発赤、結膜発赤、顔面発赤・腫脹、顔をこするなど。悪化すると、ロックジョウや下部呼吸器感染症を起こし死に至ることもあります。

[診断]培養感受性検査、PCR検査、X線検査。

[治療]抗生剤、抗真菌剤などを内服、注射、ネブライザーで投与。

[予防]特にビタミンA。

LEDによるURTDのコザクラインコ。結膜が赤く腫れている

下部気道疾患（LRTD）

【危険度】★★★★

[概要]下部気道（LRT）には気管、肺、気嚢が含まれます。LRTDはLRTの粘膜に病原体が付着、侵入し病状を起こした状態（発症）。

[原因]URTDとほぼ一緒ですが、LRTDでは真菌性（ASP）であることがより多い。

[発生]★★★

[症状]乾性の咳（ケッケッ）、湿性の咳（ゲチョゲチョ）、喘鳴《ぜんめい》（ヒューヒュー、プチプチ、ゼロゼロ）、変声、無声、呼吸困難（開口呼吸、ボビング、呼吸促迫、全身呼吸、星見様姿勢）など。気嚢炎では呼吸器症状を伴わず、消化器症状や一般症状のみのこともあります。

[診断]X線検査、培養感受性検査、PCR。

[治療]抗生剤、抗真菌剤などを内服、注射、ネブライザーで投与。

[予防]URTDのうちに治療。適切な栄養、適切な環境管理（特に換気、加湿、温度）。CHL、ASP、MYCの予防。

上部・下部呼吸器の解剖図

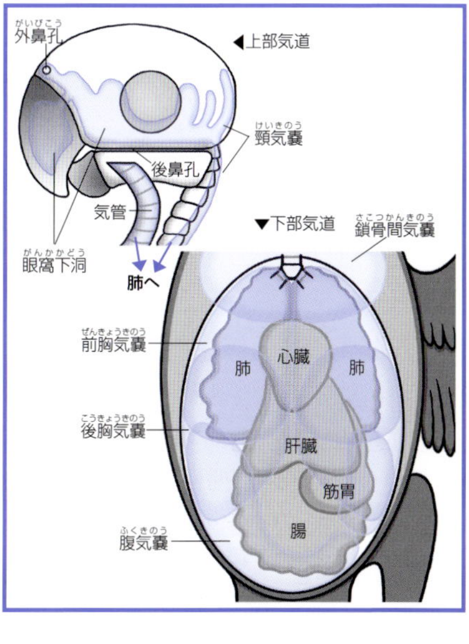

Lovebird《ラブバード》 Eye《アイ》 Disease《ディジーズ》

【危険度】★★★

[概要]ボタンインコ属のヒナに流行する疾患。結膜炎が主症状であるため、Eye Disease(眼病)と呼ばれますが、実際にはURTDが波及して眼病が発生します。

[原因]根本原因は不明。ウイルスのほか、微胞子虫の関与も疑われています。細菌、CHL、MYC、真菌などが悪化させます。

[発生]★★★★★　多くのボタンインコ属の鳥が幼少期に一度はかかるものと考えられ、幼少期、免疫の低い個体が環境変化などで発症します。

[症状]URTD症状。特に結膜炎は強く、二次感染により化膿し、失明、LRTD、腎不全に陥ると死に至ることがあります。

[診断]そ嚢検査、培養感受性検査、PCR検査、X線検査。

[治療]抗生剤、抗真菌剤など。

[予防]適切な栄養、発症鳥から隔離、幼少期のストレス軽減(挿し餌の段階で環境変化をしないなど)。

内分泌の病気

糖尿病

【危険度】★★★

[概要]　鳥類の血糖値はもともと高いが、それがさらに高くなり、尿中に糖分が漏出する病気。

[原因]　不明。鳥類の血糖値の調節は哺乳類と異なりインシュリンよりもグルカゴンが主な役割を担っていると考えられています。このため哺乳類のインシュリン欠乏よりもグルカゴンの放出過剰による結果と想像されています。オカメインコの糖尿病は肝疾患や卵黄性腹膜炎に続発することがあり、これらの疾患との関連も疑われます。

[発生]　オカメインコ★★★、その他★

[症状]　多飲多尿。過食、体重の減少など。

[診断]　尿検査、血液検査。

[治療]　経口血糖調節薬、強肝剤、インシュリンなど。

[予防]　肥満の予防、栄養改善。

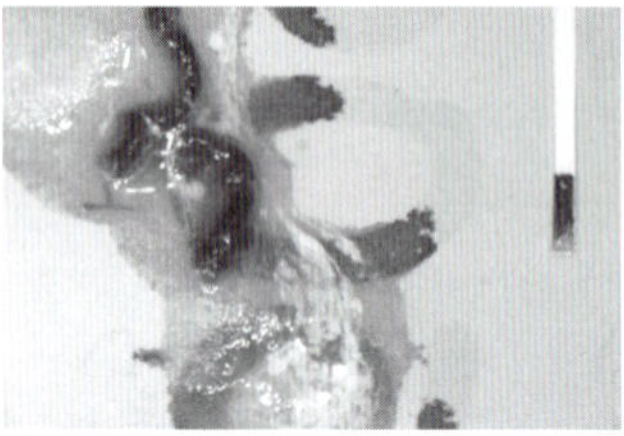

糖尿病による多尿症状。尿試験紙が尿糖で強陽性(茶色)になっている

綿羽症

【危険度】★★

[原因と症状]綿毛が異常に伸び、正羽も細長くなり、脱色することもあります。おそらく甲状腺機能低下症が原因と考えられ、高脂血症、肝不全、糖尿病と関わることもあります。

[発生]セキセイインコ★★、オカメインコ★★、その他★

[診断]現在の所、甲状腺検査は困難。

[治療]甲状腺ホルモン剤。

[予防]適切な栄養。

甲状腺機能低下が原因と考えられる綿羽の過剰な伸張

神経の病気

てんかん
【危険度】★★★

[概要] てんかんは大脳神経の異常興奮により起こり、反復的な発作が特徴です。

[原因と症状] 原因は不明。部分発作(足がつるなど)と、全般発作(全身の痙攣など)に分かれます。発作は1分以内(長くても10分以内)に収束する。収束後も意識は低下していますが直に回復します。全般発作が重積すると死に至ります。

[発生] ラブバード★★★★、その他★

[診断] 特徴的な症状から類推。ほかの疾患を除外するための血液検査、X線検査。

[治療] 抗てんかん薬で管理可能な例が多い。

[予防] 悪化予防のため抗てんかん薬を常服し、次の発作を予防します。きっかけ(光刺激、温度変化など)がある例では、きっかけの除外に努めます。

前庭《ぜんてい》疾患(上見病《うわみびょう》)
【危険度】★★★

[原因と症状] 内耳炎、脳炎、脳腫瘍、中毒、頭部打撲など。アキクサインコではウイルス性(PMV 3)によることが多い。平衡感覚を司る脳幹や小脳、内耳の障害により平衡感覚に異常をきたし、斜頸《しゃけい》、旋回、ローリングなどの症状を起こします。

[発生] ★★

[診断] 原因を特定するのは困難です。

[治療] 抗生剤、鎮静剤、ステロイドなど。

[予防] PMV3ワクチンは本邦では入手不可能です。

精神の病気・問題行動

オカメ・パニック
【危険度】★★

[概要] 地震や夜間の物音などに驚いて生じる暴発行動。

[原因] 外敵からいち早く逃げるための反射的な緊急行動と考えられます。本来、野生下では小さな物音で空高く舞い上がり、外敵から逃れることに役立っていましたが、狭いケージの中では自身を傷つけるだけの行動となっています。ルチノーに多発することから遺伝的要素が強いと考えられます。

[発生] ★★★★★

[症状] 数十秒で落ち着きますが、暴発行動により新生羽出血や骨折を起こす個体もあります。

[診断] 問診と症状から類推。

[治療] 骨折を繰り返すなど重度の場合には向精神薬を使用することもあります。

[予防] 夜間点灯がパニック抑止に効果があるとされますが、概日周期が崩れ、ホルモンバランスが崩れる恐れもあります。外傷を避けるには爬虫類用水槽が効果的です。

ブンチョウの失神
【危険度】★

[概要] ブンチョウは保定などの緊張により突然失神することがあります。

[原因] 緊張→心拍数増加→脳内血流量減少で失神すると言われますが、パニック障害による過呼吸→血中CO_2濃度低下→脳血管収縮による失神の可能性もあります。オスのシロブンチョウとサクラブンチョウに偏って発

生するため遺伝的な要素も強いと考えられます。神経質な個体や高齢で発症しやすく、心不全との関わりも考えられます。

[発生]ブンチョウ★★

[症状]呼吸促迫、呼吸音、脚麻痺、起立困難から失神へと数十秒以内に進行し、数十秒で意識は戻ります。完全に回復するまで数分から数十分かかることもあります。

[診断]特徴的な症状から類推。

[治療]発作が起きたら安静にする。発作の頻度が多い場合、抗てんかん薬や強心剤。

[予防]神経質な個体は緊張状況を避けます。

心因性多飲症

【危険度】★

[原因と症状]身体に問題がなく、強い飲水欲のみによって多飲多尿が起きることがあり、精神障害の一つと考えられます。

[発生]★★

[診断]血液検査、脱水試験。

[治療]場合によっては飲水制限。

[予防]予防困難。

自咬症《じこうしょう》

【危険度】★★★★

[概要] 腋窩《えきか》（脇）をはじめとして、趾《ゆび》、脛《すね》、尾部～排泄孔周囲、顎下、背中などの皮膚をかじる問題行動。趾先をかじりとってしまうこともあります。出血多量や感染によって死亡することが多々あります。

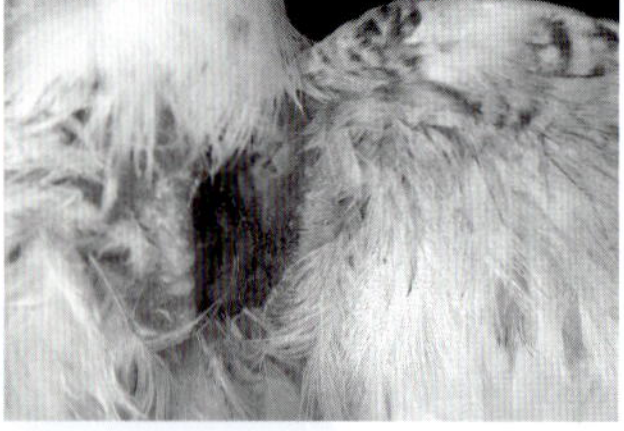

左翼下の自咬。羽に隠れて重篤になるまで気づかれない

[原因]痛み、痒み、麻痺など身体的な問題から患部を自傷することもありますが、圧倒的に精神障害からの自咬が多く、原因としては環境因子のほか、遺伝的な要素も大きいと考えられます。

[発生] セキセイインコ★★★、ラブバード★★★★、オカメインコ★★、ブンチョウ★、中大型オウム★★

[診断] 精神性以外の病気を否定するために、血液検査、X線検査、皮膚生検、細菌・真菌培養などをすることもあります。

[治療] 生体に危険な行為であるため積極的な治療が必要です。抗生剤、カラー装着、向精神薬、行動療法、環境改善など。カラーを装着して一生を過ごす個体も多くいます。

[予防] 毛引き症の予防を参照。

羽咬症《うこうしょう》

【危険度】☆

[概要]羽をしゃぶる、あるいはかじる行動。羽がベタベタになり飛べなくなることもあります。毛引き症との併発も多いですが、長羽のみの羽咬症では毛引きが起きることは稀。

[原因]外的要因による影響が強く、羽毛に付着した汚れや、羽切りがきっかけとなることが多いです。また、栄養欠乏による異嗜《いし》（羽食症）が原因のこともあります。

[発生]★★

[診断]問診、視診。

[治療]生体には悪影響を及ぼさないため原則として無治療。羽の洗浄・抜羽。

[予防]手を洗ってから触る、匂いのあるものを鳥部屋で使わない、羽のクリッピングをしないなど。栄養改善。

毛引き症

【危険度】★

[概要] 異常に羽を引き抜く行動。

[原因] 様々な原因が複合して発生。

内科的要因：ある種の疾病（亜鉛中毒、PDDなど）により起きるとされるが稀。栄養不良（アミノ酸欠乏、カルシウム欠乏など）により起きることもあります。

外的要因：羽毛のコンディション不良による毛引き。付着した汚れや、損傷した羽毛を除去しようとして毛引きします。

精神的要因：多くの例に精神的要因が関与すると考えられ、ある種の向精神薬が奏功する例があります。著者は衝動制御障害あるいは強迫性障害の一種ではないかと考えています。また、毛引きは野生下で発生しないため、人との生活に根本の問題があると考えています。

先天的な精神的要因：家族性に発生する例があることから先天的（遺伝的）に起こしやすい気質を持つ個体がいると考えられます。

後天的な精神的要因：人と同様、正常な情緒成長が行われない、あるいは心的外傷が加わることでそうした気質を持つに至ると考えられます。本来、親鳥が育てるところを、人が育てる歪みが特に指摘されます。

現時点での精神的要因：発情衝動、分離不安、環境への不満などの精神的ストレスがきっかけとなり発症することがあります。

[発生] インコ・オウム★★★★、フィンチ★

[症状] 出血をすることがあります。

[診断] X線検査、超音波検査。

[治療] 多くの場合、体に影響を及ぼさないため無治療。生活の質に問題がでる場合、向精神薬、生活改善、発情抑制、行動療法など。特に行動療法については、今後注目されてゆく治療法と考えられます（何か

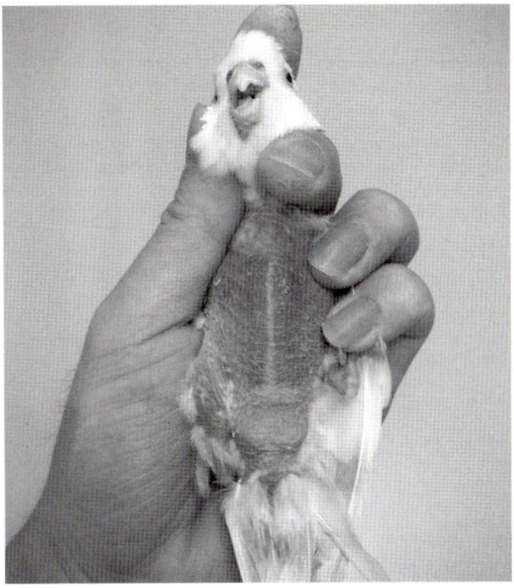

毛引き

羽とは違う物に対象を移行させるなど、行動学見地から訓練によって問題を減弱する方法）。

[予防] 原因が複数存在するため、それぞれに対して予防法が必要です。

内的要因や外科的要因：健康診断を受けたり、生活を正しく導くことで予防が可能です。精神的要因に関しては多くの場合、予防が難しいのですが、分離不安に関してはある程度予防が可能です。

分離不安の個体：人工飼育による情緒成長（自我確立）の不全、すなわち、母親（飼育者）との精神的分離（自立）過程の失敗が影響していると考えられ、移行対象（人で言う指しゃぶりなどの行為）として毛引きを行っている可能性があります。このため、母親（飼育者）からの「自立」が最大の予防になると考えられます。

過度の結びつき：飼育者を伴侶（性的対象）と見なし、過度の結びつきがある場合、やはり分離によって問題が起きることがあります。この場合も飼育者と距離を適切に保つことで予防が可能です。

事故

骨折

【危険度】★★★

[概要] 鳥の骨は骨質が薄く、骨折しやすい。折れ方により横骨折、斜骨折、らせん骨折などの名称があり、曲がったように折れたものを若木骨折、骨が皮膚から飛び出したものを開放骨折と言います。

[原因] 踏んだ、ぶつかった、落ちた、脚や翼をケージに挟んだまま暴れた、おもちゃに引っかかった、カラスや猫に襲われたなど、事故によるものと、カルシウム不足や腫瘍による病的な骨折があります。

[発生] ★★★★

[症状] 脚が折れた場合、痛がり脚を挙げ、折れた先は通常ブラブラしています。翼が折れた場合は肩が下がったり、翼先が下がったり、折れた部位は内出血により赤黒くなり腫れます。開放骨折では出血します。

[診断] 触診、X線検査。

[治療] ギブス固定、ピンニング術、創外固定術、Ca剤、消炎剤、必要があれば抗生剤。

[予防] 注意点として、放鳥時は目を離さない、ガラスはカーテンで覆う、危険な遊具は外す、日光浴は網戸越しに行うなど。カルシウム・ビタミンDをしっかり摂取させます。

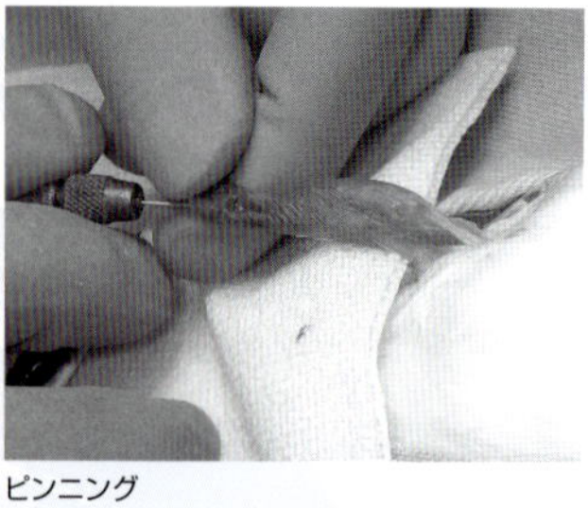

ピンニング

新生羽出血（筆毛出血）

【危険度】★★

[原因と症状] 新しく生えてきた羽は鞘に包まれ、中には血液が多く供給されています。この鞘が折れると出血します。

[発生] ★★★★★　クリッピング後に生えてきた新生羽は折れやすく、またパニック時にケージに引っ掛けて折ることも多いです。

[診断] 出血部位を確認。

[治療] 新生羽を抜く、または縛ります。

[予防] クリップしない。パニックが多い個体は網籠でなく爬虫類用水槽で飼育します。

熱傷

【危険度】★★★★

[原因] 水面に飛び込む性質があるため、ラーメン、鍋、お茶に飛び込み熱傷を負うことが多くなります。また、ヒナの底面にシート型のヒーターを設置したことでの低温火傷や、挿し餌を電子レンジで温め中心温度が上がり過ぎて起きるそ嚢火傷もあります。

[発生] ★★★

[症状] 受傷後すぐには皮膚に病変が現れないことが多く、1～2日後に赤くなり始め、3～7日でただれ始めます。ショックや敗血症によって命を落とす個体も少なくありません。

[診断] 問診、視診。

[治療] 冷やすと良いとされますが、保定により消耗することのほうが多いため、何もせず病院に連れて行くのが賢明です。抗生剤、消炎剤を注射あるいは内服します（外用薬は通常使いません）。

[予防] 放鳥時は目を離さない、ダイニング・キッチンでは放さない、保温は鳥の体を直接温めない、挿し餌の温度は42℃まで、などが注意点です。

第10章

巣引きとヒナの成長

巣引き（繁殖）とは、愛鳥が新たな生命を産み育てるという感動的な行為を目の当たりにできる飼育の醍醐味のひとつです。しかし、親鳥の体にとってはたいへんな負担がかかることでもあります。繁殖・育雛のための正しい知識を持ち、事前に環境を万全に整え、計画的に行いたいものです。

すずき　莉萌

ヤマザキ動物専門学校非常勤講師・社団法人日本愛玩動物協会評議員

繁殖に適した鳥を考える

産卵から孵化、巣立ちまでの過程と飼育のポイントを解説します

繁殖に適した年齢

卵を産み、ヒナを育てるということは、鳥にとって重労働でたいへんな体力を消耗します。繁殖には親鳥の体力低下や卵管閉塞などを避けるため、元気な若鳥のペアを選びたいものです。しかし若すぎてもいけません。性成熟までの期間は、鳥の種類によって大きく異なります。若鳥だけでなく、老鳥や病鳥も繁殖には適しません。

1. 性成熟の目安

セキセイインコ	4～6ヶ月
ボタンインコ・オカメインコ	6～12ヶ月
コザクラインコ	12ヶ月
ジュウシマツ	4～6ヶ月
ブンチョウ	7～8ヶ月
キンカチョウ	6～10ヶ月
コキンチョウ	6～9ヶ月
タイハクオウム	3～6年
ベニコンゴウインコ	3～7年

※参考資料：ペット動物販売業者用説明マニュアル（鳥類）　環境省自然環境局

2. 繁殖に不向きなケース

鳥が健康なヒナを産み育てるために、心身ともに健康な状態にあるペアを選びましょう。以下のような鳥に関しては、巣引きは避けたほうが無難です。

・近親交配で生まれた
・肥満気味
・巣引き、産卵したばかり
・繰り返し産卵や育雛に失敗している
・遺伝性疾患を持っている

雌雄判別について

飼い主として鳥の雌雄を知ることは、繁殖のみならず飼育のポイントを押えるうえでもたいへん有効な情報のひとつです。コンパニオンバードのなかにはセキセイインコやオカメインコのノーマル種のように、外見で雌雄を容易に判別することができる種もいます。しかし、セキセイインコやオカメインコでも色変わり種は外見での判別が難しく、行動や鳴き声、あるいは科学的鑑定になることもあります。

また、鳥種や鳥の年齢、飼育環境、疾病などによる影響で、雌雄判定が極めて難しいとされるケースも稀にあります。

繁殖の兆候

1. 妊娠の兆候

産卵直前になると、メスの肛門付近がやや腫れてくることがあります。

2. 産卵の兆候

コンパニオンバードの種類にもよりますが、交尾に成功したメスは、巣箱の中にこもりがちになります。オスは巣の前で警戒し、見張り番をするようになります。

3. 発情行動の一例

[オスの場合] よくさえずり、行動は活発になります。体を膨らませながら尾羽を広げディスプレー（求愛表現）を繰り返したり、メスに吐き戻したエサを与えようとします。

[メスの場合] 前傾姿勢で背を反らせ、尾羽を上に持ち上げるようなポーズをとった

り、営巣に向け巣材を作るため、巣箱をかじりだしたりします。ボタンインコ類はメスのみが巣材を用意し始めます。

4. 交尾

メスが背を反らし、尾を高く上げてオスに対して受け入れのポーズをとり、その背中に、オスが乗るような形で交尾は行われます。

巣引き中の留意点

鳥が産卵の準備に入ったら、ケージは動かさず、落ち着いて抱卵・子育てできるよう、静かな環境を保つようにします。日光浴は中止し、清掃も最低限に留め、厚手の布などでケージ全体を覆いましょう。

産卵を確認する目安に、メスのフンの大きさがあります。産卵のため総排泄孔が広がると、フンはいつもより一回り程度大きくなります。巣箱やケージの様子を外から頻繁に伺うと、親鳥はストレスに感じ、抱卵を中止し、卵を食べてしまうことがあり、それを繰り返すことにもなりかねないため、過度な接触は控えましょう。

巣引きは年に2回まで

巣引きは鳥の体にたいへんな負担がかります。頻繁に繰り返すと親鳥が衰弱し、卵が孵化しない、卵が孵《かえ》ってもヒナが育たないという事態が起こります。巣に入って眠る一部のカエデチョウ科のフィンチ類以外は、巣は繁殖のときのみに用い、通常はケージから外します。巣引きは春と秋の年に2回までと考えましょう。

シロハラインコ

◆雌雄判別の種類

1. DNAによる性別鑑定法

鳥の体から羽根または微量の血液を採取し、そこからDNAを抽出して検査し、雌雄を鑑別します。同時に病原体の検査も行うことができます。

2. 外科的性別鑑定法

麻酔や内視鏡を用いて、内部生殖器を確認する方法。ただし性成熟前の若鳥の場合には、鑑別が不可能なこともあります。生殖器の状態を獣医師が肉眼で確認することができるので、繁殖が可能な状態にあるかどうかを同時にチェックすることもできます。

3. 核型による性別鑑定法

染色体の核型による鑑定法で、生育中の羽毛を採取し、その中の生きた細胞の核を調べて性別を鑑定する方法です。外科的鑑定法に比べ、鳥のストレスも最小限に済み、安全に性別を判定することができます。

4. レントゲン撮影による鑑別法

レントゲン撮影により精巣や卵巣を確認します。この鑑別法は性成熟を迎えた鳥のみに有効です。肥満などで生殖器がレントゲンに映らない場合は判別できません。

健康管理とエサ

巣立ち直後の若鳥はもっとも落鳥率が高い時期であるため、充分なケアが必要です

親鳥に必要な栄養

[巣引きの準備] 親鳥に繁殖を促し体力をつけるために、エッグフードなど発情を促進する飼料を与えます。丈夫で健康な卵を産むために、ボレー粉やカットルボーンなどのカルシウム、ミネラルも欠かせません。

繁殖を予定している時期に入ったら、濃厚飼料（アサの実やヒマワリなど高カロリーの種実餌のこと）やエッグフードを与え、鳥たちの発情を促します。これらは巣引き時の体力増強にも役立ちます。ただし、肥満や消化不良を起こしやすいため、健康な鳥に日常的に与えるべきではありません。

[繁殖時] カルシウムやミネラルなどの栄養分も多く必要になります。ボレー粉やカットルボーンなどを欠かさないようにしましょう。ヒナが孵ったあとは、親鳥だけでなくヒナの分のエサも必要になります。

エサの減り加減をよく見て、鳥のライフステージや飼育数に見合った分量を与えなくてはいけません。エサは切らすことのないよう、エサ入れの数を増やしましょう。

人工育雛について

最低2週間程度はヒナは親元で育てるべきではありますが、なんらかの事情で親鳥が育雛を放棄することがあります。その場合は巣からヒナを取り出し、人工飼育します。

[保温] 育雛器がない場合、ヒヨコ電球やペットヒーターを使い、32℃程度に保温したふご、枡《ます》カゴの中で育てます。ヒナが熱源に直接触れることのないように注意し、温度管理のため、サーモスタットを併用しましょう。また、人工育雛する場合、羽毛が完全に生えそろうまでは、保温のためにも兄弟鳥と一緒に飼うことをお勧めします。

[挿し餌] 孵化から4時間ほど経ったら、挿し餌を開始します。ヒナの挿し餌には専用の器具が販売されています。ビニール管を取りつけた注射器などで代用することもあります。挿し餌では、そ嚢に直接エサを入れるため、火傷には充分気をつけましょう。インコ類にはティースプーンなどを用いて挿し餌します。

挿し餌はパウダーフードを利用

ヒナのうちはヒナ専用の挿し餌用パウダーフードをお湯でふやかして与えます。作りおきはせず、毎回、新しいエサを用意してください。冷めたエサを与えると食いつきが悪くなるだけでなく、エサの消化不良の原因にもなります。小鳥の体温（42℃）程度に冷ましてから与えましょう。

粉末フードにアワ玉を混ぜて与えることもできますが、アワ玉だけでは栄養価が低いため、成長期のヒナに与えるエサとしては不向きです。青菜や各種ビタミン、ミネラルを添加する必要があります。

挿し餌の際は、たくさんのエサをそ嚢の中に一気に流し込もうとすると、ヒナが窒息する恐れがあり危険です。時間がかかってもヒナのペースでゆっくり与えましょう。

ヒナがエサをきちんと食べているかどうか、キッチンスケールなどで毎日の体重の変化を記録し、生育状況を把握しましょう。(6章参照)

成長に合わせた挿し餌の間隔

生まれて間もないヒナには、2時間おきの挿し餌が必要になります。成長に伴い、少しずつ間隔が開くようになります。そ嚢に残っているエサの量をよく観察して、適切な間隔を決めましょう。早朝から夕方までの間3～4時間おきに1日4、5回の回数を目安に挿し餌します。

エサの切り替え時期

巣立ち後間もない鳥にとって、成鳥用のペレットや種子飼料に切り替えることは、ある程度の時間が必要です。まずは成鳥用のエサを少しお湯でふやかして挿し餌に混ぜることから始めてみましょう。

人工育雛に用いる飼育器

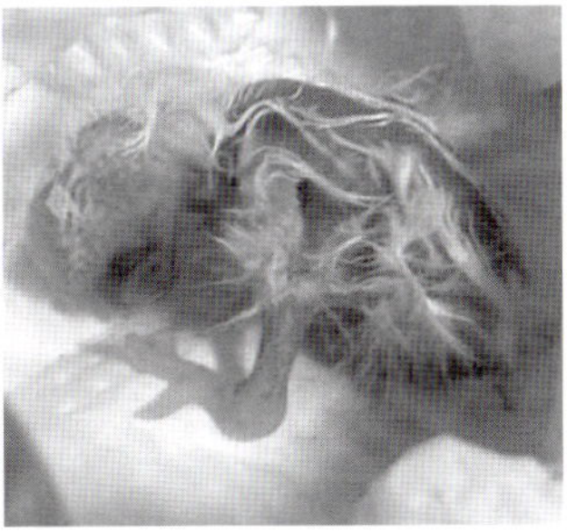

※飼育器の底にキッチンペーパーを4、5枚重ねて敷き、フンなどで汚れたら交換しましょう。

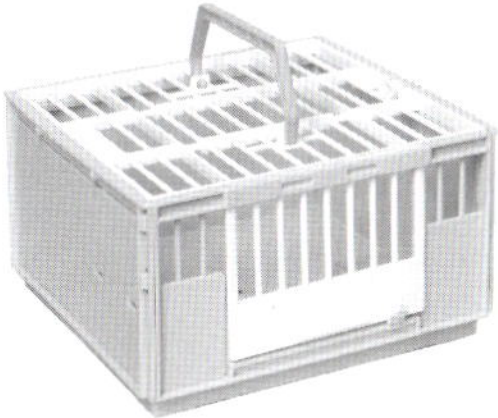

●枡カゴ

高さの低いプラスチック製のカゴ。

●プラスチック製の水槽

保温力に優れ、成長後は看護ケージにも使えます。

●ふご(孵籠)

ワラなどで編んだカゴで保温力が高くフタを閉めると暗くなります。(別名御鉢《おはち》)
衛生管理に充分配慮して使用しましょう。

繁殖用ペレットと挿し餌用パウダーフード

●ブリーダータイプ
(ラウディブッシュ社)

成長期のヒナ鳥や、産卵前後の親鳥のための栄養強化フード。

●イグザクト・ハンドフィーディング・フォー・オールバード(ケイティ社)

●エンブレス・ハンドフィーディング・フォーミュラ(ズプリーム社)

●ハリソン バードフード(ハリソン社)

※挿し餌期のヒナ鳥に必要な栄養が含まれたパウダーフード。お湯に溶いて42℃に冷ましてからスポイト、スプーンなどで与えます。

挿し餌に便利な道具

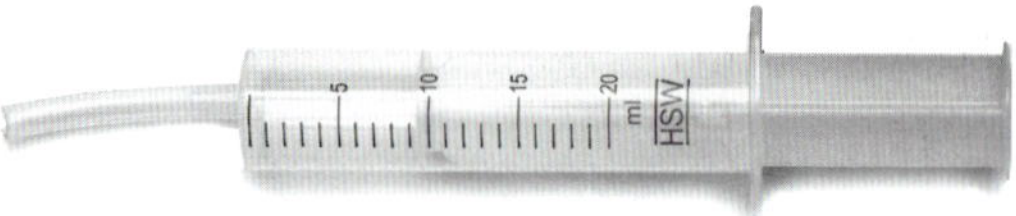

与えるときは、エサが気管に入らないようヒナを真上に向かせて与えます。うまく飲み込まないときは、くちばしのつけ根部分を親指と人さし指でつまんで軽くもんであげましょう。

挿し餌のタイミングと量は、朝5時〜午後5時頃を目安に以下を参考にして、そ嚢の減り具合を見て与えてください。

- 生後間もないとき：2時間おき
- 生後3週頃：3〜4時間おきに4〜5回
- 生後5週頃：朝昼晩の3回

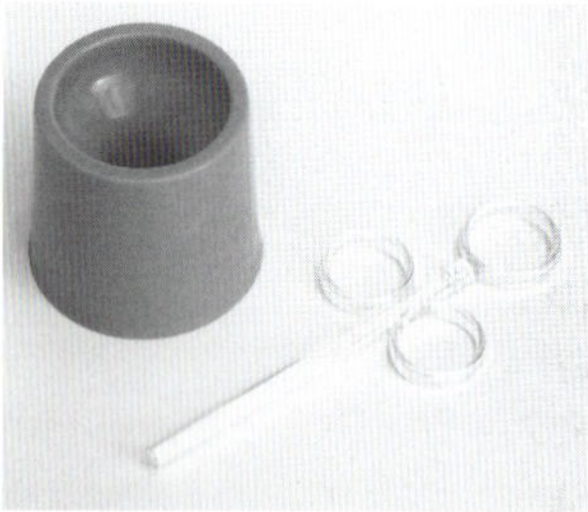

●シリンジ

フードポンプとも言われる注射器型の給餌器。中に空気を入れないように注意し、ヒナの口の中に差し込んで与えます。

上／トリオコーポレーション
左／コバヤシ「育て親」

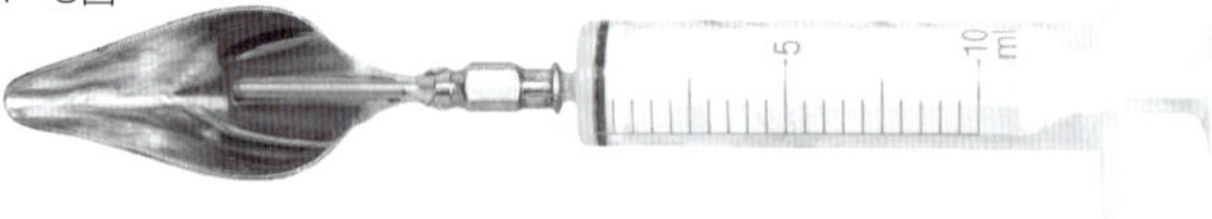

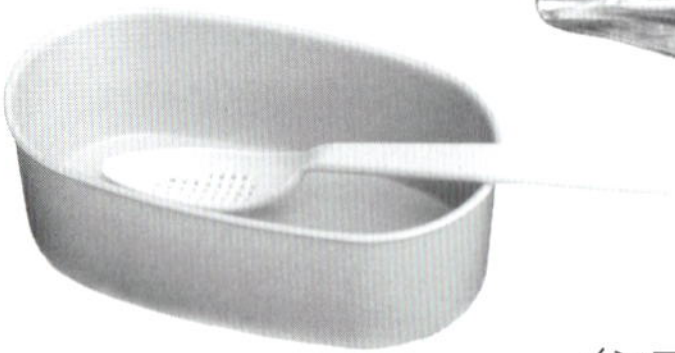

・インコ、オウム類にはスプーン型の器具で挿し餌を行います。

●スプーンセット

パウダーフードのダマを潰したり、アワ玉の水切りに便利な穴空きスプーンと器。

上／ロビン印

●フィーディングスプーン

くちばしの形に合うように整形されたスプーン。シリンジと組み合わされたものもあります。

上2点／ベタファーム

◆検卵チェック

●卵が有精卵であるかは検卵して調べることができます。オウム・インコ類の場合は卵の殻が白いため、検卵はさほど難しいことではありません。手をよく洗ってから、卵を巣から取り出し、光にすかして卵の中の様子を調べます。

●産卵後1週間ほど経った有精卵は、卵の中央付近に影の部分が見えます。無精卵や成長がうまくゆかなかった卵は、全体に影がなく光が透けてみえます。無精卵をいつまでも抱かせておくことは、親鳥の消耗にも繋がりますので、取り除くようにします。あるいは抱卵を行わない親鳥の巣から有精卵を取り出し、人工孵化を行うこともあります。

●セキセイインコのように多産な鳥の場合、検卵の結果、卵がすべて無精卵であれば、すべて巣から取り除き、もう一度交尾から始めさせることもできます。

しかし、検卵は必ずしも必要なことではありませんので、抱卵中の親鳥のストレスに配慮し、基本的には親鳥に任せるべきでしょう。

繁殖の実際

巣引きを成功させるためのポイントと注意事項について、鳥種ごとに解説します

カナリア、フィンチ類

1. 営巣の準備

カナリアやフィンチ類は、繁殖の予定がなければ金網ケージでも充分飼育できます。しかし、繁殖を考えているのであれば、禽舎あるいは庭箱（前面のみを金網で覆った木の箱）を用意しましょう。周囲を木板に囲まれることで、鳥たちは落ち着いた気分で営巣することができます。

ジュウシマツなど巣引きが上手な鳥は、金網ケージでも問題なくヒナを孵しますが、高級フィンチ類の場合は、最低1m×2m×1m程度の禽舎の用意が必要になります。その中に毒性のない低木を植えると、鳥たちのプライバシーが保たれるほか、生き餌として有効な虫も生息するようになり、繁殖が成功しやすいようです。

フィンチ類の巣には、つぼ巣や柳細工のカゴ巣を用い、カナリアには専用の皿巣を用意します。これらの巣材には、ムシロやシュロ、コケ、乾草などを与えると良いでしょう。

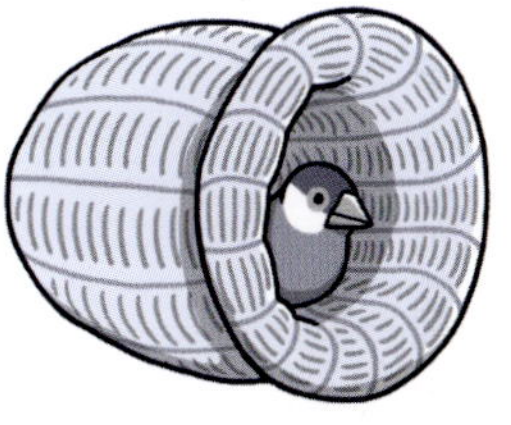

いずれの鳥たちも卵を産んでからヒナが巣立ちするまでは、親鳥はとても神経質になっているため、頻繁に覗くような行為は慎むべきです。

2. 仮母について

コキンチョウ、キンカチョウなど、神経質な一面があり、飼育下ではヒナを孵すことが得意ではない高級フィンチの巣引きには、仮母として育雛の上手なジュウシマツがよく利用されます。

方法としては、高級フィンチ類とジュウシマツを同じタイミングで産卵させ、ジュウシマツの卵は巣から外し、高級フィンチ類の卵を代わりに巣に入れ、託卵を促します。卵を取り出した高級フィンチ類の巣には、擬卵《ぎらん》（プラスティック製の卵：左）を入れておきます。

ジュウシマツの卵を一緒にしておくと高級フィンチのヒナを育てないこともあるので、完全に取り除きましょう。フィンチ類のなかでもキンカチョウは10個近くもの卵を産みます。

3. 巣立ち後のヒナについて

鳥種によりヒナが孵ってから2～4週間ほどで巣立ちを迎えます。庭箱の底の部分の網をはずしておき、その上に焼き砂を敷いておくと、ヒナの保温にも役立ちます。また、その焼き砂の上に、エサをまいておくと、ヒナが少しずつエサをそこから拾って食べるようになります。ヒナが孵り巣立ちした後も、親鳥からエサをまだ与えられている間は、同じ庭箱の中で飼育しましょう。

その後ケージに移す際は、まず小さめのケージの底にエサをまき、ひとり餌（エサをヒナが食べていること）になったことを確認してから、広いケージに移します。

小型インコ類(セキセイインコ、コザクラインコ、オカメインコなど)

まずオスとメス、仲のよいインコ同士をペアにし、同じケージで飼育します。

1. 巣箱・巣材について

卵の割れ・欠け、ヒナの圧死などの事故を未然に防ぐため、巣箱はあらかじめゆとりのあるサイズのものを選びます。中の卵が転がらないよう、底が一段低くなっているものもあります。産卵が近づくと巣材にするために巣箱の木板をガリガリとかじるようになります。

セキセイインコには巣材は不要ですが、オカメインコ、ラブバードには、産座に敷くムシロなどの巣材を入れることもあります。

※巣引きが終わったら、過発情を防ぎ親鳥の体を休ませるため、すぐに巣箱・巣材は取り外しましょう。

2. 産卵の期間と卵の数

セキセイインコ:1日おきで5～7個程度

ラブバード・オカメインコ:1日おきに4～6個程度

3. 抱卵期間のおよその目安

セキセイインコ:18日前後

ラブバード・オカメインコ:23日前後

4. 手乗りにする場合

ヒナの声を耳にし孵化を確認してから2週間ほどしたら、巣箱の中の様子を少しだけ覗いてみましょう。この際、親鳥がまだ孵らない卵を温めているようであれば取り除きます。

孵化から3週間ほどすると、ヒナの体表に色のついた体羽が生えてきたことが肉眼で確認できます。ヒナを手乗りにしたい場合は、この時期に親鳥の元からヒナを離し人工育雛しましょう。

5. 巣立ち

セキセイインコは約4週間、ラブバードは約5週間、オカメインコは約6週間ほど経つと巣立ちを迎えます。巣立って間もなくの頃は、ヒナは止まり木の上で親鳥から口移しでエサを与えられて育ちます。

そして、やがてヒナに対して親鳥から攻撃を仕掛けるようになります。もしそのような行動が見受けられたら、ヒナを早めにほかのケージへと移しましょう。近親間での乱繁殖を防ぐためにもケージ分けは必要です。生後5週を過ぎてもヒナが巣箱から出てこないこともありますが、その場合、巣箱からそっと出してあげましょう。

6. ヒナの食餌

巣立ち後のヒナは基本的に食餌内容は親鳥と同じになります。拾い餌ができるように、ケージの底に敷いた金網を外し、エサを直接床にもまいて、ヒナが自分で拾って食べられるようにしておきましょう。

巣立ちからひとり餌に変わる時期は、もっとも落鳥しやすい時期とも言われています。成鳥になるまでの間は、保温と食餌に充分気を配る必要があります。また、手乗りオカメインコのように、いつまで経ってもひとり餌を拒み、挿し餌を求める鳥もいます。しかし時期を逃すと、その後一層、ひとり餌が難しくなることもあるので、早いうちからアワホなどのまき餌に餌づくように仕向けましょう。

巣箱・巣材

セキセイインコ
ラブバード、オカメインコは
産座に園芸用のムシロなどを
敷くこともあります

●巣箱
セキセイインコやラブバード向きの巣箱。
尾羽の長いオカメインコには横40×高さ18×奥行20cmくらいが必要です。

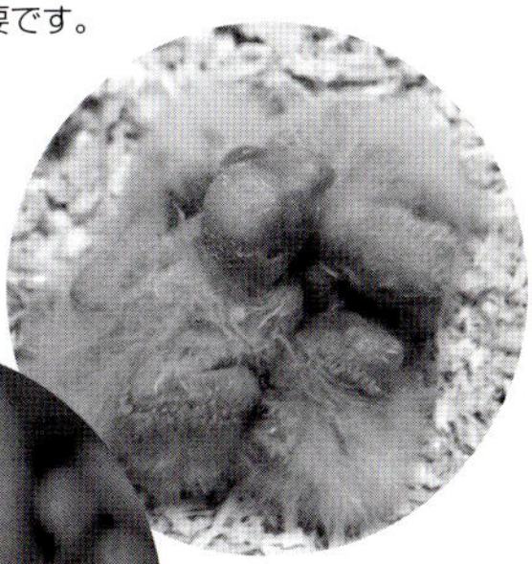

産卵

セキセイインコ　9〜13日間
ラブバード、オカメインコ　7〜11日間

抱卵

セキセイインコ　約18日間
ラブバード、オカメインコ　約23日間

孵化

1週目
1週間くらいで目が開き始める
10日までは巣箱に手を入れない

3週目
体羽が生えそろい始める

手乗りにしたい場合の人工育雛

[ヒナ]
●巣箱ごとすべてのヒナを取り出し、1日4、5回を目安に挿し餌を開始します。
●一定の時刻に体重を計り記録します。
●取り出したヒナはふごや飼育ケースに入れ、30〜32℃程度に保温します。
●生後6ヶ月くらいに健康診断を。

[親鳥]
●再び産卵を開始しないように、空の巣箱は撤去しましょう。1週間ほどかけて、通常時のエサに戻します。

4〜6週目
巣箱から顔を出し始める
尾羽も伸び始める

巣立ち

親鳥の攻撃が見られたら
ヒナたちとケージを分ける

ひとり餌

●ひとり餌の切り替え開始時期はセキセイインコ、ラブバードは4週間、オカメインコは生後40日頃を目安に。
●挿し餌に成鳥用のエサをごく少量混ぜて味に馴れさせます。
●体重が10%以上減ったら挿し餌に戻し、体重を回復させてからひとり餌訓練を再開しましょう。

巣立ち前後の注意点

巣立ち直後の若鳥の体は未熟です。病気やケガに充分気をつけましょう

ケージはなるべく広めのものを

巣立ちしたばかりで成長期にある若鳥は、羽ばたきの練習をしたり、ケージ内を慌しく散策したりとたいへん行動が活発です。ひとり餌になったらできるだけ広めのケージで飼育し、早いうちから体力作りをさせるべきです。

手乗りの予定がない若鳥の場合は、親鳥ではない成鳥と一緒に飼育し、エサの食べ方や水の飲み方などを学ばせても良いでしょう。

床は清潔に

巣立ち間もないインコは床にいることも多く、しばらくの間は床にまいたエサを拾って食べて暮らします。まかれたエサにフンが付着してしまうため、床材はまめに交換しましょう。大型インコ・オウム類とは異なり、フィンチや小型インコなどの小鳥の仲間は生後4ヶ月頃からは成鳥として扱います。ただし性成熟するのはもう少し先で、巣引きにはまだ早いため、繁殖の予定があってもオスとメスを必ず分けて飼育する必要があります。

◆人工育雛の巣立ち前後

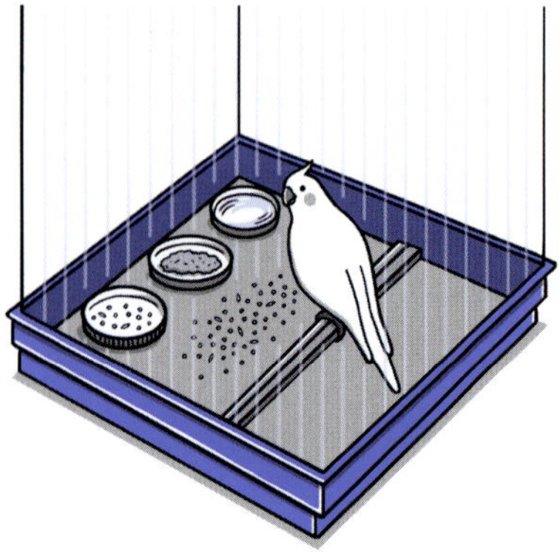

●ひとり餌に切り替わる前後からケージの準備をします。挿し餌を卒業し、ひとり餌に切り替わったらケージへ引っ越しです。

1. 室温に馴らす

暖かい日中は保温を止め室温に馴らします。

2. ケージの生活に馴らす

飼育ケースのそばにケージを置く、上からケージの金網部分をかぶせるなどしてケージに馴らします。ケージに移って最初の1.2週間は、足元が安定しないので、フン切り網、止まり木ははずしておきましょう。

●成鳥用のエサ入れや水入れではなく、ビンのフタのようなものに、主食、水、ボレー粉を入れ、床にも少量主食をまいておき（まき餌）ます。床に割りばしを置いておき、止まっているようなら、エサ入れの近くの一番低い位置に止まり木をつけましょう。

この生活に馴れたら、成鳥のケージのレイアウトにします。

第11章 コンパニオンバードへの取り組み

すべての生き物たちと同様に、鳥も人もともに同じ地球に暮らす仲間です。野に暮らす鳥や動物たちを守り、彼らにとって住みやすい地球環境を後世に引き継ぐことは、私たち人間の大切な責務のひとつです。

すずき　莉萌
ヤマザキ動物専門学校非常勤講師・社団法人日本愛玩動物協会評議員

海外における野鳥乱獲の実態

野鳥乱獲や森林破壊といった環境の悪化に伴い、野鳥たちは絶滅の危機にさらされています。
今、私たちにできることは何でしょうか

絶滅危惧種の保護に向けて

コンパニオンバードとして人気の高いオウムやインコ、フィンチ類は、その美しい羽と馴れやすい性質が災いし、愛玩用、観賞用のペットとして人気が高いため、生息地では長年において大量に捕獲され、今、絶滅の危機にさらされています。

これらの鳥に関しては、ワシントン条約などで各種の規制が行われているものの、密猟および非合法な売買が水面下で行われ、今なお問題となっています。絶滅の恐れがあるインコ・オウム類の主な減少の原因は、自然破壊とペットとして販売するための捕獲によるものです。

IUCN（国際自然保護連合：国家、政府機関、非政府機関で構成された国際的な自然保護機関）内における種の保存委員会(SSC：Species Survival Commission)では、「オウム類保全のためのアクションプラン」として、インコ・オウム類の生息地破壊や密猟に対抗するための各種の保全手段を提示していますが、インコ・オウム類は経済的価値が非常に高いため、完全な保護策が未だとられずにいます。

現在では、ワシントン条約において、捕獲されたオウム・インコ類の取り引きが輸出入ともに厳しく規制されているため、日本のペットショップで販売されているインコやオウム類のほとんどは、野生採取個体（WC個体：Wild Caught）ではなく、人工繁殖された個体（CB個体:Capital Breeding）になりつつあります。国内で人工繁殖された個体、あるいは海外で人工繁殖され、国内に輸入された個体に関しては、ワシントン条約における対象動物外となり、この場合、絶滅危惧種でもペットとしての飼育が許されています。

後を絶たない密猟・密輸

1997年におけるインコ・オウム類の世界の輸入総数は、235,336羽でした。しかし、これはワシントン条約のもとに合法的に生きて輸入された鳥の数に過ぎません。輸送段階で死亡したもの、また、世界中で行われている密猟による非合法取り引きされた膨大な数の鳥はここには含まれていません。

野生で採取されたWC個体は、食餌や気温、環境の変化といったストレスに弱く、感染症などの問題もときには抱えています。また、言うまでもなく野生動物保護の観点からも、野生で採取された個体をペットとして扱うことは控えるべきです。

野生の鳥を守るため、全力をあげて輸出を全面的に禁止している国もありますが、経済的に厳しい状況にある国では密猟や密輸が後を絶ちません。そしてその密猟された鳥たちの需要のほとんどが、ヨーロッパや日本からのものである点も、厳粛に受け止めなければいけない事実です。

右／ブラックバスやアライグマなどとともに特定外来生物として指定されているソウシチョウ

移入種が引き起こす問題

国内外で移入種と呼ばれる外来生物たちが生物の多様性を脅かし、問題となっています

もともとその土地に生息していなかった動植物で、人間によって海外から持ち込まれたものを、「外来生物」または「外来種」と呼びます。それに対し、その場所に初めから生息していたものを「在来種」または「固有種」と呼びます。

かつて生物は海や山といった障害物に隔離され、土地の生態系は守られてきました。しかし、人類が誕生し交通手段が発達、地球上を高速で自由に行き来できるようになると、人は様々な欲求を満たすため、生態系への新たな生物の導入を行うようになりました。

現在、日本には、哺乳類、鳥類、魚類、植物などを含め、約2,000種類もの外来生物が生息していると考えられています。これらの定着により、長い間絶妙なバランスで保たれていた日本の生態系がバランスを崩し、固有種の生存を脅かしています。人間の手によって故意に放たれたり、飼育下から逃げたりした外来生物が野外に定着し、固有の動植物が生存競争に負けて、絶滅が懸念されています。

一例を挙げるとワカケホンセイインコはホンセイインコの亜種で、本来、インド南部やスリランカに生息している鳥ですが、過去にペット用として輸入されたものが大量に逃げ出し、1960年頃から野生化し始めました。日本に競合する種がほかにいなかったこと、日本の冬を越せる耐寒性があったことなどが、ワカケホンセイインコの定着の要因として考えられています。

東京都大田区にはワカケホンセイインコのねぐらがあり、夕方になると1,000羽を超えて集結するとも言われています。彼らがねぐらとして利用されている樹木への影響や、ムクドリやシジュウカラなど繁殖環境の競合する在来種への影響が懸念されています。

今日、外来侵入種は、生息地の破壊に次いで、生物絶滅の大きな要因になりつつあります。

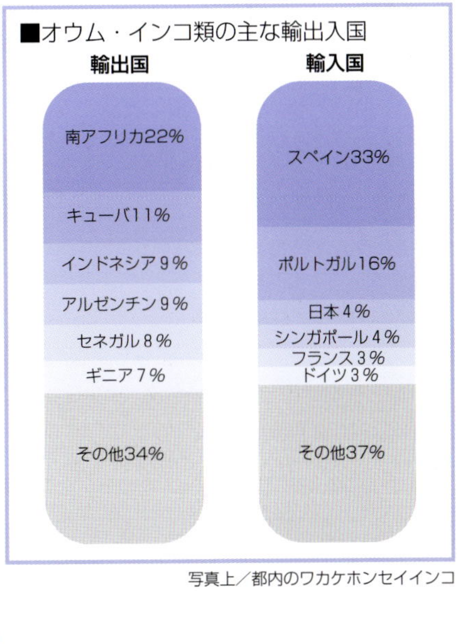

写真上／都内のワカケホンセイインコ

野生動物保護の法律

鳥を飼養する上で知っておくべき野鳥飼育に関わる法律や条例などの法規の一部をご紹介します

絶滅のおそれのある野生動植物の種の国際取引に関する条約(ワシントン条約)

Convention International Trade Endangered Species of Wild fauna and Flora)

ワシントン条約は、輸出国と輸入国が協力して国際取り引きを規制し、絶滅の恐れのある野生動植物の保護を図るための国際条約です。1973年にワシントンで調印され、正式名称の英文の頭文字をとって「CITES(サイテス)」とも呼ばれています。日本は1980年に条約加入しました。

この条約では特定の種を指定し、商業取り引きの禁止や輸出についての許可書を義務づけるなどの規制が定められています。

現在、セキセイインコ・オカメインコを除くインコ・オウム類はこの条約の保護下にあり、捕獲された野生種の取り引きは違法となっています。

鳥獣の保護及び狩猟の適正化に関する法律

我が国では国内におけるすべての野鳥に関して、「鳥獣の保護及び狩猟の適正化に関する法律」の中で、許可なく捕獲・飼養することを原則として禁じています。野鳥の減少がその種の保存に関わるだけでなく、生態系全体をも乱すと考えられているためです。

特例としてごく一部の鳥類に限り、特別許可による捕獲が可能ですが、一切許可しない地域もあります。乱獲を阻止するため、特別許可により捕獲できる飼養対象種は現在メジロ、ホオジロのみです。飼養に際しては、「鳥獣の保護及び狩猟の適正化に関する法律」に基づき、都道府県知事への飼養許可の登録申請、また個体識別用の足輪の装着が義務づけられています。これらの鳥を譲渡する際には、鳥獣飼養許可証をつけるとともに、都道府県知事への届け出が新たに必要です。

しかし、未だに国内で違法捕獲された鳥を海外から輸入した鳥と偽って販売、飼養されているケースもあり問題となっています。

また一方で､外国から輸入した鳥に関しては、販売・飼育することへの規制がほとんどなく、そのため、国内で野鳥を密猟し、外国産と偽って販売されていることもあり注意が必要です。

日本国内の野鳥密猟の現状

●森林から野鳥を大量に密猟することは生態系の破壊であり、生物多様性の破壊でもあります。1986年から野鳥密猟監視を始めましたが、監視だけでは密猟をなくせないことに気づき、1995年頃から違法飼養者の家庭訪問、メジロやホオジロの鳴き合わせ大会会場の訪問、そしてその場での放鳥活動を始めました。当時に比べ密猟者は80%減り、密猟される野鳥も200～300万羽から100万羽ほどに減ってきましたが、それでも莫大な数といえます。

●日本の自然林は戦後制定された「森林法」により、自然林伐採、スギ・ヒノキの木材生産が推進され、もはや空前の灯火です。そのため生息地が減少して野鳥が減り、さらに大量密猟が野鳥絶滅に追い討ちをかけています。野鳥の絶滅を防ぐには、野鳥飼育が自然破壊に繋がるという認識をひとりでも多くの人が持つことが大切です。

(取材協力：NPO法人エコシステム副理事長 平野 虎丸氏)

写真上／保護され、リハビリ中のメジロ

飼育許可証

[ワシントン条約附属書について（変更）]

セキセイインコ、オカメインコ、コザクラインコ、ホンセイインコといったごく一部を除いたすべてのインコ・オウム類は、ワシントン条約によって取り引きが制限されています。附属書Ｉの種を保有する場合は必ず国際希少野生動植物種登録票が必要となります。これはワシントン条約加入以前に国内に輸入された個体の譲渡にも適用されます。

●**附属書Ｉ**：特に絶滅のおそれが高い種で、国際取り引きによる影響を受けているか、あるいは受けることのある種が掲げられており、商業目的の国際取り引きは禁止。

シロビタイムジオウム
フィリピンオウム
オオバタン
コバタン
ヤシオウム
アカノドボウシインコ
キボウシインコ
アカオボウシインコ
フジイロボウシインコ
オウボウシインコ
ミカドボウシインコ
サクラボウシインコ
キエリボウシインコ
マツバヤシキボウシインコ
アマゾナ・オクロケファラ・カリバエア
オオキボウシインコ
アシボソキエリボウシインコ
オオキボウシモドキインコ
アカソデボウシインコ
アカボウシインコ
カラカネボウシインコ
イロマジリボウシインコ
ブドウイロボウシインコ
メキシコアカボウシインコ
アカビタイボウシインコ
スミレコンゴウインコ属全種
ヒワコンゴウインコ
アオキコンゴウインコ
コンゴウインコ（アカコンゴウインコ）
ミドリコンゴウインコ
アカミミコンゴウインコ
アオコンゴウインコ
チャタムキガシラアオハシインコ
アオハシインコ
イチジクインコ
ヤクシャインコ
ヘイワインコ
ヒメフクロウインコ
ニョオウインコ
アカハラワカバインコ
キミミインコ
キジインコ
ヒガシラインコ
ヤマヒメコンゴウインコ
アカビタイヒメコンゴウインコ
ヒスイインコ
ディシミリスヒスイインコ
ゴクラクインコ
シマホンセイインコ
アオマエカケインコ
ハシブトインコ属全種
フクロウオウム
コンセイインコ

●**附属書Ⅱ**：附属書Ｉおよび附属書Ⅱに掲げる種、並びに附属書に掲げられていないセキセイインコ、オカメインコ、コザクラインコ、ホンセイインコを除くすべての種。許可を受けて商業取り引きを行うことが可能なもので、国際取り引きを規制しなければ絶滅のおそれがある種が掲げられています。商業目的の取り引きには、輸出国政府の管理当局が発行する輸出許可書が必要です。

●**附属書Ⅲ**：ワシントン条約の各締約国が、自国内の動植物の保護のために捕獲や採取を防止するため、他の締約国の協力が必要な種。国際取り引きには、輸出国政府の管理当局が発行する輸出許可書、または原産地証明書が必要です。

鳥に関する保護、調査、啓蒙活動などを行う団体

●野鳥保護および調査研究など

・**財団法人 日本鳥類保護連盟**
http://www.jspb.org/
〒166-0012 東京都杉並区和田3-54-5 第10田中ビル3F

・**財団法人 日本野鳥の会**
http://www.wbsj.org/
〒151-0061 東京都渋谷区初台1-47-1
小田急西新宿ビル1階

・**山階鳥類研究所**
http://www.yamashina.or.jp/
〒270-1145 千葉県我孫子市高野山115

・**特定非営利活動法人 エコシステム**
http://www.ecosys-jp.net/
〒861-2223 熊本県上益城郡益城町小池3435

●希少種の保護、生態域の保全など

・**WWFジャパン**
http://www.wwf.or.jp/

・**トラフィックイーストアジアジャパン**
http://www.trafficj.org/
〒105-0014 東京都港区芝3-1-14
日本生命赤羽橋ビル6F

・**IUCN日本委員会**
http://www.iucn.jp/
〒104-0033 東京都中央区新川 1-16-10
ミトヨビル2F 日本自然保護協会内

●鳥類保護、鳥類適正飼養教育啓蒙活動など

・**TSUBASA**　http://www.tsubasa.ne.jp/
〒299-1607 千葉県富津市湊456

●愛玩動物の適正飼養管理の知識および愛護精神普及活動など

・**社団法人日本愛玩動物協会**
http://www.jpc.or.jp/

参考文献：『絶滅危機生物の世界地図』リチャード・マッケイ著　武田正倫、川田伸一郎：訳（丸善株式会社）2005、IUCN日本委員会HP　http://www.iucn.jp/、『改訂・日本の絶滅のおそれのある野生生物2鳥類』（自然環境研究センター）　2002

◆鳥名索引

●*は解説文中にでてくる鳥名です
●英俗名、旧学名は、→で現在の表記を表しています

和名

英名

学名

◆飼育用語索引

◆あ行

◆か行

◆さ行

●主要参考文献（1章）

学名および標準英名はGill, Frank and Wright, Minturn. *Birds of the World: Recommended English Names* (London: Christopher Helm, 2006)に準拠した。(標準英名の命名は、国際鳥学会議によって推進されている。)
標準和名は日本鳥学会『日本鳥類目録』(帯広：日本鳥学会, 2000)に従い、それに記載のないものは山階芳麿『世界鳥類和名辞典』第3刷(東京：大学書林,1994)に準拠した。以上に記載のない亜種等の学名、英名、および標準和名は、インコ目に関しては黒田長禮『世界のオウムとインコ』(東京：日本鳥学会, 1967)およびForshaw, Joseph M. *Parrots of the World: An Identification Guide* (Princeton: Princeton University Press, 2006)に準拠した。また、ジュウシマツについては川端寛治氏のウエッブサイト『ジュウシマツへの招待』を、トウアオオハネナガインコの分類に関しては次のウエッブリソースを参照した。
Perrin, Mike. "Genus *Poicephalus* －New taxonomic insights", 2003.
http://www.oldworldaviaries.com/text/lewis/poicephalus-taxonomy.htm

Abeele, Dirk Van den. *Lovebirds: Owners Manual and Reference Guide.* Warffum: About Pets, 2005.
Alderton, David. *The Ultimate Encyclopedia of Caged and Aviary Birds.* London: Southwater, 2005.
Davids, Angela. *Cockatiels: A Guide to Caring for Your Cockatiel.* CA: BowTie Press, 2006.
Diefenbach, Karl. *The World of Cockatoos.* Annemarie Lambrich trans. NJ: T.F.H. Publications, 1985.
Dodwell, G. T. *Encyclopedia of Canaries.* NJ: T. F. H. Publications, 1976.
Forshaw, Joseph M. *Australian Parrots.* 2nd ed. London: Merehurst Press, 1981.
________________. *Parrots of the World.* 3rd rev. ed. NSW: Landsdowne Editions, 1989.
________________. *Parrots of the World: An Identification Guide.* Princeton: Princeton University Press, 2006 .
Gill, Frank and Wright, Minturn. *Birds of the World: Recommended English Names.* London: Christopher Helm, 2006.
Grindol, Diane and Roudybush, Tom, M. S. *Teaching Your Bird to Talk.* NJ: Howell Book House, 2004.
Juniper and Parr. *Parrots: A Guide to Parrots of the World.* New Haven: Yale University Press, 1998, rpr. and corr.2003.
Mancini, Julie Rach. *Conure.* 2nd. ed. NJ: Howell Book House, 2006.
Martin, Hans-Jürgen. *Zebra Finches: A Complete Pet Owner's Manual.* NY: Barron's Educational Series, Inc., 2000.
Moustaki, Nikki. *Conures: A Guide to Caring for Your Conure.* CA.: BowTie Press, 2006.
Rach, Julie. *Why Does My Bird Do That?: A Guide to Parrot Behavior.* NY: Howell Book House, 1998.
Rosskopf, Walter et al eds. *Diseases of Cage and Aviary Birds.* 3rd ed. Baltimore: Williams & Wilkins, 1996.
Sweeney, Roger G. *Macaws: A Complete Pet Owner's Manual.* NY: Barron's Educational Series, Inc., 2002.
Vriends, Matthew M. *Lories and Lorikeets: A Complete Pet Owner's Manual.* NY: Barron's Educational Series, Inc., 1993.

朝倉亀三『見世物研究』東京：春陽堂, 1929.
アルダートン, デビッド『決定版ペットバード百科』島森尚子訳, 東京：誠文堂新光社, 1997.
宇田川龍男『原色飼鳥大図鑑』東京：保育社, 1961.
エイサン, マティー・スー『ザ・インコ&オウムのしつけガイド』池田訳、磯崎および青木監訳, 東京：誠文堂新光社, 2005.
岡田利兵衛他『小鳥』東京：朝倉書店, 1952.
川尻和夫『原色飼鳥大鑑』1～3, 黒田長久監修, 東京：ペットライフ社, 1988.
環境庁　動物愛護に関するサイト　http://www.env.go.jp/nature/dobutsu/aigo/
鷹司信輔『飼ひ鳥』増訂4版, 東京：裳華房, 1911.

●執筆者
島 森 尚 子／しまもり ひさこ　早稲田大学大学院博士課程修了。ヤマザキ動物看護短期大学専任講師。担当科目は「英語」、「ペットバードの特性」ほか。翻訳書『ペットバード百科』(小社刊)、ほか
梶 田　学／かじた まなぶ　鳥類研究者。主に鳥類の分類、系統についての研究に従事。著書『鳥類学辞典』(昭和堂)、『世界鳥名事典』(三省堂)、『改訂・日本の絶滅のおそれのある野生生物 -レッドデータブック-2鳥類』(自然環境研究センター)ほか
大 木　卓／おおきたく　動物文化史研究家。著書『猫の民俗学』(田畑書店)、『犬のフォークロア』(小社刊)、「愛犬の友」誌に犬の歴史、民俗、美術、文学などを執筆
すずき莉萌／すずき まりも　(社)日本愛玩動物協会評議員・ヤマザキ動物専門学校非常勤講師。著書『セキセイインコともっと楽しく暮らす本』『小動物ビギナーズガイド インコ』(ともに小社刊)ほか
小 嶋 篤 史／こじま あつし　鳥類専門の獣医師。北里大学卒業。鳥と小動物の病院「リトル・バード」院長　http://www1.odn.ne.jp/sac/
松 本 壯 志／まつもと そうし　CAP!／TSUBASA代表。CAP!の親会社である半導体関連の(株)ロムテックを設立し、1997年12月池袋にCAP!オープン、2000年3月TSUBASA設立
海老沢和荘／えびさわ かずまさ　鳥類専門の獣医師。日本大学生物資源科学部獣医学科卒業。横浜小鳥の病院院長　http://www2u.biglobe.ne.jp/~avian/

●撮　影
大 橋 和 宏／おおはしかずひろ　日本写真芸術専門学校卒業。フォトマスター検定エキスパート。有名企業のカタログ、ポスターなどの撮影をメインに活躍中。鳥の撮影はライフワーク

●制　作
編集・デザイン／渡辺憲子
イラスト／イケガメ シノ
カバーデザイン協力／廣末かおり
製品撮影／谷津栄紀　P114-123、P128-、P131、P223-234

●協　力
写真提供／永田敏弘(1章扉写真)、TSUBASA(7章)
撮影協力／こんぱまる、ドキドキペットくん、ペットショップ アイランド、TSUBASA、みずよし貿易、大橋芽生子、菊地 務、西 英璃佳、奥田しとみ、今井とも江、右近昌美、加藤葉子、木皿儀 瞳、栢植優子、赤間絵理奈

Companion Bird Guide Book

コンパニオンバード百科《ひゃっか》 NDC646.8

2007年9月30日　発　行

編　集　コンパニオンバード編集部《へんしゅうぶ》
発行人　小川　雄一
発行所　株式会社 誠文堂新光社
〒113-0033 東京都文京区本郷 3-3-11
（編集）電話　03-5800-5769
（販売）電話　03-5800-5780
http://www.seibundo-net.co.jp/

印　刷　杜陵印刷 株式会社
製　本　株式会社 関山製本社

ISBN978-4-416-70731-9